高等职业教育规划教材

机械制造工艺 与夹具应用

邹积德　主编　　胡传松　洪　伟　副主编

黄　蕾　主审

化学工业出版社

·北京·

本书内容包括机械加工的基本知识、机械加工工艺分析和工艺规程制订、夹具设计的基础知识及应用等部分。主要章节有绪论、机械加工工艺基础知识、机械加工工艺规程的制订、常用零件加工工艺规程实例、机床夹具基础、常用机床夹具、机床夹具设计的基本方法、机械加工质量分析与控制、机械装配工艺基础、先进制造工艺简介。每章都有基本要求和习题。本书配套的电子课件可在 http:///www.cipedu.com.cn 上免费下载。

本书注重实际应用，具有一定的先进性、综合性、应用性，可作为高职高专机械制造及其自动化和机电一体化专业教学用书，也可作为职业教育培训教材和相关工程技术人员的参考书。

图书在版编目（CIP）数据

机械制造工艺与夹具应用/邹积德主编 . —北京：化学工业出版社，2010.7（2022.2重印）

高等职业教育规划教材

ISBN 978-7-122-08551-1

Ⅰ．机… Ⅱ．邹… Ⅲ．①机械制造工艺-高等学校：技术学院-教材②机床夹具-高等学校：技术学院-教材

Ⅳ．①TH16②TG75

中国版本图书馆 CIP 数据核字（2010）第 088445 号

责任编辑：李　娜　高　钰　江百宁　　　文字编辑：韩亚南
责任校对：郑　捷　　　　　　　　　　　　装帧设计：关　飞

出版发行：化学工业出版社（北京市东城区青年湖南街 13 号　邮政编码 100011）
印　　装：北京建宏印刷有限公司
787mm×1092mm　1/16　印张 13¾　字数 338 千字　2022 年 2 月北京第 1 版第 6 次印刷

购书咨询：010-64518888　　　　　　售后服务：010-64518899
网　　址：http://www.cip.com.cn
凡购买本书，如有缺损质量问题，本社销售中心负责调换。

定　　价：35.00 元

前　言

为满足高职高专工科院校机械类各专业教学的需要，按照"突出职业能力培养"的总体要求，体现新观念、新思路，以"教、学、做一体化"为方向构建高职高专课程和教学内容体系的指导思想，我们结合自己多年的教学和实践经验编写了本教材。

本书是将"机械制造工艺"、"机床夹具设计"等机械专业课程中的核心内容有机结合起来，从培养技术应用能力和加强素质教育出发，以机械制造工艺规程编制和实施为主线、以职业能力培养为目标进行综合编写而成的一本系统的机械制造工艺与夹具应用教材。编写过程中省略了繁琐的理论推导，避免原各门课程中内容的重复，选取常用、典型例题和工程实例作为案例，体现了教材的应用性。另外，增加了新工艺、新技术在机械制造中的应用和现代制造技术及其发展的内容，体现了教材的先进性。使其更加符合高职高专机械类各专业教学的需要，并使新编教材更加完善。

本教材内容包括绪论、机械加工工艺基础知识、机械加工工艺规程的制订、常用零件加工工艺规程实例、机床夹具基础、常用机床夹具、机床夹具设计的基本方法、机械加工质量分析与控制、机械装配工艺基础、先进制造工艺简介。

本教材由邹积德担任主编，胡传松、洪伟担任副主编，黄蕾担任主审。编写具体分工是：张姗姗编写绪论、第7章，梁伟编写第1、3、4章，胡传松编写第2章，邹积德编写第8、9章，洪伟编写第5、6章。

本教材在编写过程中得到了合肥通用职业技术学院领导、相关教师的大力支持和帮助，在此对所有支持者表示衷心的感谢！

由于教材的编写是教学改革的一次探索，更限于编者的水平，书中疏漏和欠妥之处在所难免，恳请各位同仁和广大读者不吝批评指正。

编者

2010 年 4 月

目　录

绪　　论

0.1　机械制造工艺与夹具的发展概述

机械制造工艺是各种机器的制造方法和过程的总称。在机器生产过程中按照机械加工工艺要求用来迅速装夹工件的工艺装备称为夹具。要将设计图纸转化为机器产品离不开机械制造工艺和夹具，它是机械制造业的基础。

制造业是对原材料进行加工或再加工、对零部件进行装配的工业，包括机械制造、汽车、电子、仪器仪表、医疗器械、轻工乃至信息产业产品等。制造业是一个国家的立国之本，为人类创造着辉煌的物质文明，工业化国家经济总产值大部分都是由制造业创造的。机械制造业是为国民经济各行业创造和提供机器产品的行业，是制造业中最主要的组成部分。

机械制造工艺是在人类生产实践中产生并不断发展的。当前，随着计算机、微电子、信息和自动化技术在机械制造领域的广泛应用，现代工业对机械制造提出了越来越高的要求，如高精度、高生产率、高自动化等，推动了机械制造工艺不断向前发展，并给予机械制造许多新的技术和新的概念。在机械制造工艺方面，传统的机械制造工艺过程正在发生变化，如铸造、压力加工、切削加工、表面处理等生产工艺过程正采用高效专用设备和先进工艺，普遍实行工艺专业化和机械自动化。为适应产品生产周期不断缩短、规格品种多样化的需要，机械制造工艺向着智能化、柔性化、网络化、精密化、绿色化方向发展。具体表现在以下几个方面。

① 向柔性化和自动化方向发展　机电产品的更新换代周期越来越短，多品种小批量生产已成为目前和今后的主要生产类型。因此，计算机辅助设计/计算机辅助制造（CAD/CAM）、柔性制造系统（FMS）和计算机集成制造系统（CIMS）等高新技术越来越受到重视。

② 向高精度方向发展　在科学技术不断发展的今天，对产品的精度要求越来越高，精密加工和超精密加工已成必然。精密加工和超精密加工包括了所有能使零件的形状、位置和尺寸精度达到微米和亚微米级的机械加工方法。要求加工设备是高精度的，夹具是高精度的，刀具和量具是高精度的等。

③ 向高速度方向发展　高速切削是一种新兴的加工工艺。高速切削能够大幅度地提高生产效率，改善加工表面质量，降低生产成本。但高速切削对加工设备、刀具等方面的要求也较高。

④ 特种加工技术的发展　特种加工也称电加工或非传统加工，是直接利用电能、化学能、光能和声能对工件进行加工的方法。特种加工的种类很多，主要包括电火花加工、电解加工、超声波加工、激光加工、电子束加工等。特种加工在一些高熔点、高硬度、高强度、高韧性的新型材料的加工中取得了良好的效果。目前，特种加工广泛应用于机械制造的各个部门，已成为机械制造中的一种必不可少的重要加工方法。

⑤ 向绿色化方向发展　日趋严格的环境与资源约束使绿色制造显得越来越重要，它是21世纪制造业的重要特征。绿色制造技术的发展主要体现在绿色产品设计技术、绿色制造技术、产品的回收和循环再制造等方面。

⑥ 虚拟现实技术　主要包括虚拟制造技术和虚拟企业两个部分。

虚拟制造技术是以计算机支持的仿真技术为前提，对设计、加工、装配、维护等进行统一建模形成虚拟的环境、虚拟的过程、虚拟的产品。虚拟制造技术将从根本上改变设计、试制、修改设计、组织生产的传统制造模式。通过对产品从设计、制造到装配的全过程的仿真，可及时发现产品设计和工艺过程可能出现的错误和缺陷，进行产品性能和工艺的优化，从而保证产品质量，缩短产品的设计与制造周期，降低产品的开发成本，提高产品快速响应市场的能力。

虚拟企业是为了快速响应某一市场需要，通过信息高速公路将产品涉及的不同企业临时组建为一个没有围墙、超越空间约束、靠计算机网络联系、统一指挥的合作经济实体。企业在这样的组织形态下运作，具有完整的功能产业，如生产、销售、设计、财务等功能，但在生产内部却没有执行这些功能的组织。

0.2　机械制造工艺与夹具的学习领域

机械制造工艺与夹具是将"机械制造工艺"、"机床夹具设计"进行了整合，以典型零件机械加工工艺问题为主要内容的一门职业技术课程。本课程的主要内容包括：机械加工工艺规程的制订；典型零件机械加工工艺分析与制订；机械加工质量分析与控制；常用机床夹具应用及其基本设计方法；机械装配工艺基础；先进制造工艺等。

机械制造工艺与夹具课程的宗旨是：科学地、最优地制订加工工艺，保证和提高产品质量；提高劳动生产率；提高经济效益。

0.3　机械制造工艺与夹具的基本要求和学习方法

机械制造工艺与夹具是高职高专机电类专业的主要职业技术课程之一，对职业能力的形成十分重要。通过本课程的理论学习、生产实习、课程设计、综合实训等，应掌握机械加工工艺的基本知识和基本理论，具备制订和实施工艺规程的能力，掌握机械加工精度和表面质量分析与控制的基本知识和基本理论并学会初步分析机械加工过程中产生误差的原因；具备夹具设计及应用与制造的能力。

本课程的实践性、综合性、灵活性都很强，主要内容和生产实践联系十分紧密。所以，学习本课程应注意以下几点。

① 本课程涉及面广、内容丰富、综合性强。不仅包括机械加工工艺规程、夹具设计及应用、机械加工质量分析与控制、机械装配工艺基础等，还包括"机械制造基础"、"公差配合与技术测量"等课程的知识。因此，学习时，要善于将已学过的知识同本课程的知识结合起来，合理地综合运用。

② 实践性。机械制造工艺与夹具同生产实践密切相关，其理论源于生产实践，是长期生产实践的总结。因此，在学习中应注意掌握其在实际中的应用，要重视实践环节和课程设计对职业能力的培养，提高综合运用所学知识解决生产实际问题的能力。

③ 灵活性强。机械加工工艺理论与工艺方法有很大的灵活性。由于各机械制造企业的生产条件千差万别，其加工工艺也并非千篇一律。对于不同的问题，在工艺上有不同的解决方案；对于同一问题，在工艺上也有多种解决方案。因此，必须根据不同的现场条件灵活运用所学知识，优选最佳方案。

第1章 机械加工工艺基础知识

本章基本要求

1. 了解生产过程与工艺过程，生产纲领和生产类型及其工艺特征。
2. 了解并掌握机械加工工艺过程的组成及工序、工步、走刀的概念。
3. 了解机械加工工艺规程制订的原则和步骤。

1.1 基本概念

1.1.1 生产过程与工艺过程

(1) 生产过程

产品的生产过程是指把原材料或半成品转变成成品的活动过程，包含产品设计、材料选择、生产计划组织、加工装配、质量保证等活动。可以看出，产品的制造过程实际上包括了零件加工、部件装配、整机制造等几种方式。对机械产品而言，全过程如下。

① 生产技术准备工作：调研预测、产品开发、工艺设计、工装制造、原材料准备与储运、刀具与工具的准备和生产计划的编制等。

② 毛坯制造：根据零件的结构和技术要求，采用合理的方法制造出毛坯。

③ 零件机械加工：通过切削加工等方法逐步改变毛坯的形态，获得一定形状、尺寸、精度和表面质量的零件。

④ 部件与产品的装配：装配、调整、试验与验收。

⑤ 生产服务过程：协作件、配套件的订购与供应，试验，包装，保管，发运，售后服务等。

由上述阶段划分可以看出，生产过程可分为两大类型：一类是直接生产过程，它们直接改变被加工对象的形状、尺寸、性能和相对位置，如毛坯制造、零件加工和装配过程；另一类为辅助生产过程，如技术准备、售后服务等，它们不能使加工对象产生直接形态的变化，但又不可缺少。

企业组织生产可以有多种模式，如生产出全部零件，组装机器；生产一部分关键零部件，其他由外协企业供应；不生产零部件；只负责设计和销售等。现代工业的发展促使许多产品复杂的大工业采用第二种模式，如汽车制造业、机床制造业等，这会使卫星工厂更加便于组织专业生产，降低成本，生产的产品越来越趋于标准化、系列化、专业化和商品化。

(2) 工艺过程

工艺过程是指改变生产对象的尺寸、形状、物理化学性能以及相对位置关系等，使其成为成品或半成品的过程。工艺过程可分为铸造、锻造、冲压、焊接、机械加工、热处理、装配等。工艺过程是生产过程的重要组成部分。其中，采用机械加工的方法直接改变毛坯的尺寸、形状和性能等，使其成为合格零件的过程，称为机械加工工艺过程，简称工艺过程。

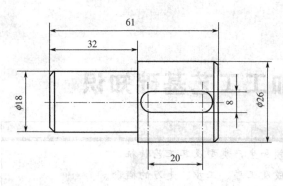

图 1-1　阶梯轴加工

（3）工艺过程的组成

机械加工工艺过程由一个或若干个顺序排列的工序组成。

一个或一组工人在某一个工作地或一台机床上对同一个或同时对几个工件进行加工所连续完成的那一部分工艺过程，称为工序。

划分工序的依据是，被加工的工件是否在同一工作地或机床和加工过程是否连续。图 1-1 所示的阶梯轴，当加工数量较少时，其工序过程如表 1-1 所示；而批量生产时，其工序过程如表 1-2 所示。

表 1-1　阶梯轴单件小批生产工艺过程

序　号	工序名称	工　序　内　容	设　　备
1	车	车一端外圆与端面、打中心孔并倒角，径向尺寸至 $\phi 26$mm；掉头车另一端外圆及端面并倒角，径向尺寸至 $\phi 18$mm，轴向尺寸至 32mm，轴向总长至 61mm	车床
2	铣	铣键槽、去毛刺	铣床

表 1-2　阶梯轴大批量生产工艺过程

序　号	工序名称	工　序　内　容	设　　备
1	铣	铣端面、打中心孔，轴向尺寸至 61mm	铣端面打中心孔机
2	车	车大端外圆并倒角，径向尺寸至 $\phi 26$mm	CA6140
3	车	车小端外圆并倒角，径向尺寸至 $\phi 18$mm，轴向尺寸至 32mm	CA6140（另一台）
4	铣	铣键槽	X6132
5	钳	去毛刺	钳工台

工序是组成工艺过程的基本单元。工序可分为安装、工位、工步和走刀。

① 安装　工件经一次装夹后所完成的那一部分工艺过程。在一道工序中，工件可能被装夹一次，也可能要装夹几次。表 1-1 所示的工序 1 要进行两次装夹。先装夹工件小端，车大端 $\phi 26$mm、端面、打中心孔、倒角，称为安装 1；再掉头装夹，车其余尺寸，称为安装 2。工件在加工中应尽量减少装夹次数，因为多一次装夹就会增加装夹的时间，还会增加装夹误差。

② 工位　在机械加工中，常采用各种回转工作台、回转夹具或移动夹具，以减少工件的装夹次数，使工件在一次装夹中先后处于几个不同的位置进行加工。工件在一次安装中工件相对机床（或刀具）每占据一个确切位置所完成的那一部分工艺过程，称为工位。图 1-2 所示为一种用回转工作台在一次安装中顺序完成装卸工件、钻孔、扩孔和铰孔四个工位加工

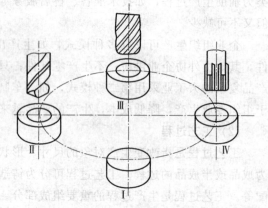

图 1-2　多工位加工

的实例。

③ 工步　在加工表面、切削刀具、切削用量中的切削速度和进给量不变的情况下所连续完成的那一部分工艺过程，称为工步。上述三个要素中只要一个要素改变了，就不能认为是同一个工步。例如表 1-1 中的工序 1，第一个安装中有车大端外圆 $\phi26$mm、车端面、倒角、打中心孔四个工步。

在机械加工中，为了提高生产效率，有时会出现用几把不同的刀具同时加工一个零件的几个表面，这也被看做是一个工步，称为复合工步。图 1-3 所示为复合工步的加工实例。

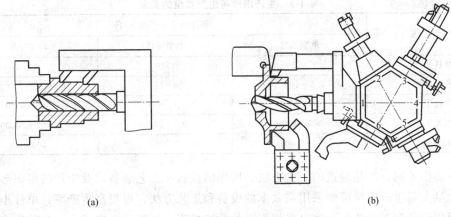

(a)　　　　　　　　　　　　　　　(b)

图 1-3　复合工步

④ 走刀　在一个工步中，如果加工表面要切削的金属层很厚，可分几次切削，每切削一次就称为一次走刀。走刀是构成工艺过程的最小单元。

1.1.2　生产纲领与生产类型

(1) 生产纲领

产品的用途不同决定了产品的市场需求量不同，从而决定了产品有不同的产量，即生产纲领。这就要求生产组织方式要与产品的产量相适应。

生产纲领是企业在计划期内应生产的产品产量，即包括备品和废品在内的（年）产量。计划期通常定为 1 年。

$$N = Qn(1+\alpha)(1+\beta)$$

式中　N——零件的年产量，件/年；

　　　Q——产品的年产量，台/年；

　　　n——每台产品中该零件的数量，件/台；

　　　α——备品率；

　　　β——废品率。

生产纲领决定了企业的生产类型和生产组织方式。

(2) 生产类型及其工艺特征

生产类型是指企业（或车间、工段）生产专业化程度的分类。按照年生产纲领，生产类型可划分成单件生产、成批生产、大量生产。成批生产又可以分为小批量生产、中批量生产和大批量生产 3 种。表 1-3 所示是生产纲领与生产类型的关系。

① 单件生产　产品品种多，各种产品的产量很少，结构、尺寸不同，各个工作地点的

加工对象时常改变，重要的是很少重复生产。例如新产品试制、大型和专用设备的制造等都属于单件生产。

② 成批生产　一年中某一生产场地分批轮流地制造几种不同的产品，每种产品均拥有一定的数量，工作地的加工对象只能周期性地重复。例如机床、机车和纺织机械的制造常属成批生产。

③ 大量生产　某种产品的产量很大，大多数工作地长期按照一定的生产节拍进行某一种零件的某一道工序的重复加工。例如汽车、自行车、轴承、手表的制造常属大量生产。

表 1-3　生产纲领与生产类型的关系

生产类型	零件的年生产纲领/件		
	重型零件	中型零件	轻型零件
单件生产	≤5	≤10	≤100
小批生产	5～100	20～200	100～500
中批生产	100～300	200～500	500～5000
大批生产	300～1000	500～5000	5000～50000
大量生产	>1000	>5000	>50000

生产类型不同，产品制造的工艺方法、所用的设备和工艺装备以及生产的组织形式等均不同。大批大量生产应尽可能采用高效率的设备和工艺方法，以提高生产率；单件小批生产应采用通用设备和工艺装备，也可采用先进的数控机床，以降低生产成本。各种生产类型的工艺特征可参见表 1-4。

表 1-4　各种生产类型的工艺特征

工艺特征	生产类型		
	单件小批	中批	大批大量
零件的互换性	用修配法，钳工修配，缺乏互换性	大部分具有互换性	具有广泛的互换性
装配方法	修配法、调整法	部分互换法、调整法等	完全互换法、分组选配法
毛坯及其加工余量	手工木模铸件、自由锻件。毛坯精度低，加工余量大	部分金属模铸造件、部分模锻件。毛坯精度和加工余量中等	广泛采用金属模及其造型和模锻件以及其他高精度制造方法。毛坯精度高，加工余量小
机床设备	通用机床、数控机床。采用机群式布置	部分通用机床和部分专用机床，广泛使用数控机床、加工中心、柔性制造单元等	数控机床、加工中心、专用机床、专用生产线、自动生产线、柔性制造生产线等
夹具	多用标准附件如卡盘、台虎钳、压板等，靠划线和试切达到精度	采用专用夹具或组合夹具，精度可以靠夹具保证，或在加工中心上一次安装	高生产率的专用夹具，靠夹具及其调整保证工件精度
刀具与量具	通用刀具和通用量具	采用专用刀具、专用量具或三坐标测量机等	高生产率的专用刀具和专用量具，或采用统计分析法保证成品率
对工人的技术要求	需要技术熟练的技术工人	需要一定熟练程度的技术工人和编程人员	需要高素质的生产线维护人员、编程人员，对操作工人技术要求低
工艺规程	有简单的工艺规程	有工艺规程，对重要零件有详细的工序卡	有详细的工艺规程及工艺卡、工序卡
加工成本	高	中	低

1.2　机械加工工艺规程及工艺文件

机械加工工艺规程简称工艺规程，是规定零件加工工艺过程和操作方法的工艺文件。它是在具体的生产条件下将最合理或较合理的工艺过程与操作方法按规定的形式制成工艺文本，用来指导生产的技术文件。工艺规程是机械加工中最主要的技术文件，它一般包括工件加工工艺路线及所经过的车间和工段、各工序的内容及采用的机床和工艺工装、工件的检验项目及检验方法、切削用量和工时定额及工人的技术等级等。

1.2.1　工艺规程的作用

①　工艺规程是指导生产的主要技术文件。工艺规程是在总结工人和技术人员实践的基础上，依据工艺理论和有关的工艺试验而制订的。按照工艺规程组织生产可以达到优质、高产和最佳的经济效益。

②　工艺规程是生产组织和管理工作的基本依据。在生产管理中可以看出，原材料和毛坯的供应，机床设备、工艺装备的调配，专用工艺装备的设计和制造，作业计划的编排，劳动力的组织以及生产成本的核算等都是以工艺规程作为基本依据的。

③　工艺规程是生产准备和技术准备的基本依据。根据工艺规程能正确地确定生产所需的机床和其他设备的种类、规格、数量，车间的面积，机床的布置，工人的工种、等级和数量以及辅助部分的安排等，给生产的准备和过程的组织带来极大的方便。

工艺规程经工厂工艺管理机构审定后就成为工厂生产中的法规，有关人员必须严格执行，不可随意变更。随着科学技术的进步和生产的发展，工艺规程在实施过程中会出现某些不相适应的问题，因而需定期整顿，及时吸收合理化建议、技术革新成果、新技术和新工艺，使工艺规程不断进步，更加完善与合理。

1.2.2　工艺规程制订的原则

制订工艺规程的总体原则是优质、高产、低消耗，即在保证产品质量的前提下尽可能提高生产率和降低成本。同时，还应在充分利用本企业现有生产条件的基础上尽可能采用国内外先进工艺技术和检测技术，在规定的生产批量下采用最经济并能取得最好经济效益的加工方法，此外还应保证工人具有良好而安全的劳动条件。

由于工艺规程是直接指导生产和操作的重要文件，因此工艺规程要求正确、完整、统一、清晰，所用的术语、符号、计量单位和编号都要符合相应的标准。

1.2.3　工艺规程制订的原始资料

制订工艺规程的原始资料如下。

①　产品装配图和零件图以及产品验收的质量标准。

②　零件的生产纲领及投产批量、生产类型。

③　毛坯和半成品的资料、毛坯制造方法、生产能力及供货状态等。

④　现场的生产条件，包括工艺装备及专用设备的制造能力、规格性能、工人技术水平及各种工艺资料和相应标准等。

⑤　国内外同类产品的有关工艺资料等。

1.2.4　工艺规程制订的步骤

①　进行工艺性分析。收集和熟悉制订工艺规程的各有关资料，依据生产类型进行零件的结构工艺性分析。

② 确定毛坯。依据图纸及有关技术要求确定毛坯的类型、尺寸及制造方法。

③ 选择定位基准。根据零件的具体结构与要求灵活地确定加工中的粗、精基准。

④ 拟定工艺路线。根据零件的结构与要求选择相应的加工方法，协调好相互顺序，以保证加工的顺利进行。

⑤ 确定工序内容。

a. 确定工序尺寸，即各工序的工序余量、工序公称尺寸及其公差。

b. 确定工艺装备，即各工序的设备、刀具、夹具、量具和辅助工具。

c. 确定切削用量及时间定额。合理确定各工序的切削用量及时间定额。

d. 确定技术要求及检验方法。合理确定各主要工序的技术要求及检验方法。

⑥ 进行技术经济分析，选择最佳方案。

⑦ 填写工艺文件。

1.2.5　工艺文件的格式

将工艺文件的内容填入一定格式的卡片，即成为生产准备和施工依据的工艺文件。在我国各机械制造厂使用的机械加工工艺规程表格的形式不尽一致，但基本内容是相同的。常用的工艺文件的格式有下列几种。

(1) 机械加工工艺过程卡

这种卡片以工序为单位简要地列出整个零件加工所经过的工艺路线（包括毛坯制造、机械加工和热处理等）。它是制订其他工艺文件的基础，也是生产准备、编排作业计划和组织生产的依据。在这种卡片中，由于各工序的说明不够具体，故一般不直接指导工人操作，而多用于生产管理。但在单件小批生产中，由于通常不编制其他较详细的工艺文件，就以这种卡片指导生产。机械加工工艺过程卡片见表1-5。

表 1-5　机械加工工艺过程卡片

工厂	机械加工工艺过程卡片		产品型号			零部件图号				共　　页	
			产品名称			零部件名称				第　　页	
材料牌号		毛坯种类		毛坯外形尺寸		各毛坯件数		每台件数		备注	
工序号	工序名称	工序内容		车间	工段	设备	工艺装备			工　时	
										准终	单件
							编制日期		审核日期	会审日期	
标记	处记	更改文件号	签字	日期	标记	处记	更改文件号	签字	日期		

(2) 机械加工工艺卡片

机械加工工艺卡片是以工序为单位详细地说明整个工艺过程的一种工艺文件。它是用来指导工人生产、帮助车间管理人员和技术人员掌握整个零件加工过程的一种主要技术文件，广泛用于成批生产的零件和重要零件的小批生产中。机械加工工艺卡片内容包括零件的材料、毛坯种类、工序号、工序名称、工序内容、工艺参数、操作要求以及采用的设备和工艺装备等。机械加工工艺卡片格式见表 1-6。

表 1-6　机械加工工艺卡片

工厂	机械加工工艺卡片			产品型号		零部件图号			共　页
				产品名称		零部件名称			第　页
材料牌号		毛坯种类	毛坯外形尺寸	各毛坯件数		每台件数		备注	
工序	装夹	工步	工步内容	同时加工零件数	切削用量				设备名称及编号	工艺装备名称及编号			技术等级	工时定额	
					切削深度/mm	切削速度/m·min⁻¹	每分钟转数或往复次数	进给量/mm		夹具	刀具	量具		单件	准终
										编制日期	审核日期		会审日期		
标记	处记	更改文件号	签字	日期	标记	处记	更改文件号	签字	日期						

表 1-7　机械加工工序卡片

工厂	机械加工工序卡片		产品型号		零部件图号		共　页
			产品名称		零部件名称		第　页
材　料	毛坯种类	毛坯外形尺寸	各毛坯件数		每台件数		备注
				车间	工序号	工序名称	材料牌号
				毛坯种类	毛坯外形尺寸	毛坯件数	每台件数
				设备	设备型号	设备编号	同时加工件数
				夹具编号	夹具名称		冷却液
							工序工时
						准终	单件
工步号	工步内容	工艺装备	主轴转速/r·min⁻¹	切削速度/m·min⁻¹	走刀量/mm·r⁻¹	吃刀深度/mm	走刀次数	工时定额	
								机动	辅助
				编制日期	审核日期		会审日期		
标记	处记	更改文件号	签字	日期	标记	处记	更改文件号	签字	日期

（3）机械加工工序卡片

机械加工工序卡片是根据机械加工工艺卡片为一道工序制订的。它更详细地说明整个零件各个工序的要求，是用来具体指导工人操作的工艺文件。在这种卡片上要画工序简图，说明该工序每一工步的内容、工艺参数、操作要求以及所用的设备及工艺装备，一般用于大批大量生产的零件。机械加工工序卡片格式见表1-7。

习　题

1-1　机械加工工艺系统由哪些方面组成？

1-2　简述生产过程、工艺过程、工艺规程的含义。

1-3　什么叫生产纲领？生产类型和生产纲领有什么关系？简述不同生产类型的工艺特征。

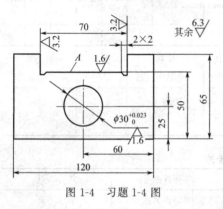

图1-4　习题1-4图

1-4　图1-4所示的零件，单件小批生产时其机械加工工艺过程如下所述，试分析其工艺过程的组成（包括安装、工位、工步、走刀）。工艺过程：①在刨床上分别刨削六个表面，达到图样要求；②粗刨导轨面 A，分两次切削；③刨两越程槽；④精刨导轨面 A；⑤钻孔；⑥扩孔；⑦铰孔；⑧去毛刺。

1-5　图1-5所示的零件，毛坯为 $\phi 35mm$ 棒料，批量生产时其机械加工工艺过程如下所述，试分析工艺过程的组成。机械加工工艺过程：①在锯床上切断下料；②车一端面钻中心孔；③掉头，车另一端面钻中心孔；④将整批工件靠螺纹一边都车至 $\phi 30mm$；⑤掉头车削整批工件的 $\phi 18mm$ 外圆；⑥车 $\phi 20mm$ 外圆；⑦在铣床上铣两平面，转90°后铣另外两平面；⑧车螺纹，倒角。

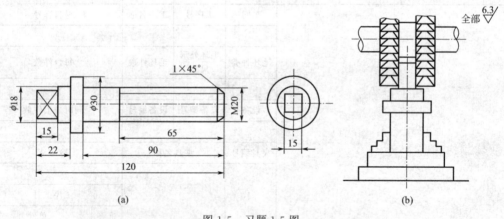

图1-5　习题1-5图

1-6　某厂年产4105型柴油机1000台，已知连杆的备用率为5%，机械加工废品率为1%，试计算连杆的生产纲领，说明其生产类型及主要工艺特点。

第 2 章　机械加工工艺规程的制订

本章基本要求

1. 了解零件结构工艺性分析的方法。
2. 了解毛坯的选择原则。
3. 熟悉并掌握六点定位原理和定位基准的选择。
4. 熟悉并掌握零件表面加工方法和加工方案的选择。
5. 熟悉并掌握工序加工余量和工序尺寸的确定方法。
6. 熟悉并掌握典型工艺尺寸链的计算方法。
7. 熟悉并掌握加工顺序安排的方法。
8. 了解提高生产率的工艺途径和工艺过程技术经济分析的方法。

2.1　零件的结构工艺性分析

在阅读装配图和零件图后应进行工艺性分析，即分析图纸上的尺寸、视图和技术要求是否完整、正确、统一，找出主要技术要求和分析关键的技术问题。其中重要的一项是对零件的结构工艺性进行分析。

工艺性分析的目的：一是分析零件的结构形状及尺寸精度、相互位置精度、表面粗糙度、材料及热处理等的技术要求是否合理，是否便于加工和装配；二是通过工艺分析对零件的工艺要求有进一步的了解，以便制订出合理的工艺规程。

零件结构工艺性是指在满足使用要求的前提条件下制造该零件的可行性和经济性。许多功能相同的零件，其结构工艺性可以有很大的差异，它们的加工方法和成本往往差别很大。因此，应仔细分析零件的结构工艺性。

2.1.1　加工工艺对零件结构工艺性的要求

(1) 便于装夹

零件的结构应便于加工时的定位和夹紧，装夹次数要少。图 2-1(a) 所示的零件拟用顶尖和鸡心夹头装夹，但该结构不便于装夹。若改为图（b）所示的结构，则可以方便地装置夹头。

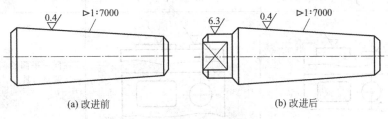

(a) 改进前　　　　　　　　　　　(b) 改进后

图 2-1　便于装夹的零件结构示例

（2）便于加工

　　零件的结构应尽量采用标准化数值，以便使用标准化刀具和量具。同时还应注意退刀和进刀易于保证加工精度要求，减少加工面积及难加工表面等。表 2-1 所示为零件机械加工工艺性实例。

表 2-1　零件机械加工工艺性实例

序号	工艺性不好的结构 A	工艺性好的结构 B	说　明
1	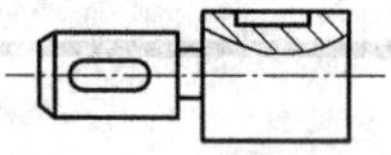	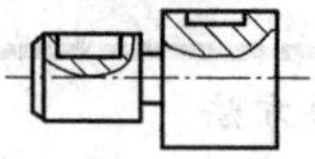	结构 B 键槽的尺寸、方位相同，则可在一次装夹中加工
2	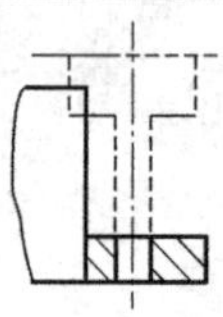	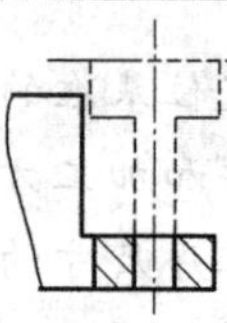	结构 A 的加工不便引进刀具
3	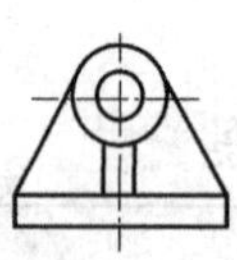	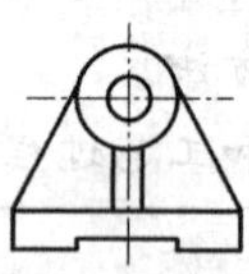	结构 B 的底面接触面积小，加工量小，稳定性好
4	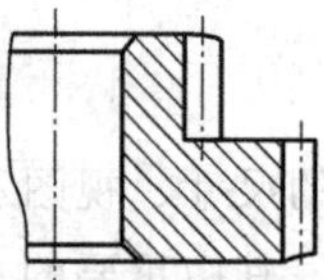	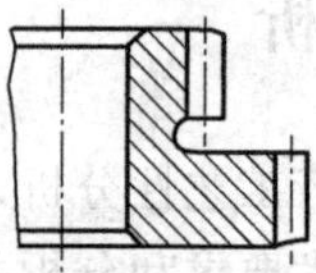	结构 B 留有越程槽，小齿轮可以插齿加工
5	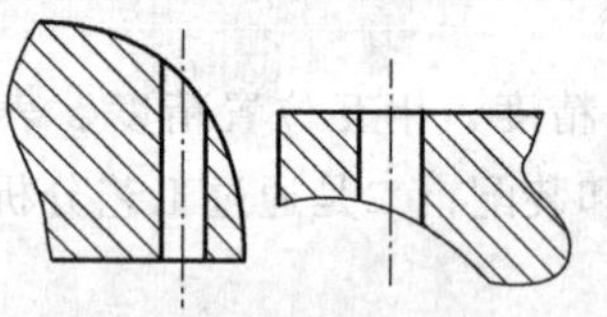	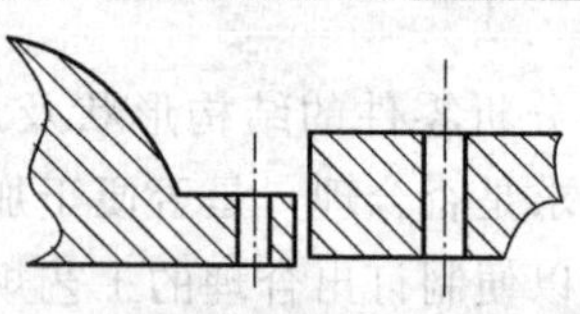	结构 A 斜面钻孔，易引偏；出口处有阶梯，钻头易折断
6	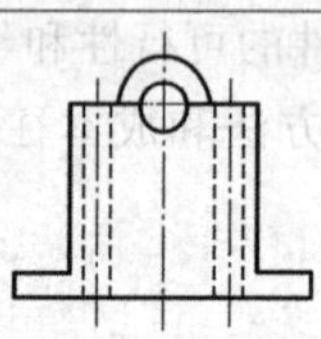	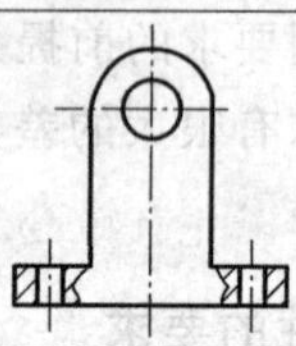	尽量减少深孔加工
7	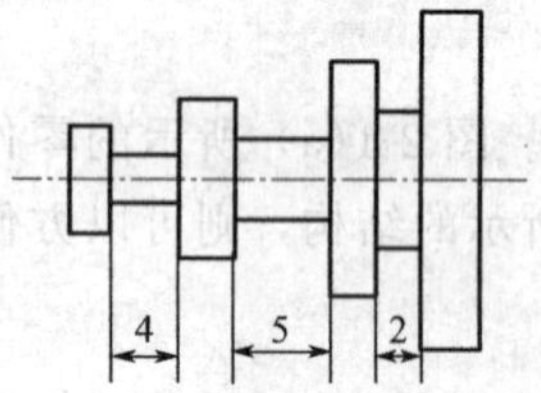	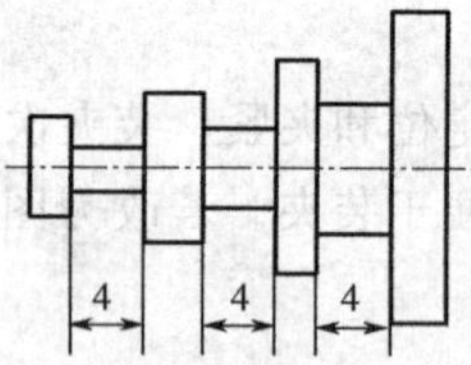	槽宽尺寸应尽量一致
8	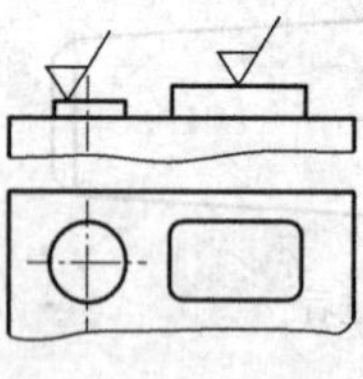	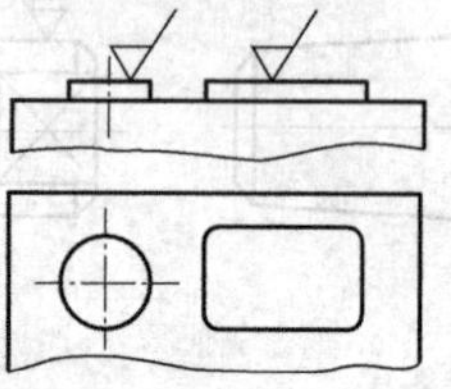	在同一平面的两个加工面，可以一次调整刀具

续表

序号	工艺性不好的结构 A	工艺性好的结构 B	说　　明
9			应有螺纹倒角

（3）便于数控机床加工

被加工零件的数控工艺性问题涉及面很广，下面结合编程的可能性与方便性进行工艺性分析。零件图样上尺寸标注方法对工艺性影响较大，为此对零件设计图样应提出不同的要求，凡经数控加工的零件图样上给出的尺寸数据应符合编程方便的原则。

零件的外形、内腔最好采用统一的几何类型或尺寸，这样可以减少换刀次数，还有可能应用控制程序或专用程序以缩短程序长度。如图 2-2(a) 所示，由于圆角大小决定着刀具直径大小，很容易看出工艺性好坏。所以应对一些主要的数控加工零件推荐规范化设计结构及尺寸。图 2-2(b) 表明应尽量避免用球头刀加工。此外，有的数控机床有对称加工的功能，编程时对于一些对称性零件只需编其半边的程序，这样可以节省许多编程时间。

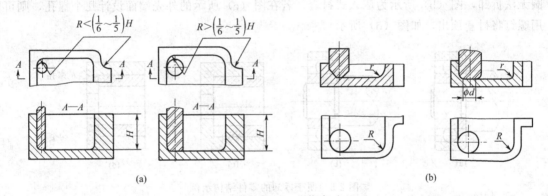

图 2-2　数控加工工艺优劣对比

（4）便于测量

设计零件结构时，还应考虑测量的可能性与方便性。如图 2-3 所示，要求测量孔中心线与基准面 A 的平行度。图 (a) 所示的结构，由于底面凸台偏置一侧而平行度难于测量。图 (b) 中增加了对称的工艺凸台，并使凸台位置居中，此时测量大为方便。

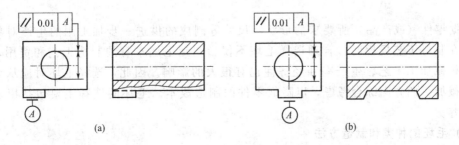

图 2-3　便于测量的零件结构示例

2.1.2　装配和维修对零件结构工艺性的要求

零件的结构应便于装配和维修时的拆装。如图 2-4 所示，图（a）结构无透气口，销钉孔内的空气难于排出，故销钉不易装入，改进后的结构如图（b）、图（c）所示。为保证轴肩与支承面紧贴，可在轴肩处切槽或孔口处倒角，如图（e）、图（f）所示。两个零件配合，由于同一方向只能有一个定位基面，故图（g）结构不合理，而图（h）为合理的结构。在图（i）中，螺钉装配空间太小，螺钉装不进，改进后的结构如图（j）所示。

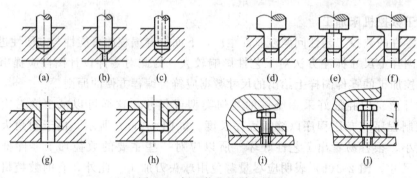

图 2-4　便于装配的零件结构

图 2-5 所示为便于拆卸的零件结构。在图（a）中，由于轴肩超过轴承内圈，故轴承内圈无法拆卸，图（b）所示为压入式衬套。若在图（c）所示的外壳端面设计几个螺孔，则可用螺钉将衬套顶出，如图（d）所示。

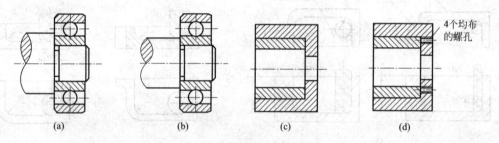

图 2-5　便于拆卸的零件结构示例

若在工艺分析时发现零件的结构工艺性不好，技术要求不合理或存在其他问题时，可对零件设计提出修改意见，并经设计人员同意和履行规定的批准手续后，由设计人员进行修改。

2.2　毛坯的选择

根据零件（或产品）所要求的形状、尺寸等制成的供进一步加工用的生产对象称为毛坯。在制订工艺规程时，合理选择毛坯不仅影响到毛坯本身的制造工艺和费用，而且对零件机械加工工艺、生产率和经济性也有很大的影响。因此，选择毛坯时应从毛坯制造和机械加工两方面综合考虑，以降低零件的制造成本。毛坯的选择主要包括以下几方面的内容。

（1）毛坯的种类和制造方法

毛坯的种类很多，每一种毛坯又有许多不同的制造方法。机械制造中常用的毛坯主要有以下几种。

① 轧制件　主要包括各种热轧和冷拉圆钢、方钢、六角钢、八角钢等型材。热轧毛坯精度较低，冷拉毛坯精度较高。

② 铸件　其材料主要有铸铁、铸钢及铜、铝等有色金属。形状复杂、力学性能要求不高的毛坯宜采用铸造的方法制造。铸件毛坯的制造方法常用的有砂型铸造、金属型铸造、精密铸造、压力铸造、离心铸造等。

③ 锻件　适用于强度要求高、形状较简单的毛坯，其锻造方法有自由锻和模锻两种。自由锻毛坯精度低、加工余量大、生产率低，适用于单件小批量生产以及大型零件毛坯。模锻毛坯精度高、加工余量小、生产率高，适用于中批以上生产的中小型零件毛坯。常用的锻造材料为中、低碳钢及低合金钢。

④ 焊接件　将型材或板料等焊接成所需的毛坯，简单方便，生产周期短，但常需经过时效处理消除应力后才能进行机械加工。常用的材料为低碳钢及低合金钢。

⑤ 其他毛坯　包括冲压、粉末冶金、冷挤、塑料压制等毛坯。

(2) 毛坯选择应考虑的因素

选择毛坯时应全面考虑下列因素。

① 零件的材料及力学性能要求　某些材料由于其工艺特性决定了其毛坯的制造方法。例如，铸铁和有些金属只能铸造。对于重要的钢质零件，为获得良好的力学性能，应选用锻件毛坯。

② 零件的结构形状与尺寸　毛坯的形状与尺寸应尽量与零件的形状和尺寸接近。形状复杂和大型零件的毛坯多用铸造，如图 2-6 所示的减速器箱体；薄壁零件不宜用砂型铸造；板状钢质零件多用锻造；轴类零件毛坯，如各台阶直径相差不大，可选用棒料，如图 2-7 所示的薄环的整体毛坯；如各台阶直径相差较大，宜用锻件。对于锻件，尺寸大时可选用自由锻，尺寸小且批量较大时可选用模锻。

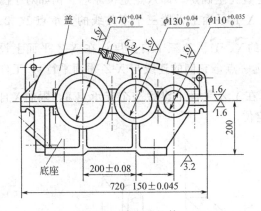

图 2-6　减速器箱体

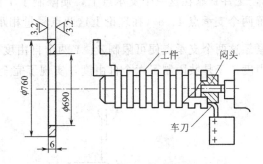

图 2-7　薄环的整体毛坯

③ 生产纲领的大小　大批大量生产时，应选用精度和生产率较高的毛坯制造方法，如模锻、金属型机器造型铸造等。虽然一次投资较大，但生产量大，分摊到每个毛坯上的成本并不高，且此种毛坯制造方法的生产率较高，节省材料，还可大大减少机械加工量，降低产品的总成本。单件小批生产时则应选用木模手工造型铸造或自由锻造。

④ 现有生产条件　选择毛坯时，要充分考虑现有的生产条件，如毛坯制造的实际水平和能力、外协的可能性等，有条件时应积极组织地区专业化生产，统一供应毛坯。

⑤ 充分考虑利用新技术、新工艺、新材料的可能性　为节约材料和能源，随着毛坯专业化生产的发展，精铸、精锻、冷轧、冷挤压等毛坯制造方法的应用将日益广泛，为实现少切屑、无切屑加工打下良好基础，这样可以大大减少切削加工量甚至不需要切削加工，大大提高经济效益。

2.3　定位原理和定位基准

机械加工时，为使工件的被加工表面获得规定的尺寸和位置精度，首先要求工件必须在机床上或夹具中占有正确的位置，工件在机床上或夹具中占有正确位置的过程便为定位；其次在加工中不因切削力、惯性力等外力作用而破坏工件的定位，为此就需要夹紧。工件的装夹过程就是工件在机床上或夹具中定位与夹紧的过程。工件只有在机床上装好与夹紧，才能进行机械加工。装夹是否正确、稳定、迅速和方便，对于保证加工质量、提高生产效率、降低加工成本具有重要的作用，因此工件的装夹是制订工艺规程时必须认真考虑的重要问题之一。

2.3.1　六点定位原理

(1) 自由度的概念

任何一个自由刚体，在空间均有六个自由度，即沿三个坐标轴的移动和绕三个坐标轴的转动。分别表示为 $\vec{X}$、$\vec{Y}$、$\vec{Z}$ 和 $\widehat{X}$、$\widehat{Y}$、$\widehat{Z}$。

(2) 六点定位原理

定位，就是限制工件的自由度。如果完全限制了工件的六个自由度，工件在空间的位置就完全确定了。

分析工件定位时，通常是用一个支承点限制工件的一个自由度，用合理设置的六个支承点限制工件的六个自由度，使工件在夹具中的位置完全确定，即六点定位原理。例如对于图2-8 所示的长方形工件，欲使其完全定位，可在 X-Y 平面上设置三个不共线的支承点 1、2、3，工件紧靠在这三个支承点上，便限制了工件的 $\widehat{X}$、$\widehat{Y}$、$\vec{Z}$ 三个自由度；在 X-Z 平面上设置两个支承点 4、5（在理论上这两点尽量相距远一点，它们的连线与 X-Z 平面平行），工件紧靠这两个支承点便可限制 $\vec{Z}$、$\widehat{Y}$ 两个自由度；在 Y-Z 平面上设置一个支承点 6，限制 $\vec{X}$ 自由度。于是共限制了六个自由度，实现了完全定位。

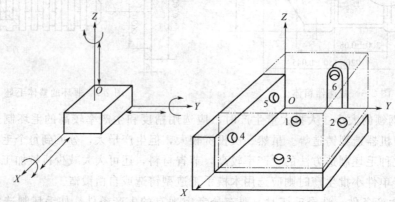

图 2-8　工件六点定位原理

　　六点定位原理是工件定位的基本法则。在具体的夹具中，这些支承点是具有一定形状的几何体，这些限制工件自由度的几何体就是定位元件。

（3）常用的定位元件

　　工件的定位是通过定位元件实现的，表 2-2 列出了常用定位元件所能限制的自由度。

表 2-2　常用定位元件所能限制的自由度示例

定位基面	定位元件	定位简图	定位元件的特点	限制的自由度
平面 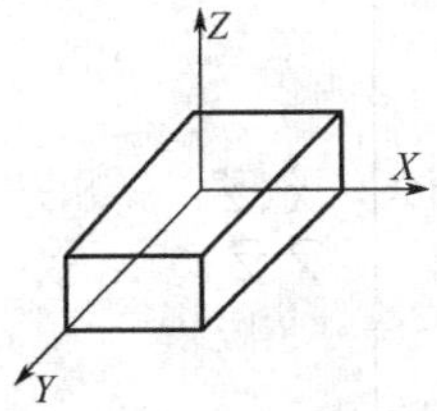	支承钉	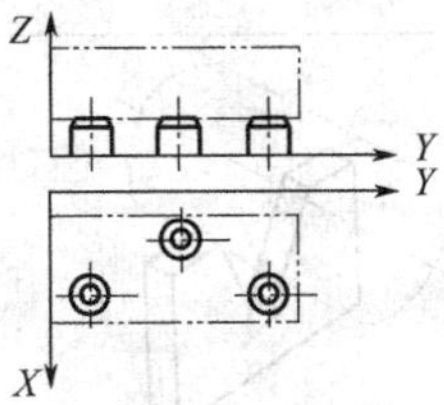		$\vec{Z}$； $\widehat{X}$、$\widehat{Y}$
	支承板	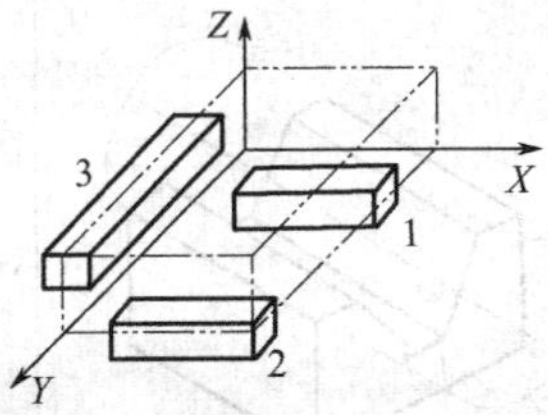	每个支承板也可以设计成两个或两个以上的小支承板	1,2——$\vec{Z}$、$\widehat{X}$、$\widehat{Y}$； 3——$\widehat{X}$、$\vec{Z}$
	固定支承与辅助支承	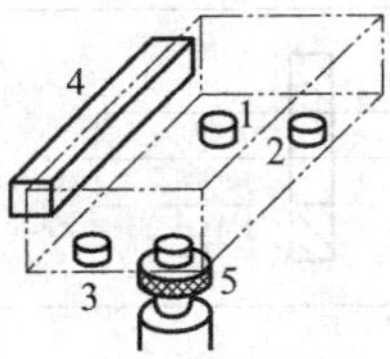	1~4——固定支承；5——辅助支承	1, 2, 3——$\vec{Z}$、$\widehat{X}$、$\widehat{Y}$；4——$\widehat{X}$、$\vec{Z}$；5——增加刚性不限制自由度
圆孔 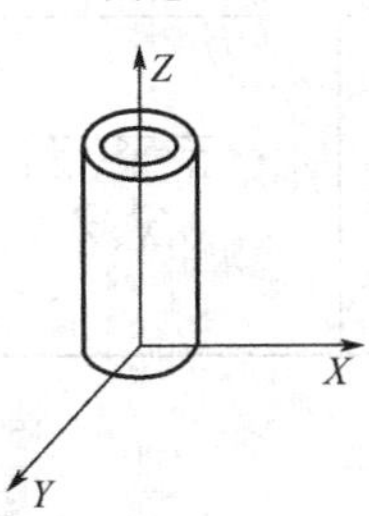	定位销（心轴）	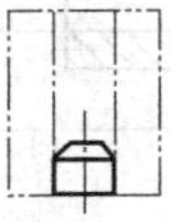	短销（短心轴）	$\vec{X}$、$\vec{Y}$
		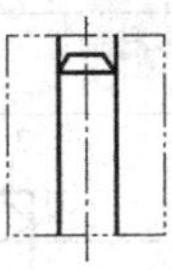	长销（长心轴）	$\vec{X}$、$\vec{Y}$； $\widehat{X}$、$\widehat{Y}$
	锥销	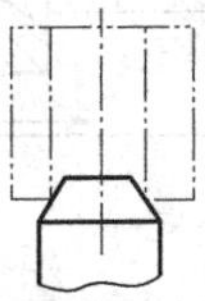	单锥销	$\vec{X}$、$\vec{Y}$、$\vec{Z}$
		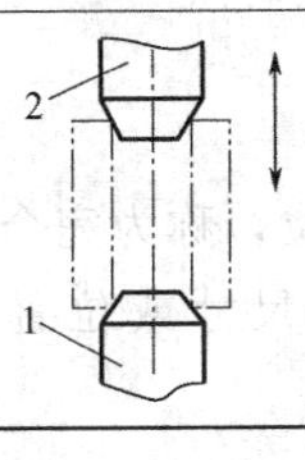	1——固定销 2——活动销	$\vec{X}$、$\vec{Y}$、$\vec{Z}$； $\widehat{X}$、$\widehat{Y}$

续表

定位基面	定位元件	定位简图	定位元件的特点	限制的自由度
外圆柱面 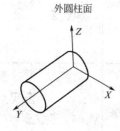	支承板或 支承钉		短支承板或支承钉	$\vec{Z}$(或$\vec{X}$)
			长支承板或两个支承钉	$\vec{Z}$、$\vec{X}$
	V形块		窄V形块	$\vec{X}$、$\vec{Z}$
			宽V形块或两个窄V形块	$\vec{X}$、$\vec{Z}$; $\hat{X}$、$\hat{Z}$
	圆柱孔		短套	$\vec{X}$、$\vec{Z}$
			长套	$\vec{X}$、$\vec{Z}$; $\hat{X}$、$\hat{Z}$
	锥孔		单锥套	$\vec{X}$、$\vec{Y}$、$\vec{Z}$
			1——固定锥套 2——活动锥套	$\vec{X}$、$\vec{Y}$、$\vec{Z}$; $\hat{X}$、$\hat{Z}$

2.3.2　工件的定位方式

工件的定位有以下四种方式。

(1)　完全定位

工件的六个自由度全部被限制的定位，称为完全定位。图 2-8 所示即为完全定位。当工件在 X、Y、Z 三个坐标方向上都有尺寸或位置精度要求时，一般需采用这种定位形式。

（2）不完全定位

根据工件的加工要求并不需要限制工件的全部自由度，这样的定位称为不完全定位。图 2-9 所示的在工件上铣槽，有两个方向的位置要求，为保证槽底面与 A 面距离尺寸和平行度要求必须限制 $\vec{X}$、$\vec{Y}$、$\vec{Z}$ 三个自由度，为保证槽侧面与 B 面的平行度及距离尺寸要求必须限制 $\vec{X}$、$\vec{Z}$ 两个自由度，一共需限制五个自由度，当采用定位元件限制了工件上述五个自由度时即为不完全定位。如铣不通槽，被加工表面就有三个方位的位置要求，必须限制工件的六个自由度，则需采用完全定位。

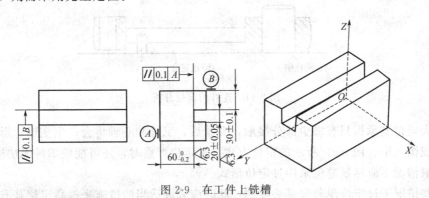

图 2-9　在工件上铣槽

（3）过定位

两个或两个以上的定位元件重复限制工件的同一个自由度或几个自由度，称为过定位，也常称为超定位或重复定位。图 2-10(a) 所示的定位形式，由于心轴限制了工件 $\vec{Y}$、$\vec{Z}$ 移动和 $\vec{Y}$、$\vec{Z}$ 转动四个自由度，大支承板限制了工件 $\vec{X}$、$\vec{Y}$、$\vec{Z}$ 三个自由度，其中 $\vec{Y}$、$\vec{Z}$ 两个自由度被重复限制，因此属过定位。

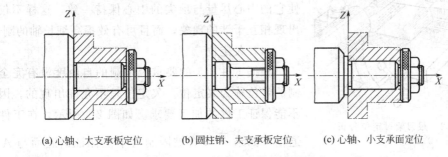

(a) 心轴、大支承板定位　　(b) 圆柱销、大支承板定位　　(c) 心轴、小支承面定位

图 2-10　工件的过定位及改进方法

图 2-11 所示为加工连杆小头孔时的定位方式。图 (a) 所示为正确定位，短圆柱销限制了 $\vec{X}$、$\vec{Y}$ 两个移动自由度，支承面限制了 $\vec{X}$、$\vec{Y}$、$\vec{Z}$ 三个自由度，挡销限制了 $\vec{Z}$ 自由度，这是一个完全定位；图 (b) 所示为过定位，因为长圆柱销限制了工件 $\vec{X}$、$\vec{Y}$、$\vec{X}$、$\vec{Y}$ 四个自由度，而支承面限制了工件 $\vec{X}$、$\vec{Y}$、$\vec{Z}$ 三个自由度，其中自由度 $\vec{X}$、$\vec{Y}$ 被重复限制。

工件以过定位形式定位时，由于工件和定位元件都存在有制造误差，工件的几个定位基准面可能与定位元件不能同时很好地接触，夹紧后工件和定位元件将产生变形，甚至损坏。例如，图 2-10(a) 中当工件内孔与端面的垂直度误差较大且内孔与心轴配合间隙很小时，工

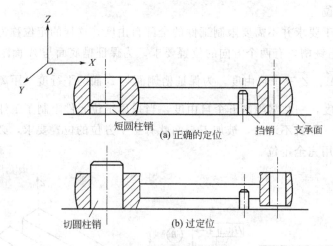

短圆柱销　　挡销　支承面

(a) 正确的定位

切圆柱销　　(b) 过定位

图 2-11　连杆的定位分析

件端面与大定位支承板只有极少部分接触，夹紧后，工件和心轴将会产生变形，影响加工精度，应改成图 (b)、图 (c) 所示的定位方式。过定位严重时，还可能使工件无法进行装卸。因此，一般情况下应尽量避免采用过定位形式。

　　但某些情况下过定位现象也是必要的。此时应采取适当的措施来提高定位基准之间与定位元件之间的位置精度，以免产生干涉。如车削细长轴时，工件装夹在两顶尖间，已经限制了所必须限制的五个自由度（除了绕其轴线旋转的自由度不需限制外），但为了增加工件的刚性，常采用跟刀架，如图 2-12 所示，这就重复限制了除工件轴线方向以外的两个移动自由度，出现了过定位现象。此时应仔细地调整跟刀架，使它的中心尽量与顶尖的中心保持一致，这样不仅不会出现相互干涉的现象，而且可有效提高细长轴的刚性。

　　（4）欠定位

　　根据工件加工的要求应限制的自由度没有完全被限制的定位称为欠定位。欠定位是不允许出现的，因为其不能保证工件的加工要求。如图 2-9 所示，在工件上铣

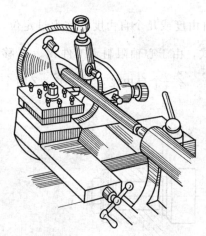

图 2-12　跟刀架过定位分析

通槽，如果 $\vec{Z}$ 没有被限制就不能保证槽底面与 A 面的距离尺寸要求，如果 $\vec{X}$ 或 $\vec{Y}$ 没有被限制就不能保证槽底面与 A 面的平行度要求，这两种情况都属于欠定位。

2.3.3　工件定位基准的选择及实例分析

　　在制订零件机械加工工艺规程时，定位基准的选择是否合理意义十分重大。它不仅影响到工件装夹是否准确、可靠和方便，工件的加工精度是否易于保证，而且影响到零件上各加工表面的加工顺序，甚至还会影响到所采用的工艺装备的复杂程度。

　　（1）基准及其分类

　　用来确定生产对象上几何要素间的几何关系所依据的点、线、面称为基准。根据作用的不同，可将基准做如下的分类：

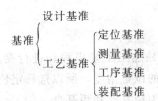

① 设计基准　设计图样上所采用的基准称为设计基准，它是标注设计尺寸的起点。图 2-13(a) 所示的零件，平面 A 是平面 B、C 的设计基准，平面 D 是平面 E、F 的设计基准。在水平方向，平面 D 是孔 7 和孔 8 的设计基准；在垂直方向，平面 A 是孔 7 的设计基准，孔 7 又是孔 8 的设计基准。图 2-13(b) 所示的钻套零件，孔中心线是外圆与内孔的设计基准，端面 A 是端面 B、C 的设计基准。

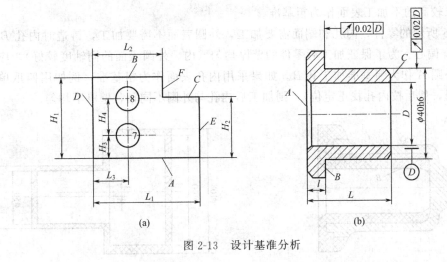

图 2-13　设计基准分析

② 工艺基准　在工艺过程中所使用的基准称为工艺基准。按用途不同可将其分为以下四种。

a. 定位基准。在加工中用于工件定位的基准称为定位基准。它是工件上与机床或夹具定位元件直接接触的点、线、面。作为定位基准的点、线、面在工件上有时不一定具体存在（例如孔的中心线、轴的中心线等），而常由某种具体的定位表面来体现，这些定位表面称为定位基面。例如，将图 2-13(b) 所示零件套在心轴上磨削 φ40h6mm 外圆表面时，内孔中心线即是定位基准。

根据工件上定位基准的表面状态不同，定位基准又可分为粗基准和精基准。粗基准是没有经过切削加工的毛坯面，精基准是已经过切削加工的表面。

b. 测量基准。工件在加工中或加工后测量尺寸和形位误差所使用的基准称为测量基准。

c. 工序基准。在工序图上用来确定本工序加工表面尺寸、形状和位置所使用的基准称为工序基准。图 2-14 所示为车削加工图 2-13(b) 所示钻套零件时的工序图，A 面即是 B、C 面的工序基准。

d. 装配基准。装配时用来确定零件或部件在产品中的相对位置所使用的基准称为装配基准。图 2-13(b) 所示钻套零件上的 φ40h6mm 外圆柱面及端面 B 就是该钻套零件装在钻床夹具

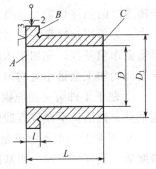

图 2-14　钻套加工工序图

钻模板上的孔中时的装配基准。

（2）定位基准的选择原则

正确选择定位基准是制订机械加工工艺规程和进行夹具设计的关键。从定位的作用来看，它主要是为了保证加工表面的位置精度，所以选择定位基准的原则是从有位置精度要求的表面中进行选择。定位基准分为精基准和粗基准。

① 粗基准的选择　在起始工序中，只能选用未经加工过的毛坯表面作为定位基准，这种基准称为粗基准。粗基准的选择，主要考虑如何保证加工表面与不加工表面之间的位置和尺寸要求、加工表面的加工余量是否均匀和足够以及减少装夹次数等。选择粗基准时应遵循如下原则。

a. 保证相互位置精度要求原则。当零件上有一些表面不需要进行机械加工，且不加工表面与加工表面之间具有一定的相互位置精度要求时，应以不加工表面中与加工表面相互位置精度要求较高的不加工表面作为粗基准。

图 2-15 所示的零件，内孔和端面需要加工，外圆表面不需要加工，铸造时内孔 B 与外圆 A 之间有偏心。为了保证加工后零件的壁厚均匀（内、外圆表面的同轴度较好），应以不加工表面外圆 A 作为粗基准加工孔 B。如果采用内孔表面作为粗基准（例如用四爪单动卡盘夹持外圆，然后按内孔找正定位），则加工后内孔与外圆不同轴，壁厚不均匀。

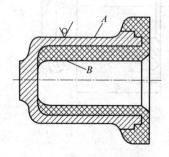　　　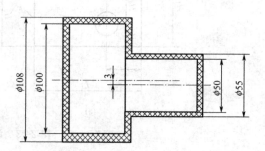

图 2-15　粗基准选择示例　　　　　　图 2-16　阶梯轴加工的粗基准选择

b. 余量均匀原则。为使各加工表面都能得到足够的加工余量，应选择毛坯上加工余量最小的表面作为粗基准。图 2-16 所示的阶梯轴，因 $\phi55$mm 外圆的加工余量较小，故应选 $\phi55$mm 外圆为粗基准。如果选 $\phi108$mm 外圆为粗基准加工 $\phi55$mm 外圆表面，当两外圆有 3mm 的偏心时，则加工后的 $\phi50$mm 外圆表面的一侧可能会因余量不足而残留部分毛坯表面，从而使工件报废。

为保证某重要加工表面的加工余量小且均匀，应以该重要加工表面作为粗基准。

图 2-17 所示的机床床身零件，要求导轨面应有较好的耐磨性，以保持其导向精度。由于铸造时的浇注位置（床身导轨面朝下）决定了导轨面处的金属组织均匀而致密，在机械加工中，为保留这样良好的金属组织，应使导轨面上的加工余量尽量小且均匀。为此，应选择导轨面作粗基准，先加工床腿底面，然后再以床腿底面为精基准加工导轨面，这样就能确保导轨面的加工余量小且均匀。

c. 便于工件装夹的原则。为了保证工件定位准确，夹紧可靠，要求选用的粗基准尽可能平整、光洁，不允许有锻造飞边、铸造飞边、冒口或其他缺陷，并有足够大的支承面积。

d. 粗基准一般不得重复使用原则。粗基准通常只允许使用一次，因为毛坯表面粗糙且精度低，重复使用同一粗基准所加工的两组表面之间的位置误差会很大。图 2-18 所示的法兰盖零件加工工艺过程如下。

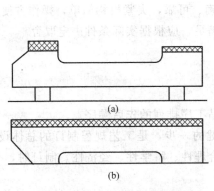

图 2-17　机床床身加工的粗基准选择

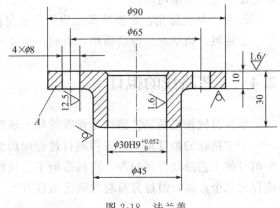

图 2-18　法兰盖

（a）以 A 面和 $\phi45$mm 外圆为粗基准定位，车削上平面、镗孔。

（b）以上平面和孔定位，钻 4 个小孔。

若钻小孔时仍以 A 面和 $\phi45$mm 外圆定位，则粗基准使用了两次，加工后必然造成小孔与上平面不垂直以及 4 个小孔所在的圆周中心与大孔圆周中心不同轴，使加工误差超出允许范围。

② 精基准的选择　选择精基准时，主要考虑的问题是便于保证加工精度和装夹方便、可靠。为此，一般应遵循以下原则。

a. 基准重合原则。应尽可能选择所加工表面的设计基准（或工序基准）作为精基准。按照基准重合原则选用定位基准，便于保证加工精度，否则会产生基准不重合误差，影响加工精度。在工件的精加工阶段尤其是表面之间位置精度要求较高的表面最终加工时，更应特别注意遵守这一原则。

b. 基准统一原则。应尽可能选择用同一组精基准加工工件上尽可能多的表面，以保证所加工的各个表面之间具有正确的相对位置关系。即对多个表面进行加工时，应尽早地在工艺过程的开始阶段就把这组精基准加工出来，并达到一定的精度，在以后各道工序中都以其作为定位基准。例如，轴类零件采用两中心孔定位加工各外圆表面、箱体类零件采用一面两孔定位均属于基准统一原则。

基准统一原则可以简化夹具设计，可以减少工件搬动和翻转次数，在自动化生产中广泛应用。但应注意，基准统一原则常常带来基准不重合问题。在这种情况下要针对具体问题认真分析，决定最终选择的精基准。

c. 互为基准原则。当工件上两个加工表面之间的位置精度要求比较高时，可以采用两个加工表面互为基准的方法进行加工。即先以其中一个表面为基准加工另一个表面，然后再以加工过的表面为定位基准加工先前的基准面，如此反复进行几轮加工，即互为基准、反复加工。例如，在齿轮加工中，要保证齿轮齿圈的跳动精度，在齿面淬硬后，先以齿面定位磨内孔，再以内孔定位磨齿面，从而保证位置精度。这种加工方案不仅符合基准重合原则，而且在反复加工的过程中基准面的精度愈来愈高，加工余量亦逐步减小且均匀，因而最终可获得很高的位置精度。所以，在生产中经常采用这一原则加工同轴度或平行度等位置精度要求较高的精密零件。

d. 自为基准原则。一些表面的精加工工序要求加工余量少而均匀，常以加工面自身为精基准进行加工。例如，磨削机床导轨面，用导轨面本身作为精基准找正定位，磨削导轨面以保证导轨面余量均匀。

　　e. 便于装夹原则。所选精基准应能保证定位准确、可靠，夹紧机构简单，操作方便。

　　上述粗、精基准选择的原则，有时不可能同时满足，应根据实际条件决定取舍。

2.4　工艺路线的拟订

　　零件机械加工的工艺路线是指零件从毛坯到成品工序排列的先后顺序。

　　工艺路线的拟订是工艺规程制订过程中最为关键的一步，是工艺规程制订的总体设计。所拟订的工艺路线合理与否，直接影响工艺规程的合理性、科学性、经济性。制订时，一般应提出几个方案，通过分析对比确定最佳方案。

2.4.1　表面加工方法和加工方案的选择

　　工件上不同的加工表面所采用的加工方法往往不同，而同一种加工表面可能会有许多种加工方法可供选择。一般加工精度较低的表面时可能只需进行一次加工即可，而加工精度较高的表面时往往需要经过粗加工、半精加工、精加工，甚至光整加工才能逐步达到最终要求，即对于精度较高的加工表面仅仅选择最终加工方法是不够的，还应正确地确定从毛坯表面到最终成形表面的加工路线，即加工方案。在具体选择时，应根据工件的加工精度、表面粗糙度、材料和热处理要求、工件的结构形状和尺寸大小、生产纲领等条件，以及本车间设备情况、技术水平，并结合各种加工方法的经济精度、表面粗糙度等因素，综合考虑进行选择，应同时满足加工质量、生产率和经济性等方面的要求。

　　为了能正确地选择加工方法和加工方案，应了解生产中各种加工方法和加工方案的特点及其经济加工精度和表面粗糙度。

　　经济精度是指在正常加工条件下（采用符合质量标准的设备、工艺装备，由标准技术等级的工人加工，不延长加工时间）所能保证的加工精度。若延长加工时间，就会增加成本，虽然精度能提高，但不经济。经济表面粗糙度的概念类同于经济精度的概念。各种加工方法和加工方案及其所能达到的经济精度和经济表面粗糙度在有关机械加工的各种手册中都能查到。表2-3～表2-5分别为外圆、孔和平面的加工方法及其经济精度和经济表面粗糙度，供选用时参考。

表 2-3　外圆加工方法的加工经济精度及表面粗糙度

加 工 方 法	加 工 性 质	加工经济精度 IT	表面粗糙度 $Ra/\mu m$
车	粗车	13～11	80～10
	半精车	11～10	10～2.5
	精车	8～7	5～1.25
	金刚石车	6～5	1.25～0.02
外磨	粗磨	9～8	10～1.25
	半精磨	8～7	2.5～0.63
	精磨	7～6	1.25～0.16
	精密磨	6～5	0.32～0.08
	镜面磨	5	0.08～0.008

续表

加 工 方 法	加 工 性 质	加工经济精度 IT	表面粗糙度 $Ra/\mu m$
研磨	粗研	6～5	0.63～0.16
	精研	5	0.32～0.04
超精加工	精	5	0.32～0.08
	精密	5	0.16～0.01
砂带磨	精磨	6～5	0.16～0.02
	精密磨	5	0.04～0.01
滚压	—	7～6	1.25～0.16

表 2-4　孔加工方法的加工经济精度及表面粗糙度

加 工 方 法	加 工 性 质	加工经济精度 IT	表面粗糙度 $Ra/\mu m$
钻	实心材料	12～11	20～2.5
扩	粗扩	12	20～10
	冲孔后一次扩	12～11	
	精扩	10	10～2.5
铰	半精铰	11～10	10～5
	精铰	9～8	5～1.25
	细铰	7～6	1.25～0.32
拉	粗拉	11～10	5～2.5
	精拉	9～7	2.5～0.63
镗	粗镗	12	20～10
	半精镗	11	10～5
	精镗	10～8	5～1.25
	细镗	7～6	1.25～0.32
内磨	粗磨	9	10～1.25
	精磨	8～7	1.25～0.32
珩	粗珩	6～5	1.25～0.32
	精珩	5	0.32～0.04
研磨	粗研	6～5	1.25～0.32
	精研	5	0.32～0.01

表 2-5　平面加工方法的加工经济精度及表面粗糙度

加 工 方 法	加 工 性 质	加工经济精度 IT	表面粗糙度 $Ra/\mu m$
周铣	粗铣	12～11	20～5
	精铣	10	5～1.25
端铣	粗铣	12～11	20～5
	精铣	10～9	5～0.63
车	半精车	11～10	10～5
	精车	9	10～2.5
	金刚石车	8～7	1.25～0.63

续表

加 工 方 法	加 工 性 质	加工经济精度 IT	表面粗糙度 $Ra/\mu m$
刨	粗刨	12～11	20～10
	精刨	10～9	10～2.5
	宽刀精刨	9～7	1.25～0.32
平磨	粗磨	9	5～2.5
	半精磨	8～7	2.5～1.25
	精磨	7	0.63～0.16
	精密磨	6	0.16～0.016
刮研	手工刮研	10～20 点/25mm×25mm	1.25～0.16
研磨	粗研	7～6	0.63～0.32
	精研	5	0.32～0.08

应注意，经济精度的数值不是一成不变的，随着科学技术的发展、工艺的改进和设备与工艺装备的更新，加工经济度会逐步提高。

在选择加工表面的加工方法和加工方案时，应综合考虑下列因素。

① 工件材料的性质。加工方法的选择常受到工件材料性质的限制。例如淬火钢的精加工要用到磨削，而有色金属的精加工不宜采用磨削（易堵塞砂轮），通常采用金刚镗或高速精细车等高速切削方法。

② 工件的形状和尺寸。形状复杂、尺寸较大的零件，其上的孔一般不采用拉削或磨削，应采用镗削；直径较大（$d>60\text{mm}$）或长度较短的孔，宜采用镗削；孔径较小时宜采用铰削。

③ 生产类型。加工方法的选择应与生产类型相适应。对于大批大量生产，应尽可能选用专用高效率的加工方法，如平面和孔的加工选用拉削方法；而单件小批生产应尽量选择通用设备和常用刀具进行加工，如平面采用刨削或铣削，但刨削因生产率低，在成批生产上逐步被铣削代替。对于孔加工来说，因镗削刀具简单，在单件小批生产中得到广泛应用。

④ 具体生产条件。工艺人员必须熟悉企业的现有加工设备及其工艺能力，工人的技术水平，以及利用新工艺、新技术的可能性等。

在综合考虑各种因素而选择某种加工方法后，即可拟订预加工方案以及热处理工序的适当插入。下面介绍几种典型表面的加工路线。

(1) 外圆表面的加工路线

① 粗车—半精车—精车：除淬火钢以外的常用材料，中等要求的工作表面。

② 粗车—半精车—粗磨—精磨：需要淬硬的材料，要求较高的工作表面。

③ 粗车—半精车—精车—金刚石车：要求高的铜、铝等合金工件。

④ 粗车—半精车—粗磨—光整加工或（超）精密加工：黑色金属材料，表面精度、粗糙度要求质量高的表面。

(2) 孔的加工路线

① 钻孔—扩孔—铰—精铰：主要用于中、小直径（$d<50\text{mm}$）的精密孔。

② 钻或扩（粗镗）—粗拉—精拉：用于大量生产中尺寸的孔、花键孔或带键槽的孔。

③ 钻或粗镗—半精镗—精镗—浮动镗—金刚镗：广泛用于箱体零件的孔系加工、有色

金属零件的精密孔的加工，具有高的生产率。

④ 钻或粗镗—半精镗—粗磨—精磨—珩磨或研磨：主要用于淬硬零件或要求高的零件。

(3) 平面加工路线

① 粗铣—半精铣—精铣—高速铣：用于精度和粗糙度要求高的平面加工，生产率高。

② 粗刨—半精刨—精刨—刮或研磨：多用于单件、小批生产，生产率低。

③ 粗铣（刨）—半精铣（刨）—粗磨—精密磨、导轨磨、研磨、砂带磨：主要用于淬火零件和精度要求高、表面粗糙度值要求小的平面加工。

④ 粗拉—精拉：用于大量生产，尤其适用于冷拉铸件。

2.4.2　加工阶段的划分

当零件的加工质量要求较高时，往往不可能在一道工序中完成全部加工工作，而必须分几个阶段来进行。

（1）加工阶段的划分

整个工艺过程一般需划分为如下几个阶段。

① 粗加工阶段。这一阶段的主要任务是切去大部分余量，关键问题是提高生产率。

② 半精加工阶段。这一阶段的主要任务是为零件主要表面的精加工进行准备（达到一定的精度和表面粗糙度，保证合适的精加工余量），并完成一些次要表面的加工（如钻孔、攻螺纹、铣键槽等）。

③ 精加工阶段。这一阶段的主要任务是保证零件主要加工表面的尺寸精度、形状精度、位置精度及表面粗糙度要求。这是关键的加工阶段，大多数零件的加工经过这一加工阶段后就已完成。

④ 光整加工阶段。对于零件尺寸精度和表面粗糙度要求很高（IT5、IT6 级以上，$Ra \leqslant 0.20\mu m$）的表面，还要安排光整加工阶段。这一阶段的主要任务是提高尺寸精度和减小表面粗糙度值，一般不用来纠正位置误差。位置精度由前面工序保证。

有时，由于毛坯余量特别大，表面特别粗糙，在粗加工前还需要有去黑皮的加工阶段，称为荒加工阶段。为了及时发现毛坯的缺陷，减少运输工作量，通常把荒加工阶段放在毛坯车间进行。

(2) 划分加工阶段的原因

① 利于保证加工质量。工件粗加工时切除金属较多，产生较大的切削力和切削热，同时也需要较大的夹紧力。在这些力和热的作用下，工件会发生较大的变形，并产生较大的内应力。如果不分阶段连续地进行粗精加工，就无法避免上述原因引起的加工误差。

加工过程分阶段后，粗加工造成的加工误差通过半精加工和精加工即可得到纠正，并逐步提高零件的加工精度和减小表面粗糙度。此外各加工阶段之间的时间间隔相当于自然时效，有利于使工件消除残余应力和充分变形，以便在后续加工阶段中得到修正。

② 合理使用设备。加工过程分阶段后，粗加工可采用功率大、刚度好和精度较低的机床进行加工以提高生产率，精加工则可采用高精度机床进行加工以确保零件的精度要求，这样既充分发挥了设备的各自特点，也做到了设备的合理使用。

③ 便于安排热处理。粗加工阶段前后一般要安排去应力等预先热处理工序，精加工前要安排淬火等最终热处理，其变形可以通过精加工予以消除。

④ 便于及时发现毛坯缺陷以及避免损伤已加工表面。毛坯经粗加工阶段后，缺陷已暴

露，可以及时发现和处理。同时把精加工工序安排在最后，可以避免已加工好的表面在搬运和夹紧中受到损伤。

零件加工阶段的划分也不是绝对的，当加工质量要求不高、工件刚度足够、毛坯质量高或修正余量小时，可以不划分加工阶段，直接进行半精加工或精加工，如在自动机上加工的零件。有些重型零件，由于装夹、运输费时又困难，也常在一次装夹中完成全部的粗加工和精加工。

工艺过程划分加工阶段是对于零件加工的整个过程而言的，不能以某一表面的加工和某一序的加工来判断。例如，有些定位基准面在半精加工阶段甚至在粗加工阶段就需加工得很准确，而某些钻小孔的粗加工工序又常常安排在精加工阶段。

2.4.3 加工顺序的安排

复杂零件的机械加工工艺路线要经过一系列切削加工、热处理和辅助工序。因此，在拟订工艺路线时，工艺人员要全面地把切削加工、热处理和辅助工序三者综合考虑。

(1) 切削加工工序的安排

① 先基面后其他　零件加工一般多从精基准的加工开始，再以精基准定位加工其他表面。因此，选为精基准的表面应安排在工艺过程起始工序先进行加工，以便为后续工序的加工提供精基准。

② 先粗后精　对于加工质量要求较高的零件，应按粗、精加工分阶段原则安排加工顺序，即先安排各表面的粗加工，中间安排半精加工，最后安排主要表面的精加工和光整加工。

③ 先主后次　零件加工应先安排主要表面的加工，后加工次要表面。因为主要表面是指整个零件上加工精度要求高、表面粗糙度值小的装配表面、工作表面，次要表面是指工件上的键槽、螺纹孔等。次要表面一般加工量较少，加工比较方便。若把次要表面的加工穿插在各加工阶段之间进行，就能使加工阶段更加明显，又增加了阶段间的间隔时间，便于使工件有充足的时间让残余应力重新分布、充分变形，以便在后续工序中加以纠正。

④ 先面后孔　零件上的平面应先加工，孔后加工。因为平面轮廓平整，安放和定位稳定可靠。以加工好的平面定位加工孔，能保证孔和平面的位置精度。

⑤ 考虑车间设备布置情况　当设备呈机群式布置（即把相同类型机床布置在同一区域）时，应尽量把相同工种的工序安排在一起，避免工件在车间内往返流动。

(2) 热处理工序的安排

① 为了消除内应力、改善切削性能而进行的预先热处理工序，如时效、正火、退火等，应安排在粗加工之前。对于精度要求较高的零件，有时在粗加工之后，甚至在半精加工之后，还要安排一次时效处理。

② 为了提高零件的综合力学性能而进行的热处理，如调质，应安排在粗加工之后进行。对于一些性能要求不高的零件，调质也常作为最终热处理。

③ 为了得到所要求的表面硬度，要进行渗碳、淬火等工序，一般应安排在半精加工之后、精加工之前。对于整体淬火的零件，则应在淬火之前将所有用金属切削刀具加工的表面都加工完，经过淬火后，一般只能进行磨削加工。

④ 为了提高零件硬度、耐磨性、疲劳强度和抗蚀性进行的渗氮处理，由于渗氮层较薄，应尽量靠后安排，一般安排在精加工或光整加工之前。

（3）辅助工序的安排

辅助工序包括工件的检验、去毛刺、清洗和涂防锈油等。其中检验工序是主要的辅助工序，它对保证产品质量有很重要的作用。辅助工序一般应安排在以下时段。

① 粗加工全部结束后，精加工之前。

② 零件从一个车间转向另一个车间前后。

③ 重要工序加工前后。

④ 零件全部加工结束之后。

加工顺序的安排是一个比较复杂的问题，影响的因素也比较多，应灵活掌握以上原则，注意积累生产实践经验。

2.4.4　工序的集中与分散

在选定零件各表面的加工方法及加工顺序之后，制订工艺路线时可采用两种完全相反的原则：一是工序集中原则，另一是工序分散原则。工序集中原则就是每一工序中尽可能包含多的加工内容，从而使工序的总数减少，实现工序集中；工序分散原则正好与工序集中原则含义相反。工序集中与工序分散各有特点，在制订工艺路线时究竟采用哪种原则需视具体情况决定。

（1）工序集中与工序分散的特点

工序集中的特点主要有以下几个方面

① 可减少工件的装夹次数。在一次装夹下即可把各个表面全部加工出来，有利于保证各表面之间的位置精度和减少装夹次数。尤其适合于表面位置精度要求高的工件的加工。

② 可减少机床数量和占地面积，同时便于采用高效率机床加工，有利于提高生产率。

③ 简化了生产组织计划与调度工作。因为工序少、设备少、工人少，自然便于生产的组织与管理。

工序集中的最大不足之处是不利于划分加工阶段；二是所需设备与工装复杂，机床调整、维修费时，投资大，产品转型困难。

工序分散的优点是工序包含的内容少，设备工装简单，维修方便，对工人的技术水平要求较低，在加工时可采用合理的切削用量，更换产品更容易；缺点是工艺路线长。

（2）工序集中与工序分散的实际应用

在拟订工艺路线时，工序集中或分散影响整个工艺路线的工序数目。具体选择时，依据如下。

① 生产类型　对于单件小批生产，为简化生产流程、减少工艺装备，应采用工序集中的原则。尤其数控机床和加工中心的广泛使用，多品种小批量产品几乎全部采用了工序集中的原则；中批生产或现场数控机床不足时，为便于装夹、加工检验，并能合理均衡地组织生产，宜采用工序分散的原则。

② 零件的结构、大小和重量　对于尺寸和重量大、形状又复杂的零件，宜采用工序集中的原则，以减少安装与搬运次数。为了使用自动机床，中、小尺寸的零件多数也采用了工序集中的原则。

③ 零件的技术要求与现场工艺设备条件　零件上技术要求高的表面需采用高精度设备来保证其质量时，可采用工序分散的原则；生产现场多数为数控机床和加工中心，此时应采

用工序集中原则；零件上某些表面的位置精度要求高时，加工这些表面宜采用工序集中的方案。

2.5 工序内容的拟订

2.5.1 加工余量与工序尺寸的确定

工艺路线拟订之后，就要对每道工序进行详细设计，其中包括正确地确定每道工序应保证的工序尺寸，而工序尺寸的确定与工序的加工余量有着密切的关系。

(1) 加工余量的基本概念

加工余量是指加工过程中从加工表面切去的材料层厚度。加工余量主要分为工序余量和加工总余量两种。

工序余量是相邻两工序的工序尺寸之差，即在一道工序中从某一加工表面切去的材料层厚度。对外圆和孔等回转表面，加工余量在直径方向对称分布，称为双边余量，其大小实际上等于工件表面切去的金属层的两倍。对于平面等非对称表面，加工余量即等于切去的金属层厚度，称为单边余量。图 2-19 所示为单边余量与双边余量。由图可知：

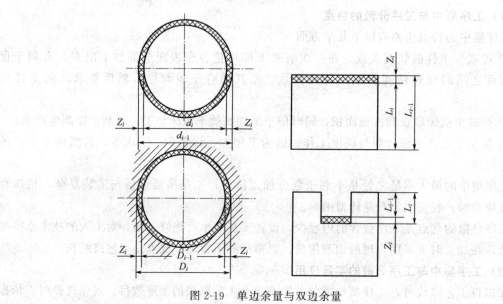

图 2-19 单边余量与双边余量

对于外表面 $\qquad Z_i = L_{i-1} - L_i \qquad$ (2-1)

对于内表面 $\qquad Z_i = L_i - L_{i-1} \qquad$ (2-2)

对于轴 $\qquad 2Z_i = d_{i-1} - d_i \qquad$ (2-3)

对于孔 $\qquad 2Z_i = D_i - D_{i-1} \qquad$ (2-4)

式中　Z_i——本道工序的单边工序余量；

　　L_i——本道工序的工序尺寸；

　　L_{i-1}——上道工序的工序尺寸；

　　D_i——本道工序的孔直径；

　　D_{i-1}——上道工序的孔直径；

d_i——本道工序的外圆直径；

d_{i-1}——上道工序的外圆直径。

加工总余量为各道工序余量之和，它等于毛坯尺寸与零件图样上的设计尺寸之差。

由于毛坯制造和各工序加工中都不可避免地存在着误差，这就使得实际上的加工余量成为一个变动值。

(2) 影响加工余量的因素

在确定工序余量时，应考虑下列几方面的因素。

① 前道工序的表面质量　前一道工序形成的表面粗糙度、轮廓最大高度和表面缺陷层深度应在本工序加工中切除，如图 2-20(a) 所示。

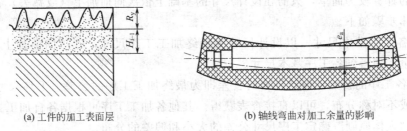

(a) 工件的加工表面层　　　　　(b) 轴线弯曲对加工余量的影响

图 2-20　表面质量、形状和位置公差对加工余量的影响

② 前道工序的形状和位置公差　当工件上有些形状和位置偏差不包括在尺寸公差的范围内时，这些误差就必须在本工序的加工中纠正，本工序加工余量中必须包括轴心线弯曲误差，否则加工后必然为废品，如图 2-20(b) 所示。

③ 前道工序尺寸的公差　如图 2-21 所示，前道工序尺寸公差的大小对本工序余量有直接的影响，前道工序的公差越大，本工序余量变化就越大。

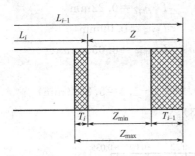

图 2-21　加工余量及公差

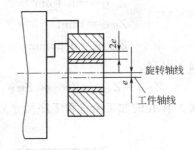

图 2-22　装夹误差对加工余量的影响

④ 本工序的安装误差　安装误差包括工件的定位误差与夹紧误差，由于这部分误差影响被加工表面和刀具的相对位置，因此也应计在工序余量内，如图 2-22 所示。

(3) 确定加工余量的方法

加工余量确定的方法有三种，即分析计算法、经验估算法和查表修正法。

① 分析计算法　分析影响工序余量的因素，并逐一计算，确定加工余量。这种方法虽然考虑问题全面，确定的工序余量比较精确，但由于计算繁琐，故一般使用较少，只在大批量生产中的某些重要工序中应用。

② 经验估算法　这种方法依靠工艺人员的经验采用类比法确定工序余量，虽然比较简便，但精度不高。为防止废品出现，一般选取较大的工序余量，故此法多用于单件小批量

生产。

③ 查表修正法　这种方法简便、准确、应用广泛。但需注意的是，各种手册所提供的数据对轴和孔一类的对称表面是双边余量，非对称表面则是单边余量。

（4）工序尺寸及其公差的确定

零件上要求保证的设计尺寸一般要经过几道工序的加工才能得到，每道工序加工后应达到的加工尺寸就是工序尺寸。制订工艺规程的重要工作之一就是确定每道工序的工序尺寸及其公差，合理确定工序尺寸及其公差是保证加工精度的重要基础之一。不同情况下工序尺寸及其公差的确定方法不同，主要分为两种情况。

① 工序基准与设计基准重合时对某一表面多次加工工序尺寸的确定　在这种情况下确定工序尺寸的计算较为简单，只需在设计尺寸的基础上依次向前加上（或减去）各工序的余量即可。具体步骤如下。

a. 确定各工序基本尺寸。以设计尺寸为最终加工工序尺寸，逐项向前加上（或减去）各工序的余量，便得到各工序基本尺寸。

b. 确定各工序的公差。设计尺寸的公差即为最终加工工序的公差。毛坯尺寸的公差一般双向对称或不对称分布，可以直接查表获得。其他各加工工序可根据各自加工方法的加工经济精度按"入体原则"确定工序尺寸公差的大小和偏差的分布。

c. 作加工余量和工序尺寸分布图。

例 2-1　某箱体零件上一孔的设计要求为 $\phi 98^{+0.035}_{0}$ mm，Ra 值为 $0.8\mu m$，毛坯为铸铁件。其加工工艺路线为：毛坯—粗镗—半精镗—精镗—浮动镗。确定各工序尺寸及公差。

解：（ⅰ）确定各工序余量和公差。

$$Z_{毛坯}=6mm \qquad T_{毛坯}=\pm 1.2mm$$
$$Z_{粗镗}=? \qquad T_{粗镗}=0.54mm$$
$$Z_{半精镗}=1.4mm \qquad T_{半精镗}=0.22mm$$
$$Z_{精镗}=1mm \qquad T_{精镗}=0.09mm$$
$$Z_{浮动镗}=0.25mm \qquad T_{浮动镗}=0.035mm$$

（ⅱ）计算。

$$Z_{粗镗}=Z_{毛坯}-Z_{浮动镗}-Z_{精镗}-Z_{半精镗}=6-0.25-1-1.4=3.35（mm）$$

（ⅲ）作孔的加工余量和工序尺寸分布图（图 2-23）。

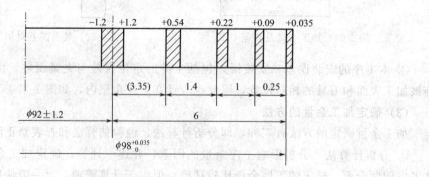

图 2-23　孔加工余量和工序尺寸分布

（ⅳ）按"倒推法"法计算各工序尺寸与公差，并按"入体原则"标注。

浮动镗：$\phi 98^{+0.035}_{0}$（mm）

精镗：$\phi(98-0.25)^{+0.09}_{0} = \phi97.75^{+0.09}_{0}$（mm）

半精镗：$\phi(97.75-1)^{+0.22}_{0} = \phi96.75^{+0.22}_{0}$（mm）

粗镗：$\phi(96.75-1.4)^{+0.54}_{0} = \phi95.35^{+0.54}_{0}$（mm）

毛坯：$\phi(98-16)\pm1.2 = \phi92\pm1.2$（mm）

② 工艺基准与设计基准不重合　此时确定了工序余量之后，需要通过工艺尺寸链进行工序尺寸和公差的计算。具体计算方法将在工艺尺寸链中介绍。

2.5.2　工艺尺寸链及其计算

(1) 工艺尺寸链的基本概念

尺寸链就是在零件的加工或机器装配过程中互相联系且按一定顺序排列的封闭尺寸组合。如图 2-24 所示，以 A 面定位加工 B 面得尺寸 A_2，若 A_1 在前道工序获得，则自然形成 A_0，于是 A_1、A_2、A_0 便连接成了一个封闭的尺寸组，形成尺寸链。尺寸链是揭示零件加工和装配过程中尺寸间内在联系的重要手段。在机械加工过程中同一工件的各有关尺寸组成的尺寸链称为工艺尺寸链。

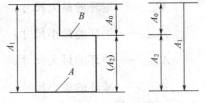

图 2-24　加工尺寸链示例

(2) 工艺尺寸链的组成

把组成工艺尺寸链中的每一尺寸称为环。根据环的性质可将其分为封闭环、组成环，组成环又可分为增环和减环。

① 封闭环　尺寸链中在加工过程中最后形成间接保证的尺寸，它的大小由组成环间接保证（图 2-24 中的 A_0）。每个尺寸链中只能有一个封闭环。

② 组成环　在加工（或测量）过程中直接得到的尺寸称为组成环。尺寸链中除了封闭环外，都是组成环。按其对封闭环的影响，组成环可分为增环和减环。

a. 增环。尺寸链中，由于该类组成环的变动引起封闭环同向变动，则该类组成环称为增环（图 2-24 中的 A_1）。增环用 $\vec{A_i}$ 表示。

b. 减环。尺寸链中，由于该类组成环的变动引起封闭环反向变动，则该类组成环称为减环（图 2-24 中的 A_2）。减环用 $\overleftarrow{A_i}$ 表示。

(3) 尺寸链的特征

从上面介绍可以看出，尺寸链具有两个特征。

① 封闭性　尺寸链一定是封闭的，且各尺寸按一定的顺序首尾相接。

② 关联性　尺寸链中任何一个组成环发生变化，封闭环都将随之发生变化，它们之间是相互关联的，组成环是自变量，封闭环是因变量。

(4) 尺寸链的计算公式

工艺尺寸链的计算公式有两种：极值法和概率法。极值法适用于组成环数较少的尺寸链计算，概率法适用于组成环数较多的尺寸链计算。工艺尺寸链计算主要应用极值法。此处主要介绍极值法，其基本计算公式如下。

① 封闭环的基本尺寸

$$A_0 = \sum_{i=1}^{m} \vec{A_i} - \sum_{i=1}^{n} \overleftarrow{A_i} \tag{2-5}$$

式中　A_0——封闭环基本尺寸；

　　　m——增环数目；

　　　n——减环数目；

② 极限尺寸

$$A_{0\max} = \sum_{i=1}^{m} \vec{A}_{i\max} - \sum_{i=1}^{n} \overleftarrow{A}_{i\min} \tag{2-6}$$

$$A_{0\min} = \sum_{i=1}^{m} \vec{A}_{i\min} - \sum_{i=1}^{n} \overleftarrow{A}_{i\max} \tag{2-7}$$

式中　$A_{0\max}$——封闭环的最大尺寸；

　　　$A_{0\min}$——封闭环的最小尺寸；

　　　$\vec{A}_{i\max}$——增环的最大尺寸；

　　　$\vec{A}_{i\min}$——增环的最小尺寸；

　　　$\overleftarrow{A}_{i\max}$——减环的最大尺寸；

　　　$\overleftarrow{A}_{i\min}$——减环的最小尺寸。

③ 上下偏差

$$ES(A_0) = \sum_{i=1}^{m} ES(\vec{A}_i) - \sum_{i=1}^{n} EI(\overleftarrow{A}_i) \tag{2-8}$$

$$EI(A_0) = \sum_{i=1}^{m} EI(\vec{A}_i) - \sum_{i=1}^{n} ES(\overleftarrow{A}_i) \tag{2-9}$$

式中　$ES(A_0)$——封闭环的上偏差；

　　　$EI(A_0)$——封闭环的下偏差；

　　　$ES(\vec{A}_i)$——增环的上偏差；

　　　$EI(\vec{A}_i)$——增环的下偏差；

　　　$ES(\overleftarrow{A}_i)$——减环的上偏差

　　　$EI(\overleftarrow{A}_i)$——减环的下偏差。

④ 组成环和封闭环公差的关系

$$T_0 = \sum_{i=1}^{m+n} T_i \tag{2-10}$$

式中　T_0——封闭环公差；

　　　T_i——组成环公差。

⑤ 各环平均公差

$$T_m = \frac{T_0}{m+n} \tag{2-11}$$

式中　T_m——组成环平均公差。

极值法计算考虑了组成环可能出现的最不利情况，因此计算结果可靠，而且计算方法简单，因此应用十分广泛。但是在成批以上生产中各环出现极限尺寸的可能性并不大，而当尺寸链中环数较多时所有各环均出现极限尺寸的可能性更小，因此用极值法计算显得过于保守，尤其当封闭环公差较小时，常使各组成环公差太小而使制造困难。此时可根据各环尺寸分布状态采用概率计算方法。

(5) 工艺尺寸链的应用和计算

① 工艺尺寸链的建立　主要依据下列各步进行。

a. 确定封闭环。在装配尺寸链中，装配精度就是封闭环。而在工艺尺寸链中，封闭环的查找则与加工方案有关系，若加工方案发生变化，则封闭环与组成环就会发生变化。工艺尺寸链中，封闭环一般是间接得到的设计尺寸或工序加工余量，有时也可能是中间工序尺寸。

b. 查找组成环。从封闭环的某一端开始，按照尺寸之间的联系首尾相连依次画出对封闭环有影响的尺寸，直到封闭环的另一端。

c. 确定增、减环。用增、减环的定义可判别组成环的增减性质。环数较多时可用以下两种方法来判别增、减环的性质：

（a）回路法。在尺寸链图上，先给封闭环按任意一方向画出箭头，然后沿此方向环绕尺寸链回路顺次给每一组成环画出箭头，凡箭头方向与封闭环相反的为增环，与封闭环方向相同的则为减环。

（b）直观法。直观法只要记住两句话就可判别："与封闭环串联的尺寸是减环，与封闭环共基线并联的尺寸是增环。""串联的环性质相同，并联的环性质相反。"

② 测量基准和设计基准不重合的尺寸计算　在工件加工过程中，有时会遇到一些表面加工按设计尺寸不便直接测量的情况，因此需要在零件上另选一容易测量的表面作为测量基准进行测量，以间接保证设计尺寸的要求。这时就需要进行工艺尺寸的换算。

加工图 2-25 所示的轴承碗，当以端面 B 定位车削内孔端面 C 时，图样中标注的设计尺寸 A_0 不便直接测量。如果先按尺寸 A_1 的要求车出端面 A，然后以 A 面为测量基准去控制尺寸 X，则设计尺寸 A_0 即可间接获得。上述三个尺寸 A_0、A_1 和 X 便形成了工艺尺寸链。分析该尺寸链可知，尺寸 A_0 为封闭环，尺寸 A_1 为减环，X 为增环。利用尺寸链的计算公式可知：

$$X = 40 + 10 = 50 \ (\text{mm})$$

$$ES(X) = 0 + (-0.1) = -0.1 \ (\text{mm})$$

$$EI(X) = -0.2 - 0 = -0.2 \ (\text{mm})$$

因此　　　　　　　　　　　　$X = 50_{-0.2}^{-0.1} \ \text{mm}$

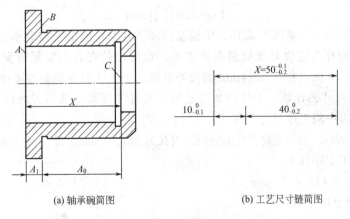

(a) 轴承碗简图　　　　　　　　　(b) 工艺尺寸链简图

图 2-25　测量基准和设计基准不重合的尺寸换算

从上述计算分析可以看出：通过尺寸换算间接保证封闭环的要求，必须提高组成环的加工精度。当封闭环的公差较大时，仅需提高本工序的加工精度；当封闭环的公差等于或小于某一组成环的公差时，则不仅要提高本工序尺寸的加工精度，而且要提高前工序的加工精度。这提高了加工要求，增加了加工难度。工艺上应尽量避免测量上的尺寸换算。

值得注意的是，按计算后的工序尺寸进行加工（或测量）以间接保证原设计尺寸的要求时，还存在"假废品"的问题。对换算后工序尺寸超差的零件，应按设计尺寸再进行复量和验算，以免将实际合格的零件报废而造成浪费。

③ 定位基准和设计基准不重合的尺寸计算　图 2-26（a）所示的零件，镗孔前，表面 A、B、C 已加工好。镗孔时，为使工件装夹方便，选表面 A 为定位基准来加工孔。而孔的设计基准是 C 面，为保证设计尺寸 L_0 必须将 L_3 控制在一定范围内，这就需要进行尺寸计算。

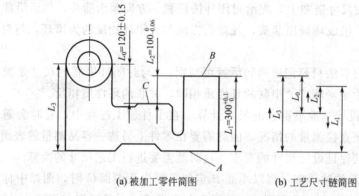

(a) 被加工零件简图　　(b) 工艺尺寸链简图

图 2-26　定位基准和设计基准不重合的尺寸换算

图 2-26（b）是工艺尺寸链简图。L_0 为封闭环，按尺寸链计算公式有

$$L_0 = L_3 + L_2 - L_1$$
$$ES(L_0) = ES(L_3) + ES(L_2) - EI(L_1)$$
$$EI(L_0) = EI(L_3) + EI(L_2) - ES(L_1)$$

所以
$$L_3 = 120 + 300 - 100 = 320 \ (mm)$$
$$ES(L_3) = 0.15mm$$
$$EI(L_3) = 0.01mm$$

求得
$$L_3 = 320^{+0.15}_{+0.01} mm$$

可以看出，若用设计基准 C 面作为定位基准加工孔时，L_3 的公差就不止 0.14mm，而要大得多。且用 C 面作为定位基准则装夹不方便，设计出的夹具也要复杂很多。所以，虽缩小了公差，但装夹方便，并且 0.14mm 的公差对镗床加工孔而言仍是经济可行的。

④ 中间工序尺寸的计算　零件的加工过程中其他工序尺寸及偏差均已知，求某工序的尺寸及偏差，称为中间工序尺寸计算。

例 2-2　图 2-27（a）为一齿轮内孔的简图。内孔为 $\phi40^{+0.05}_{0} mm$。键槽尺寸深度为 $46^{+0.3}_{0} mm$。内孔及键槽的加工工序如下。

（ⅰ）精镗孔至 $\phi39.6^{+0.1}_{0} mm$。

（ⅱ）插键槽至尺寸 A。

（ⅲ）热处理。

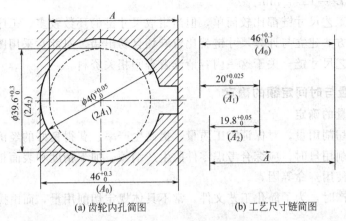

(a) 齿轮内孔简图   (b) 工艺尺寸链简图

图 2-27   中间工序的尺寸换算

（ⅳ）磨内孔至设计尺寸 $\phi 40^{+0.05}_{0}$ mm，同时间接保证键槽深度 $\phi 46^{+0.3}_{0}$ mm。

解： 显然，在图 2-27(b) 所示的工艺尺寸链图中 $46^{+0.3}_{0}$ mm 是间接保证的尺寸，是封闭环。增环为磨孔后的半径尺寸 $20^{+0.025}_{0}$ mm 和插键槽尺寸 A；减环为磨孔后的半径尺寸 $19.8^{+0.05}_{0}$ mm。按尺寸链计算公式有

$$46 = A + 20 - 19.8$$
$$0.3 = ES(A) + 0.025 - 0$$
$$0 = EI(A) + 0 - 0.05$$

求得中间工序尺寸 $A = 45.85^{+0.275}_{0}$ mm

⑤ 表面处理保证渗碳或渗氮层厚度时工艺尺寸及公差的计算   表面处理一般分为两大类，即渗入类和镀层类。此处仅介绍渗入类表面处理工序的工艺尺寸链计算。该类计算要解决的问题为：在最终加工前使渗入层控制一定厚度，然后进行最终加工，保证在加工后能获得图样要求的渗入层厚度。显然，这里的渗入层厚度是封闭环。

例 2-3   图 2-28(a) 所示为轴类零件，其加工过程为：车外圆至 $\phi 20.6^{0}_{-0.04}$ mm—渗碳淬火—磨外圆至 $\phi 20.6^{0}_{-0.02}$ mm。试计算保证渗碳层厚度为 0.7～1.0mm（$0.7^{+0.3}_{0}$ mm）时渗碳工序的渗入厚度及其公差。

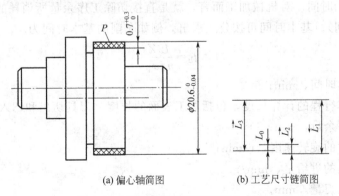

(a) 偏心轴简图   (b) 工艺尺寸链简图

图 2-28   偏心轴渗碳磨削工艺尺寸链

解： 根据上述工艺安排画出工艺尺寸链图，如图 2-28(b) 所示。磨后的渗碳层厚度为间接保证的尺寸，是封闭环，用 L_0 表示。由工艺尺寸链可知，L_2、L_3 为增环，L_1 为减环。

用极值法可求出 $L_2 = 1^{+0.28}_{+0.01}$ mm。

上述计算的工艺尺寸链都比较简单，但当组成尺寸链的环数较多、工序基准变换比较复杂时，采用上述方法建立与计算尺寸链就比较麻烦且易出错。对此常采用图解跟踪法或尺寸法建立和计算工艺尺寸链，关于这一内容请读者查阅相关资料。

2.5.3 切削用量与时间定额的确定

(1) 切削用量的确定

正确地确定切削用量，对保证加工质量、提高生产率、获得良好的经济效益都有着重要的意义。确定切削用量时，应综合考虑零件的生产纲领、加工精度和表面粗糙度、材料、刀具的材料及刀具使用寿命等因素。

单件小批生产时，为了简化工艺文件，常不具体规定切削用量，而由操作者根据具体情况自行确定。

批量较大时，特别是组合机床、自动机床及多刀加工工序的切削用量，应科学、严格地确定。

在采用组合机床、自动机床等多刀具同时加工时，其加工精度、生产率和刀具的寿命与切削用量的关系很大，为保证机床正常工作，不经常换刀，其切削用量要比采用一般机床加工时低一些。

在确定切削用量的具体数据时，可凭经验，也可查阅有关手册，或在查阅手册的基础上再根据经验和加工的具体情况对数据进行适当的修正。

(2) 时间定额的确定

时间定额是指在一定生产条件下规定生产一件产品或完成一道工序所需消耗的时间，它是安排生产计划、进行成本核算、考核工人完成任务情况、确定所需设备和工人数量的主要依据。合理的时间定额能调动工人的积极性，促进工人技术水平的提高，从而不断提高生产率。随着企业生产技术条件的不断改善和水平的不断提高，时间定额应定期进行修订，以保持定额的平均先进水平。

在机械加工中完成一个工件的一道工序所需的时间 T_0 称为单件工序时间。它由下述部分组成。

① 基本时间 t_b：直接改变生产对象的尺寸、形状、相对位置、表面状态或材料性质等工艺过程所消耗的时间。对机械加工而言，就是直接切除工序余量所消耗的时间（包括刀具的切入或切出时间）。基本时间可按公式求出。例如车削的基本时间为

$$t_b = \frac{L_j Z}{n f a_p} \tag{2-12}$$

式中　t_b——基本时间，min；

L_j——工作行程的计算长度，包括加工表面的长度、刀具切出和切入长度，mm；

Z——工序余量，mm；

n——工件的旋转速度，r/min；

f——刀具的进给量，mm/r；

a_p——背吃刀量，mm。

② 辅助时间 t_a：为保证完成基本工作而执行的各种辅助动作需要的时间。它包括装卸工件的时间、开动和停止机床的时间、加工中变换刀具（如刀架转位等）的时间、改变加工规范（如改变切削用量）的时间、试切和测量等消耗的时间。

辅助时间的确定方法随生产类型而异。大批大量生产时，为使辅助时间规定得合理，需将辅助动作分解，再分别确定各分解动作的时间，最后予以综合。中批生产则可根据以前的统计资料确定。单件小批生产则常用基本时间的百分比估算。

③ 技术服务时间 t_c：在工作进行期间内消耗在照看工作地的时间。一般包括更换刀具、润滑机床、清理切屑、修磨刀具和砂轮及修整工具等所消耗的时间。

④ 组织服务时间 t_g：在整个工作班内消耗在照看工作地的时间。一般包括班前班后领换及收拾刀具、检查及试运转设备、润滑设备、更换切削液和润滑剂以及班前打扫工作场地、清理设备等消耗的时间。

⑤ 自然需要及休息时间 t_n：工人在工作班内恢复体力和满足生理需要所消耗的时间。一般按作业时间的 2% 计算。

⑥ 调整时间 T_j：成批生产中为了更换工件或工序而对设备及工艺装备进行重新调整所需的时间，又称为准备-终结时间。调整时间是工人为生产一批产品或零部件进行准备工作所消耗的时间。如在单件或成批生产中，每次开始加工一批零件时，工人需要熟悉文件，领取毛坯、材料、工艺装备，安装刀具和夹具，调整机床和其他工艺装备等消耗的时间。加工一批工件结束后，需拆下和归还工艺装备、送交成品等消耗的时间。调整时间既不是直接消耗在每个零件上，也不是消耗在一个班内的时间，而是消耗在一批工件上的时间。因而分摊到每个工件上的时间为 T_j/N，N 为批量。

科学合理的时间定额能调动工人的积极性，促进工人不断提高技术水平，对于保证产品质量、提高劳动生产率和降低生产成本都有很重要的作用，必须认真科学地加以制订。

2.5.4　机床与工艺装备的选择

在拟订加工工序时，需要正确地选择机床和工艺装备，并填入相应工艺卡片，这是保证零件的加工质量、提高生产率和经济效益的重要措施。

(1) 机床的选择

根据零件加工的每一道工序选择机床时，应坚持以下原则。

① 机床的加工规格范围应与零件的形状、尺寸相适应。

② 机床的加工精度必须与被加工零件的精度等级相适应。尺寸精度高、表面粗糙度值要求小的零件应选精度高的机床；反之，选精度低的机床。

③ 机床的生产率应与工件的生产类型相适应。单件小批生产以选用通用机床为宜，成批大量生产以选用专用机床、组合机床、自动机床、数控机床为宜。

④ 机床的选择应与现有生产条件相适应。除了新厂投产以外，一般应根据现有的生产条件，尽量发挥原有设备的作用。

⑤ 在多品种小批量且工件精度要求高的生产中，应优先选用数控机床和加工中心，这样一方面精度容易保证，另一方面会减少大量工艺装备的设计。

(2) 工艺装备的选择

工艺装备的选择主要是对夹具、刀具和量具的选择。具体选择原则如下。

① 夹具的选择　在单件小批生产中，应尽量选用通用夹具或组合夹具，这有利于降低制造成本；在成批大量生产中，应根据加工要求设计制造专用夹具，这对保证加工精度、提高生产效率和降低加工成本是极其重要的。

② 刀具的选择　在生产中能否合理选用刀具的类型、结构、尺寸和刀片材料等，对于

改善切削加工条件等具有十分重要的意义。

　　a. 单件小批生产，应尽量选用标准刀具；大批大量生产或按工序集中的原则组织生产时，应选用专用刀具和复合刀具等，以获得高的生产效率。

　　b. 不同的工艺方案，要选用不同类型的刀具。例如孔的加工可采用钻—扩—铰，也可以采用钻—粗镗—精镗等。显然，工艺方案不同，所选用的刀具类型也就不同。

　　c. 根据工件的材料和加工性质确定刀具的材料，例如车削铸铁等脆性材料时一般选用YG类硬质合金，加工钢料时一般选用YT类硬质合金。工件的形状和尺寸不同时，应选择与其相适应的刀具结构及尺寸，例如加工梯形槽就应选择梯形铣刀，加工成形面一般选成形铣刀。

　　③ 量具的选择　　选择量具时，首先要考虑所要检验工件的精度，以便正确反映工件的实际加工情况。关于量具的类型，则主要取决于生产的类型。在单件小批生产时，广泛采用通用量具；在大批大量生产中主要采用专用量具，例如极限量规等，有时也采用自动检验量具以提高生产率。

2.6　机械加工工艺过程的技术经济分析

2.6.1　提高机械加工生产率的工艺途径

　　在机械制造范围内，围绕提高生产率开展的科学研究工作、技术革新和技术改造活动一直非常活跃，使得机械制造业不断发生新的变化，推动了机械制造业的不断发展。但它不是一个单纯的技术问题，而是与产品设计、生产组织和管理工作都密切相关的。下面仅从机械加工工艺方面，就如何提高生产率作一简单分析。

　　(1) 缩短基本时间

　　① 提高切削用量缩短基本时间　　提高切削用量的主要途径是进行新型刀具材料的研究与开发。在切削加工方面，刀具材料经历了碳素工具钢—高速钢—硬质合金等几个发展阶段。在每一个发展阶段中都伴随着生产率的大幅度提高。就切削速度而言，在18世纪末到19世纪初的碳素工具钢时代，切削速度仅为6～12m/min左右。20世纪初出现了高速钢刀具，使得切削速度比原来提高了2～4倍。第二次世界大战以后，硬质合金刀具的切削速度又在高速钢刀具的基础上提高了2～5倍。近代出现了立方氮化硼和人造金刚石等新型刀具材料，其刀具切削速度高达600～1200m/min。可以看出，新型刀具材料的出现使得机械制造业发生了阶段性的变化，一方面生产率达到了一个新的高度，另一方面原本不易加工或不可加工的材料现在也可以加工了。

　　在磨削加工方面，高速磨削、强力磨削等的研究成果使得生产率有了大幅度提高。高速磨削的砂轮速度已高达80～125m/s（普通磨削的砂轮速度仅为30～35m/s）。

　　② 采用复合工步缩短基本时间　　复合工步能使几个加工表面的基本时间重叠，从而节省基本时间。生产上应用复合工步加工的例子很多。图2-29所示为复合工步的加工实例。

　　(2) 减少辅助时间

　　在单件时间中，辅助时间所占比例一般都比较大，特别是在大幅度提高切削用量之后，基本时间显著减少，辅助时间所占的比例就更大。应采取措施直接减少辅助时间来提高生

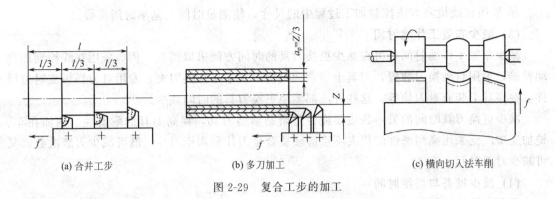

(a) 合并工步　　　　　　　　(b) 多刀加工　　　　　　　(c) 横向切入法车削

图 2-29　复合工步的加工

产率。

① 采用先进高效的夹具或自动上、下料装置，减少装卸工件的时间。

② 提高机床操作的机械化与自动化水平。在数控机床和加工中心等高效自动化设备上加工，直接缩短辅助时间，成为提高劳动生产率的主要方向。

③ 采用多件加工。图 2-30 所示为多件加工的实例。

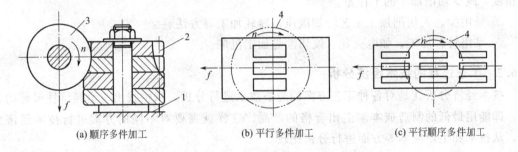

(a) 顺序多件加工　　　　　(b) 平行多件加工　　　　(c) 平行顺序多件加工

图 2-30　多件加工

1—工作台；2—工件；3—滚刀；4—铣刀

④ 采用多工位加工。图 2-31 所示为双工位加工的实例。

⑤ 采用回转夹具或回转工作台进行连续加工。图 2-32 所示为回转工作台连续加工的实例。

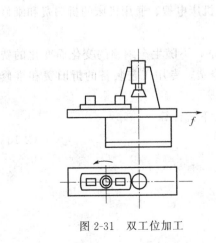

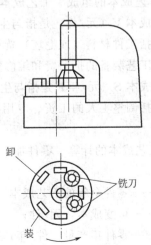

图 2-31　双工位加工　　　　　　　　图 2-32　回转工作台连续加工

⑥ 采用在线检测方法控制加工过程中的尺寸，使测量时间与基本时间重叠。

（3）减少布置工作地时间

减少布置工作地时间，可在减少更换刀具的时间方面采取措施。例如采用在线检测加自动补偿，采用自动换刀装置，刀具上带微调机构以及采用快换刀夹、专用对刀样板或对刀样件，在夹具上装有对刀块等，这些方法都能使更换刀具的时间减少。

减少更换刀具时间的另一条重要途径是研制新型刀具，提高刀具的耐磨性。例如在车、铣加工中广泛采用高耐磨性的机夹不重磨硬质合金刀片和陶瓷刀片，既可减少刃磨次数，又可减少对刀时间。

（4）减少准备与终结时间

准备与终结时间与工艺文件是否详尽清楚，工艺装备是否齐全，安装、调整是否方便有关，在进行工艺设计和工艺装备设计以及进行加工方法选择时应给以充分注意。在中、小批生产中采用成组工艺和成组夹具，可明显缩短准备与终结时间，提高生产率。

（5）采用先进工艺方法

① 采用先进的毛坯制造方法，例如粉末冶金、压力铸造、精密锻造等新工艺，提高毛坯精度，减少切削加工的工作量。

② 采用少、无切削加工工艺，如滚压、冷轧加工等方法。

③ 采用特种加工，如电火花、线切割等加工机床。

2.6.2　工艺过程的技术经济分析

技术经济分析就是对各种工艺方案的经济效果进行分析，从中找出一个经济性最好的方案，即能用最低的制造成本制造出合格的产品。这样就需要对不同的方案进行技术经济分析，从技术和生产成本等方面进行分析比较。

（1）生产成本和工艺成本

制造一个零件或一件产品所必需的一切费用的总和，称为该零件或产品的生产成本。生产成本分成两类：一类是与工艺过程有关的费用，称为工艺成本，工艺成本约占生产成本的70%～75%；另一类是与工艺过程无关的费用。因此，对不同的工艺方案进行经济分析和评价时，只需分析工艺成本。

① 工艺成本的组成　工艺成本由两部分构成，即可变成本（V）和不变成本（S）。

可变成本 V（元/件）是指与生产纲领 N 直接有关，并随生产纲领成正比例变化的费用。它包括工件材料（或毛坯）费用、操作工人工资、机床电费、通用机床的折旧费和维修费、通用工艺装备的折旧费和维修费等。

不变成本 S（元/年）是指与生产纲领 N 无直接关系，不随生产纲领的变化而变化的费用。它包括调整工人的工资、专用机床的折旧费和维修费、专用工艺装备的折旧费和维修费等。

② 工艺成本的计算　零件加工的全年工艺成本可按下式计算：

$$E = VN + S \tag{2-13}$$

式中　E——零件全年的工艺成本，元/年；

V——可变成本，元/件；

N——零件年产量，件/年；

S——不变成本，元/年。

全年工艺成本和年产量的关系如图 2-33 所示。可以看出，E 与 N 是线性关系，即全年工艺成本与生产纲领成正比，直线的斜率为工件的可变费用，直线的起点为工件的不变费用，当生产纲领产生 ΔN 的变化时，则年工艺成本的变化为 ΔE。

单件工艺成本 E_d 可由全年工艺成本公式变换得到：

$$E_d = V + S/N \tag{2-14}$$

式中　E_d——单件工艺成本，元/件。

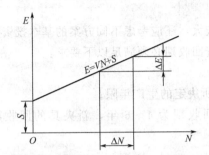
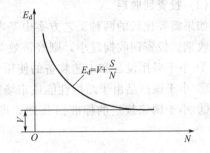

图 2-33　全年工艺成本和年产量的关系　　　图 2-34　单件工艺成本与年产量的关系

单件工艺成本与年产量的关系如图 2-34 所示。可知，E_d 与 N 成双曲线关系。当 N 值很小时，E_d 较高，机床设备负荷低；当 N 值逐渐增大时，E_d 有较大的变化；当 N 值很大时，E_d 较低，接近可变费用，这时 N 值的变化对 E_d 影响很小。

(2) 不同工艺方案的经济性比较

如果两种工艺方案均采用现有设备或基本投资相近时，常以全年工艺成本作为比较的依据。

① 如果两种工艺方案只有少数工序不同，可比较其单件工艺成本。

设两种工艺方案分别为 1 和 2，它们的单件工艺成本分别为

$$E_{d1} = V_1 + S_1/N \tag{2-15}$$

$$E_{d2} = V_2 + S_2/N \tag{2-16}$$

如图 2-35 所示，E_d 值小的方案经济性好。

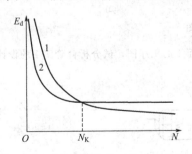
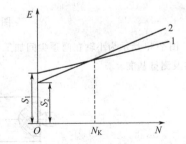

图 2-35　两种方案单件工艺成本的比较　　　图 2-36　两种方案全年工艺成本的比较

② 如果两种工艺方案有较多工序不同，可比较其全年工艺成本。

设两种工艺方案分别为 1 和 2，它们的全年工艺成本分别为

$$E_1 = V_1 N + S_1 \tag{2-17}$$

$$E_2 = V_2 N + S_2 \tag{2-18}$$

如图 2-36 所示，E 值小的方案经济性好。

由图 2-36 可知方案 1 和 2 的经济性好坏与零件年产量有关，当两种工艺方案的年工艺

成本相同时的年产量 $N=N_K$，N_K 称为临界产量。即

$E_1=E_2$ 时

$$V_1 N_K + S_1 = V_2 N_K + S_2$$

得
$$N_K = (S_1 + S_2)/(V_2 - V_1) \tag{2-19}$$

则当 $N<N_K$ 时，宜采用方案 2，即年产量小时宜采用不变费用较少的方案；当 $N>N_K$ 时，宜采用采用方案 1，即年产量大时宜采用可变费用较少的方案。

(3) 投资回收期

如果需要比较的两种工艺方案中基本投资差额较大，还应考虑不同方案的基本投资差额的回收期。投资回收期越小，则经济效益越好。投资回收期必须满足以下要求：

① 小于采用设备和工艺装备的使用年限；

② 小于该产品由于结构性能或市场需求等因素所决定的生产年限；

③ 小于国家规定的标准回收期，即新设备的回收期为 4～6 年，新夹具的回收期为 2～3 年。

<h1 style="text-align:center">习　　题</h1>

2-1　什么叫六点定位原理？简述完全定位和不完全定位的概念。

2-2　粗基准、精基准的选择原则有哪些？举例说明。

2-3　"当基准统一时即无基准不重合误差"这种说法对吗？为什么？举例说明。

2-4　什么叫"工序集中"与"工序分散"？各举一例说明它们的特点。

2-5　什么叫加工经济精度？它与机械加工工艺规程的制订有什么关系？

2-6　指出图 2-37 所示结构工艺性方面存在的问题，并提出修改意见。

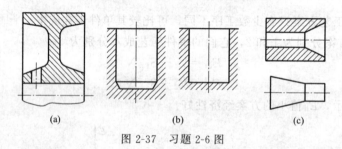

(a)　　　　　　　　(b)　　　　　　　　(c)

图 2-37　习题 2-6 图

2-7　图 2-38 所示为小轴在两顶尖间加工小端外圆及台阶面 1 的工序图，试分析台阶面 1 的设计基准、定位基准及测量基准。

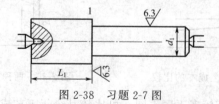

图 2-38　习题 2-7 图

2-8　根据六点定位原理分析图 2-39 所示各定位方案中各定位元件所限制的自由度。

2-9　试分析说明图 2-40 中各零件加工主要表面时定位基准（粗、精基准）应如何选择。

2-10　试拟订图 2-41 所示零件的机械加工工艺路线（包括工序号、工序内容、加工方法、定位基准及加工设备）。已知：毛坯材料为灰铸铁（孔未铸出）；成批生产。

2-11　试拟订图 2-42 所示零件的机械加工工艺路线。已知：毛坯材料为灰铸铁；中批生产。

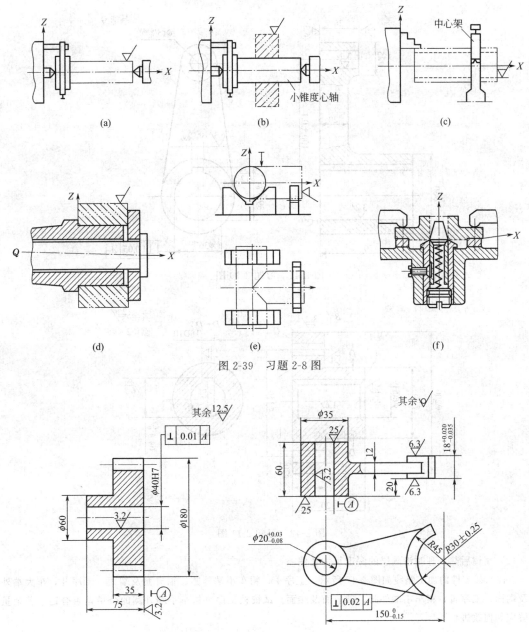

图 2-39　习题 2-8 图

图 2-40　习题 2-9 图

2-12　某零件（图 2-43）加工时，图纸要求保证尺寸（6±0.1）mm，因这一尺寸不便直接测量，只好通过度量尺寸 L 来间接保证，试求工序尺寸 L 及其上、下偏差。

2-13　加工图 2-44 所示零件，为保证切槽深度的设计尺寸 $5^{+0.2}_{0}$ mm 的要求，切槽时以端面 1 为测量基准，控制孔深 A。试求工序尺寸 A 及偏差。

2-14　图 2-45 所示为轴套零件，在车床上已加工好外圆、内孔及各面，现需在铣床上铣出右端槽，并保证尺寸 $5^{0}_{-0.06}$ mm 及（26±0.2）mm，求试切调刀时度量尺寸 H、A 及上、下偏差。

2-15　图 2-46 所示衬套，材料为 20 钢，$\phi 30^{+0.021}_{0}$ mm 内孔表面，要求磨削后保证渗碳层深度 $0.8^{+0.3}_{0}$ mm，求：

（1）磨削前精镗工序的工序尺寸及偏差；

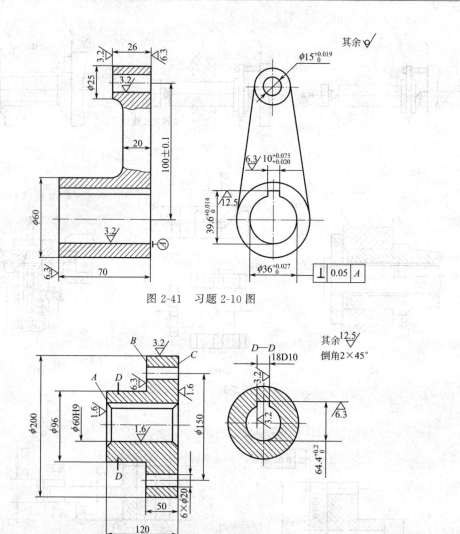

图 2-41　习题 2-10 图

图 2-42　习题 2-11 图

（2）精镗后热处理时渗碳层的深度尺寸及偏差。

2-16　某零件的加工路线如图 2-47 所示：工序Ⅰ，粗车小端外圆、轴肩面及端面；工序Ⅱ，车大端外圆及端面；工序Ⅲ，精车小端外圆、轴肩面及端面。试校核工序Ⅲ精车小端外圆的余量是否合适？若余量不够应如何改进？

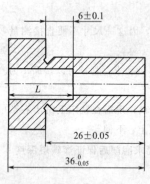

图 2-43　习题 2-12 图

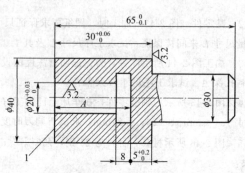

图 2-44　习题 2-13 图

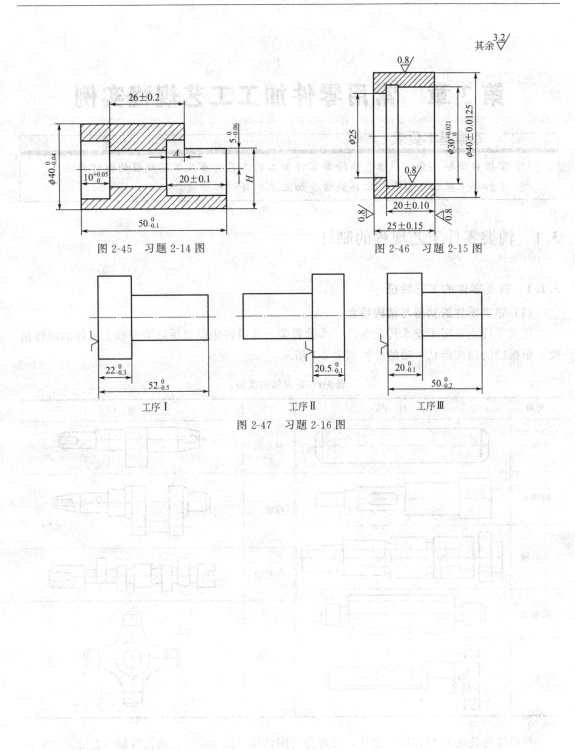

图 2-45　习题 2-14 图　　　　　　图 2-46　习题 2-15 图

工序 I　　　　　　　工序 II　　　　　　　工序 III

图 2-47　习题 2-16 图

第3章 常用零件加工工艺规程实例

3.1 轴类零件工艺规程的制订

3.1.1 轴类零件的工艺特征

(1) 轴类零件的功用与结构特点

轴类零件主要用于支承传动零件,承受载荷、传递转矩以及保证装在轴上零件的回转精度。根据轴的结构形状,轴的分类如表 3-1 所示。

表 3-1 常见轴的类型

类型	示 意 图	类型	示 意 图
光轴		偏心轴	
阶梯轴		曲轴	
空心轴		凸轮轴	
花键轴			
半轴		十字轴	

根据轴的长度 L 与直径 d 之比,又可分为刚性轴($L/d \leqslant 12$)和挠性轴($L/d > 12$)两种。轴类零件通常由内外圆柱面、内外圆锥面、端面、台阶面、螺纹、键槽、横向孔及沟槽等组成。

(2) 轴类零件的技术要求、材料和毛坯及热处理

装轴承的轴颈和装传动零件的轴头处表面一般是轴类零件的重要表面,其尺寸精度、形状精度、位置精度及表面粗糙度要求均较高,是制订轴类零件机械加工工艺规程时应着重考

虑的因素。

　　一般轴类零件常选用 45 钢；对于中等精度而转速较高的轴可用 40Cr；对于高速、重载荷等条件下工作的轴选用 20Cr、20CrMnTi 等低碳合金钢进行渗碳淬火，或用 38CrMoAlA 氮化钢进行氮化处理。

　　轴类零件的毛坯常用棒料和锻件，只有某些大型的、结构复杂的轴才采用铸件。

　　锻造毛坯在加工前均需安排正火或退火处理，使钢材内部晶粒细化，消除锻造应力，降低材料硬度，改善切削加工性能。

　　调质一般安排在粗车之后、半精车之前，以获得良好的物理力学性能。

　　表面淬火一般安排在精车前，这样可以纠正因淬火引起的局部变形。

　　精度要求高的轴，在局部淬火或粗磨之后，还需进行低温时效处理。

（3）轴类零件的安装方式

　　轴类零件的安装方式主要有以下三种。

　　① 采用两中心孔定位装夹　一般以重要的外圆面作为粗基准定位，加工出中心孔，再以轴两端的中心孔为定位精基准，尽可能做到基准统一、基准重合、互为基准，并实现一次安装加工多个表面。中心孔是工件加工统一的定位基准和检验基准，它的自身质量非常重要。其准备工作也相对复杂，常常以支承轴颈定位车（钻）中心锥孔，再以中心孔定位精车外圆，以外圆定位粗磨锥孔，以中心孔定位精磨外圆，最后以支承轴颈外圆定位精磨（刮研或研磨）锥孔，使锥孔的各项精度达到要求。

　　② 用外圆表面定位装夹　对于空心轴或短小轴等不可能用中心孔定位的情况，可用轴的外圆面定位、夹紧并传递转矩。一般采用三爪自定心卡盘、四爪单动卡盘等通用夹具，或各种高精度的自动定心专用夹具，如液性塑料薄壁定心夹具、膜片卡盘等。

　　③ 用各种堵头或拉杆心轴定位装夹　加工空心轴的外圆表面时，常用带中心孔的各种堵头或拉杆心轴来安装工件。小锥孔时常用堵头定位装夹，大锥孔时常用带堵头的拉杆心轴定位装夹，如图 3-1 所示。使用锥堵或锥堵心轴时应注意，一般中途不得更换或拆卸，直到精加工完各处加工面，不再使用中心孔时方能拆卸。

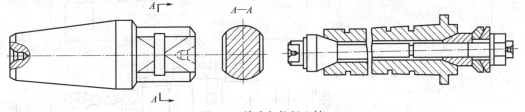

图 3-1　堵头与拉杆心轴

3.1.2　传动轴加工工艺规程的分析与制订实例

　　下面以某减速器传动轴为例说明轴类零件的加工。

　　图 3-2 所示为减速箱传动轴，生产批量为小批生产，材料为 45 热轧圆钢，零件需调质。其加工工艺过程见表 3-2。

（1）结构及技术条件分析

　　该轴为没有中心通孔的多阶梯轴。根据该零件工作图可知，其轴颈 M、N，外圆 P、Q 及轴肩 G、H、I 有较高的尺寸精度和形状位置精度，并有较小的表面粗糙度值，该轴有调质热处理要求。

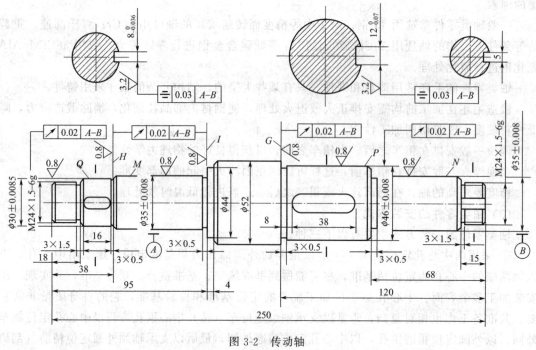

图 3-2 传动轴

表 3-2 传动轴加工工艺过程

工序号	工种	工序内容	加工简图	设备
1	下料	$\phi 60 \times 265$		
2	车	三爪卡盘夹持工件,车端面见平,钻中心孔,用尾架顶尖顶住,粗车三个台阶,直径、长度均留余量2mm		车床
		调头,三爪卡盘夹持工件另一端,车端面保证总长750mm,钻中心孔,用尾架顶尖顶住,粗车另外四个台阶,直径、长度均留余量2mm		车床
3	热	调质处理 24～38HRC		
4	钳	修研两端中心孔		车床

工序号	工种	工序内容	加工简图	设备
5	车	双顶尖装夹,半精车三个台阶,螺纹大径车到 $\phi 24_{-0.2}^{-0.1}$ mm,其余两个台阶直径上留余量 0.5mm,车槽三个,倒角三个		车床
		掉头,双顶尖装夹,半精车余下的五个台阶,$\phi 44$mm 及 $\phi 52$mm 台阶车到图纸规定的尺寸。螺纹大径车到 $\phi 24_{-0.2}^{-0.1}$mm,其余两个台阶直径上留余量 0.5mm,车槽三个,倒角四个		车床
6	车	双顶尖装夹,车一端螺纹 M24×1.5-6g,掉头,双顶尖装夹,车另一端螺纹 M24×1.5—6g		车床
7	钳	划键槽及一个止动垫圈槽加工线		
8	铣	铣两个键槽及一个止动垫圈槽,键槽深度比图纸规定尺寸多铣 0.25mm,作为磨削的余量		键槽铣床或立铣床
9	钳	修研两端中心孔		车床
10	磨	磨外圆 Q 和 M,并用砂轮端面靠磨台阶 H 和 I。掉头,磨外圆 N 和 P,靠磨台肩 G		外圆磨床
11	检	检验		

（2）加工工艺过程分析

① 确定主要表面加工方法和加工方案　传动轴大多是回转表面，主要采用车削和外圆磨削。由于该轴主要表面 M、N、P、Q 的公差等级较高（IT6），表面粗糙度值较小（$Ra0.8\mu m$），最终加工应采用磨削。其加工方案可参考表 3-2。

② 划分加工阶段　该轴加工划分为三个加工阶段，即粗车（粗车外圆、钻中心孔）、半精车（半精车各处外圆、台阶和修研中心孔等）、粗精磨各处外圆。各加工阶段大致以热处理为界。

③ 选择定位基准　轴类零件的定位基面最常用的是两中心孔。因为轴类零件各外圆表面、螺纹表面的同轴度及端面对轴线的垂直度是相互位置精度的主要项目，而这些表面的设计基准一般都是轴的中心线，采用两中心孔定位就能符合基准重合原则。而且由于多数工序都采用中心孔作为定位基面，能最大限度地加工出多个外圆和端面，这也符合基准统一原则。

④ 热处理工序的安排　该轴需进行调质处理，应在粗加工后、半精加工前进行。如采用锻件毛坯，必须首先安排退火或正火处理。该轴毛坯为热轧钢，可不必进行正火处理。

⑤ 加工顺序的安排　除了应遵循加工顺序安排的一般原则，如先粗后精、先主后次等，还应注意：

a. 外圆表面加工顺序应为先加工大直径外圆，然后再加工小直径外圆，以免一开始就降低了工件的刚度。

b. 轴上的花键、键槽等表面的加工应在外圆精车或粗磨之后，精磨外圆之前。轴上矩形花键通常采用铣削和磨削加工，产量大时常用花键滚刀在花键铣床上加工。以外径定心的花键轴通常只磨削外径，内径铣出后不必进行磨削，但如经过淬火而使花键扭曲变形过大时也要对侧面进行磨削加工。以内径定心的花键内径和键侧均需进行磨削加工。

c. 轴上的螺纹一般有较高的精度，如安排在局部淬火之前进行加工，则淬火后产生的变形会影响螺纹的精度。因此螺纹加工宜安排在工件局部淬火之后进行。

3.1.3　细长轴加工工艺规程的分析

（1）细长轴车削的工艺特点

① 细长轴刚性很差，若车削时装夹不当，很容易因切削力及重力的作用发生弯曲变形，产生振动，从而影响加工精度和表面粗糙度。

② 细长轴的热扩散性能差，在切削热作用下会产生相当大的线膨胀。如果轴的两端为固定支承，则工件会因伸长而顶弯。

③ 由于轴较长，一次走刀时间长，刀具磨损大，从而影响零件的几何形状精度。

④ 车细长轴时，由于使用跟刀架，若支承工件的两个支承块对工件压力不适当，会影响加工精度。若压力过小或不接触，就不起作用，不能提高工件的刚度；若压力过大，工件被压向车刀，切削深度增加，车出的直径变小，当跟刀架继续移动后，支承块支承在小直径外圆处，支承块与工件脱离，切削力使工件向外移，切削深度减小，车出的直径变大，之后跟刀架又跟到大直径圆上，把工件压向车刀，使车出的直径变小，这样连续有规律地变化，就会把细长的工件车成"竹节"形，如图 3-3 所示。

（2）细长轴的先进车削法——反向走刀车削法

图 3-4 所示为反向走刀车削法示意图，这种方法的特点如下。

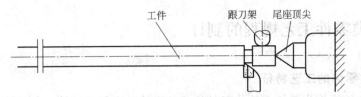

(a) 因跟刀架初始压力过大, 工件轴线偏向车刀而车出凹心

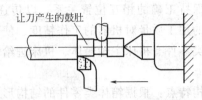

(b) 因工件轴线偏离车刀而车出鼓肚

(c) 因跟刀架压力过大, 工件轴线偏向车刀而车出凹心

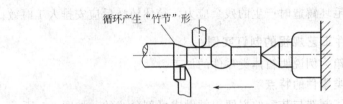

(d) 因工件轴线偏离车刀而车出鼓肚, 如此循环而形成 "竹节" 形

图 3-3　车细长轴时 "竹节" 形的形成过程示意

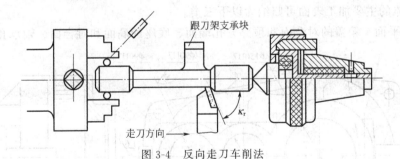

图 3-4　反向走刀车削法

① 细长轴左端缠有一圈钢丝, 利用三爪自定心卡盘夹紧, 减小接触面积, 使工件在卡盘内能自由地调节其位置, 避免夹紧时形成弯曲力矩, 在切削过程中发生的变形也不会因卡盘夹死而产生内应力。

② 尾座顶尖改成弹性顶尖, 当工件因切削热发生线膨胀伸长时顶尖能自动后退, 可避免热膨胀引起的弯曲变形。

③ 采用三个支承块跟刀架, 以提高工件刚性和轴线的稳定性, 避免 "竹节" 形。

④ 改变走刀方向, 使床鞍由主轴箱向尾座移动, 使工件受拉, 不易产生弹性弯曲变形。

3.2 箱体类零件工艺规程的制订

3.2.1 箱体类零件的工艺特征

箱体类零件通常作为箱体部件装配时的基准零件。它将一些轴、套、轴承和齿轮等零件装配起来，使其保持正确的相互位置关系，以传递转矩或改变转速来完成规定的运动。因此，箱体类零件的加工质量对机器的工作精度、使用性能和寿命都有直接的影响。

常见的箱体类零件有机床主轴箱体、机床进给箱体、变速箱体、减速箱体、发动机缸体和机座等。

箱体零件结构特点：根据箱体类零件的结构形式不同可分为整体式箱体和分离式箱体两大类，多为铸造件，结构复杂，壁薄且不均匀，加工部位多，加工难度大。

箱体零件的主要技术要求：轴颈支承孔孔径精度及相互之间的位置精度，定位度与孔距精度，主要平面的精度，表面粗糙度等。

箱体零件材料及毛坯：箱体零件常选用灰铸铁。汽车、摩托车的曲轴箱选用铝合金作为曲轴箱的主体材料，其毛坯一般采用铸件，因曲轴箱是大批大量生产，且毛坯的形状复杂，故采用压铸毛坯，镶套与箱体在压铸时铸成一体。压铸的毛坯精度高，加工余量小，有利于机械加工。为减少毛坯铸造时产生的残余应力，箱体铸造后应安排人工时效。

3.2.2 箱体类零件工艺规程的制订实例

下面以某减速箱为例说明箱体类零件的加工。

(1) 减速箱体类零件的特点

一般减速箱为了制造与装配的方便，常做成可剖分式的，如图 3-5 所示，这种箱体在矿山、冶金和起重运输机械中应用较多。剖分式箱体也具有一般箱体的结构特点，如壁薄、中空、形状复杂，加工表面多为平面和孔。

减速箱体的主要加工表面可归纳为以下三类。

① 主要平面 箱盖的对合面和顶部方孔端面、底座的底面和对合面、轴承孔的端面等。

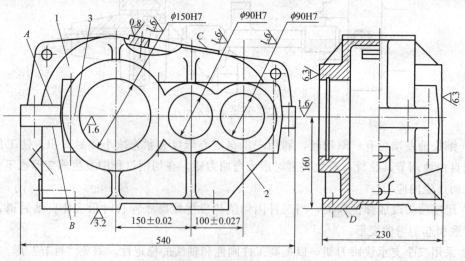

图 3-5 减速箱体结构简图

1—箱盖；2—底座；3—对合面

② 主要孔　轴承孔（ϕ150H7mm，ϕ90H7mm）及孔内环槽等。

③ 其他加工部分　连接孔、螺孔、销孔、斜油标孔以及孔的凸台面等。

（2）工艺过程设计应考虑的问题

根据减速箱体可剖分的结构特点和各加工表面的要求，在编制工艺过程时应注意以下问题。

① 加工过程的划分　整个加工过程可分为两大阶段，即先对箱盖和底座分别进行加工，然后再对装合好的整个箱体进行加工——合件加工。为兼顾效率和精度，孔和面的加工还需粗精分开。

② 箱体加工工艺的安排　安排箱体的加工工艺，应遵循先面后孔的工艺原则，对剖分式减速箱体还应遵循组装后镗孔的原则。因为如果不先将箱体的对合面加工好，轴承孔就不能进行加工。另外，镗轴承孔时必须以底座的底面为定位基准，所以底座的底面也必须先加工好。

由于轴承孔及各主要平面都要求与对合面保持较高的位置精度，所以在平面加工方面，应先加工对合面，然后再加工其他平面，还应体现先主后次原则。

③ 箱体加工中的运输和装夹　箱体的体积、重量较大，故应尽量减少工件的运输和装夹次数。为了便于保证各加工表面的位置精度，应在一次装夹中尽量多加工一些表面。工序安排应相对集中。箱体零件上相互位置要求较高的孔系和平面一般尽量集中在同一工序中加工，以减少装夹次数，从而减少安装误差的影响，有利于保证其相互位置精度要求。

④ 合理安排时效工序　一般在毛坯铸造之后安排一次人工时效即可；对一些高精度或形状特别复杂的箱体，应在粗加工之后再安排一次人工时效，以消除粗加工产生的内应力，保证箱体加工精度的稳定性。

（3）剖分式减速箱体加工定位基准的选择

① 粗基准的选择　一般箱体零件的粗基准都用它上面的重要孔和另一个相距较远的孔作为粗基准，以保证孔加工时余量均匀。剖分式箱体最先加工的是箱盖或底座的对合面。由于分离式箱体轴承孔的毛坯孔分布在箱盖和底座两个不同部分上，因而在加工箱盖或底座的对合面时无法以轴承孔的毛坯面作粗基准，而是以凸缘的不加工面为粗基准，即箱盖以凸缘面 A、底座以凸缘面 B 为粗基准。这样可保证对合面加工凸缘的厚薄较为均匀，减少箱体装合时对合面的变形。

② 精基准的选择　常以箱体零件的装配基准或专门加工的一面两孔定位，使得基准统一。剖分式箱体的对合面与底面（装配基面）有一定的尺寸精度和相互位置精度要求；轴承孔轴线应在对合面上，与底面也有一定的尺寸精度和相互位置精度要求。为了保证以上几项要求，加工底座的对合面时应以底面为精基准，使对合面加工时的定位基准与设计基准重合；箱体装合后加工轴承孔时仍以底面为主要定位基准，并与底面上的两定位孔组成典型的一面两孔定位方式。这样，轴承孔的加工，其定位基准既符合基准统一的原则，也符合基准重合的原则，有利于保证轴承孔轴线与对合面的重合度及与装配基准面的尺寸精度和平行度。

（4）剖分式减速箱体加工的工艺过程

表 3-3 所列为某厂在小批生产条件下加工图 3-5 所示减速箱体的机械加工工艺过程。生产类型：小批；毛坯种类：铸件；材料牌号：HT200。

表 3-3　减速箱体机械加工工艺过程

序　号	工序名称	工序内容
1	铸造	铸造毛坯
2	热处理	人工时效
3	油漆	喷涂底漆
4	划线	箱盖:根据凸缘面 A 划对合面加工线;划顶部 C 面加工线;划轴承孔两端面加工线 底座:根据凸缘面 B 划对合面加工线;划底面 D 加工线;划轴承孔两端面加工线
5	刨削	箱盖:粗、精刨对合面;粗、精刨顶部 C 面 底座:粗、精刨对合面;粗精刨底面 D
6	划线	箱盖:划中心十字线,各连接孔,销钉孔、螺孔、吊装孔加工线 底座:划中心十字线;底面各连接孔、油塞孔、油标孔加工线
7	钻削	箱盖:按划线钻各连接孔,并锪平;钻各螺孔的底孔、吊装孔 底座:按划线钻底面上各连接孔、油塞底孔、油标孔,各孔端锪平,将箱盖与底座合在一起,按箱盖对合面上已钻的孔,钻底座对合面上的连接孔,并锪平
8	钳工	对箱盖、底座各螺孔攻螺纹;铲刮箱盖及底座对合面;箱盖与底座合箱;按箱盖上划线配钻、铰二销孔,打入定位销
9	铣削	粗、精铣轴承孔端面
10	镗削	粗、精镗轴承孔;切轴承孔内环槽
11	钳工	去毛刺、清洗、打标记
12	油漆	对各不加工外表面喷漆
13	检验	按图样要求检验

(5) 箱体零件的检验

① 表面粗糙度检验:通常用目测或样板比较法,只有当表面粗糙度值很小时才考虑使用光学量仪。

② 孔的尺寸精度:一般用塞规检验;单件小批生产时可用内径千分尺或内径千分表检验;若精度要求很高可用气动量仪检验。

③ 平面的直线度:可用平尺和厚薄规或水平仪与桥板检验。

④ 平面的平面度:可用自准直仪或水平仪与桥板检验,也可用涂色检验。

⑤ 同轴度检验:一般工厂常用检验棒检验同轴度。

⑥ 孔间距和孔轴线平行度检验:根据孔距精度的高低,可分别使用游标卡尺或千分尺,也可用量块测量。

三坐标测量机可同时对零件的尺寸、形状和位置等进行高精度的测量。

3.3　套筒类零件工艺规程的制订

3.3.1　套筒类零件的工艺特征

(1) 套筒类零件的功用与结构特点

套筒类零件是机械中常见的一种零件,它的应用范围很广。如支承旋转轴的各种形式的滑动轴承、夹具上引导刀具的导向套、内燃机汽缸套、液压系统中的液压缸以及一般用途的套筒,如图 3-6 所示。由于其功用不同,套筒类零件的结构和尺寸有着很大的差别,但其结

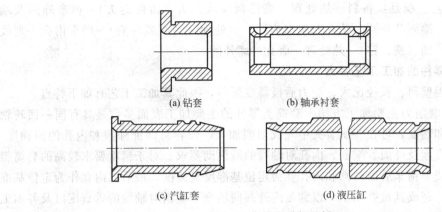

(a) 钻套　　　　　　　　　　(b) 轴承衬套

(c) 汽缸套　　　　　　　　　(d) 液压缸

图 3-6　套筒类零件示例

构上仍有共同点，即零件的主要表面为同轴度要求较高的内外圆表面；零件壁的厚度较薄且易变形；零件长度一般大于直径等。

(2) 套筒类零件的技术要求、材料和毛坯

① 套筒类零件的技术要求　套筒类零件的主要表面是孔和外圆，其主要技术要求如下。

a. 孔的技术要求。孔是套筒类零件起支承或导向作用的最主要表面，通常与运动的轴、刀具或活塞相配合。孔的直径尺寸公差等级一般为 IT7，精密轴套可取 IT6，汽缸和液压缸由于与其配合的活塞上有密封圈，要求较低，通常取 IT9。孔的形状精度应控制在孔径公差以内，一些精密套筒控制在孔径公差的 $1/3 \sim 1/2$，甚至更严。对于长的套筒，除了圆度要求以外，还应注意孔的圆柱度。为了保证零件的功用和提高其耐磨性，孔的表面粗糙度值为 $Ra1.6 \sim 0.16\mu m$，要求高的精密套筒可达 $Ra0.04\mu m$。

b. 外圆表面的技术要求。外圆是套筒类零件的支承面，常以过盈配合或过渡配合与箱体或机架上的孔相连接。外径尺寸公差等级通常取 IT6 ～ IT7，其形状精度控制在外径公差以内，表面粗糙度值为 $Ra3.2 \sim 0.63\mu m$。

c. 孔与外圆的同轴度要求。当孔的最终加工是将套筒装入箱体或机架后进行时，套筒内外圆间的同轴度要求较低；若最终加工是在装配前完成的，则同轴度要求较高，一般为 $\phi0.01 \sim 0.05$mm。

d. 孔轴线与端面的垂直度要求。套筒的端面（包括凸缘端面）若在工作中承受载荷，或在装配和加工时作为定位基准，则端面与孔轴线垂直度要求较高，一般为 $0.01 \sim 0.05$mm。

② 套筒类零件的材料与毛坯　套筒类零件一般用钢、铸铁、青铜或黄铜制成。有些滑动轴承采用双金属结构，以离心铸造法在钢或铸铁内壁上浇注巴氏合金等轴承合金材料，既可节省贵重的有色金属，又能提高轴承的寿命。

套筒类零件毛坯的选择与其材料、结构、尺寸及生产批量有关。孔径小的套筒，一般选择热轧或冷拉棒料，也可采用实心铸件；孔径较大的套筒，常选择无缝钢管或带孔的铸件、锻件。大量生产时，可采用冷挤压和粉末冶金等先进的毛坯制造工艺，既提高生产率，又节约材料。

3.3.2　套筒类零件工艺规程的制订实例

(1) 套筒类零件的基本工艺过程

套筒类零件的基本几何构造和基本功能具有许多共同之处，使其加工方案表现出明显相似性。其基本工艺过程是：备料—热处理（锻件调质或正火、铸件退火）—粗车外圆及端面—调头粗车另一端面及外圆—钻孔和粗车内孔—热处理（调质或时效）—精车内孔—划线（键槽及油孔线）—插（铣、钻）—热处理—磨孔—磨外圆。

(2) 套筒类零件的加工工艺特点

套筒类零件因壁薄、长径比大、受力后极易变形等，因此其加工工艺有如下特点。

① 以车削和磨削为主要加工方法　套筒类零件的主要加工表面多数是具有同一回转轴线的内孔、外圆和端面，可在一次装夹中完成切削加工，较容易保证外圆和内孔的同轴度、端面对轴线的垂直度及外圆、端面、内孔对轴线的圆跳动要求。对于精度要求较高的套筒类零件，可在粗车或半精车后以外圆和内孔互为定位基准反复磨削，最后以内孔作为定位基准精磨外圆和端面，完成其最终加工，以满足内外圆同轴度、端面对轴线的垂直度以及各加工表面的粗糙度要求。对于有色金属材料的套筒类零件，因不宜采用磨削，对精度要求较高的回转表面常用精车来完成加工。

② 防止变形和保证各加工面的位置精度是加工套筒类零件的关键　套筒类零件大多壁薄、长径比大，加工中受夹紧力、切削力、切削热等作用后极易变形，而主要加工面的相互位置精度要求又比较高，因此保证主要表面的相互位置精度和防止其加工中的变形是套筒类零件加工的显著工艺特点。

③ 使用通用设备和专用工艺装备加工　尽管套筒类零件的技术要求较高，加工中又容易变形，但因其主要加工方法是车削和磨削，因此生产现场仍然广泛采用卧式车床和万能外圆磨床等通用设备。为了保证主要加工面的相互位置精度，往往辅之以专用心轴装夹。

(3) 套筒类零件在加工中的关键工艺问题

① 减少夹紧力对变形的影响

a. 使夹紧力分布均匀。为防止工件因局部受力而变形，应使夹紧力均匀分布。如图 3-7 所示，用三爪自定心卡盘夹紧圆形截面的薄壁套时，由于夹紧力分布不均，夹紧后套筒呈三棱形 [图 3-7(a)]；加工出符合要求的圆孔 [图 3-7(b)] 后松开卡爪，工件外圆因弹性变形恢复成圆形，而已加工出的圆孔却变成了三棱形 [图 3-7(c)]。为避免出现这种现象，应采用开口过渡环 [图 3-7(d)] 或专用卡爪 [图 3-7(e)]。

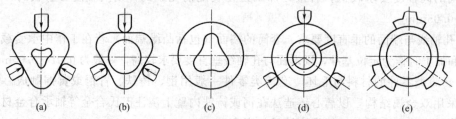

$$\text{(a)} \qquad \text{(b)} \qquad \text{(c)} \qquad \text{(d)} \qquad \text{(e)}$$

图 3-7　夹紧套筒时的变形误差及消除

b. 变径向夹紧为轴向夹紧。由于薄壁工件径向刚性比轴向差，为减少夹紧力引起的变形，当工件结构允许时，可采用轴向夹紧的夹具，以改变夹紧力的方向，如图 3-8 所示。

c. 增加套筒毛坯刚性。在薄壁套筒夹持部分增设几根工艺肋或凸边，使夹紧力作用在刚性较好的部位以减少变形，待加工终了时再将肋或凸边切去。

② 减小切削力对变形的影响

a. 减小背向力。增大刀具主偏角 κ_r，可有效减小切削的背向力 F_p，使作用在套筒件刚度较差部位的径向力明显降低，从而减小径向变形量。

b. 使切削力平衡。内外圆同时加工，可使切削时的背向力相互平衡（内外圆车刀刀尖相对），从而大大减少甚至消除套筒件的径向变形。

③ 减小切削热对变形的影响　切削热引起的温度升降和分布不均匀会使工件发生热变形。合理选择刀具几何角度和切削用量可减少切削热的产生，使用切削液可加快切削热的传散，精加工时使工件在轴向或径向有自由延伸的可能，这些措施都可以减少切削热引起的工件变形。

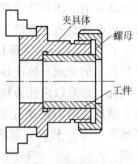

图 3-8　轴向夹紧薄壁套筒

④ 粗、精加工应分开进行　将套筒类零件的粗、精加工分开，可使粗加工时因夹紧力、切削力、切削热产生的变形以及在热处理中产生的变形在精加工中得到纠正。

（4）套筒类零件的工艺规程编制实例

液压系统中的液压缸本体（图 3-9）是比较典型的长套筒类零件。其结构简单，壁薄容易变形，加工面比较少，加工方法变化不多，加工工艺过程见表 3-4。现对液压缸本体零件加工工艺作一简单分析。

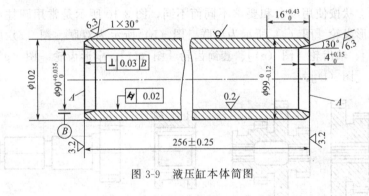

图 3-9　液压缸本体简图

表 3-4　液压缸本体加工工艺过程

序　号	工 序 名 称	工 序 内 容	定位与夹紧
1	备料	无缝钢管切断	
2	热处理	调质 241～285HB	
3	粗镗、半精镗内孔	镗内孔至 $\phi 88_{-0.10}^{0}$ mm	外圆
4	精车端面及工艺圆	车端面,保证全长 258mm,车外倒角 0.5×45°;车内倒角;车另一端面,保证全长（256±0.25）mm;车工艺圆 $\phi 99_{-0.12}^{0}$ mm, Ra 为 3.2μm,长 $16_{0}^{+0.43}$ mm,倒内、外角	ϕ89mm 孔可涨心轴
5	检查		夹工艺圆,托另一端
6	精镗	镗内孔至 ϕ(89.94±0.035)mm	夹工艺圆,托另一端
7	粗、精研磨内孔	研磨内孔至 $\phi 90_{0}^{+0.035}$（不许用研磨剂）	
8	清洗		
9	终检		

液压缸本体主要加工表面为 $\phi 90_{0}^{+0.035}$ mm 的内孔，尺寸精度、形状精度要求较高。为保

证活塞在油缸体内移动顺利且不漏油，还特别要求孔光洁无划痕，不许用研磨剂研磨。两端面对内孔有垂直度要求。外圆面为非加工面，但自 A 端起在 16mm 以内，外圆尺寸允许加工至 $\phi 99_{-0.12}^{0}$ mm。为保证内外圆的同轴度要求，长套筒零件的加工中也应采取互为基准和反复加工的原则。该液压缸本体外圆为非加工面，为保证壁厚均匀，先以外圆为粗基准面加工内孔，然后以内孔为精基准面加工出 $\phi 99_{-0.12}^{0}$ mm、Ra 为 $3.2\mu m$ 的工艺外圆。这样既提高了基准面间的位置精度，又保证了加工质量。对于液压缸内孔，因孔径尺寸较大，精度和表面质量要求较高，故孔的最后加工方法为精研。加工方案为：粗镗—半精镗—粗研—精研。

3.4 圆柱齿轮加工工艺规程的制订

3.4.1 圆柱齿轮的工艺特征

齿轮是机械工业的标志性零件，它是用来按规定的速比传递运动和动力的重要零件，在各种机器和仪器中应用非常普遍。

(1) 圆柱齿轮的结构特点和分类

齿轮的结构形状按使用场合和要求不同而不同，图 3-10 所示是常用圆柱齿轮的结构形式，其分为：盘形齿轮［图 (a) 所示为单联、图 (b) 所示为双联、图 (c) 所示为三联］、内齿轮［图 (d)］、轴齿轮［图 (e)］、套筒齿轮［图 (f)］、扇形齿轮［图 (g)］、齿条［图 (h)］、装配齿轮［图 (i)］。

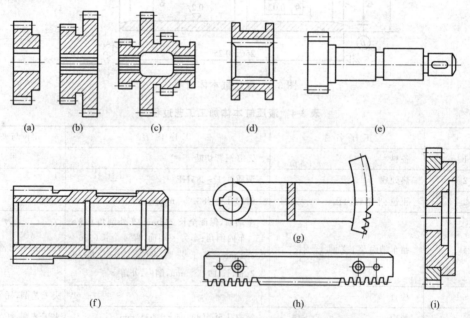

图 3-10　常用圆柱齿轮的结构形式

(2) 圆柱齿轮的精度要求

齿轮自身的精度影响其使用性能和寿命，通常对齿轮的制造提出以下精度要求。

① 运动精度　确保齿轮准确传递运动和恒定的传动比，要求最大转角误差不能超过相应的规定值。

② 工作平稳性　要求传动平稳，振动、冲击、噪声小。

③ 齿面接触精度　为保证传动中载荷分布均匀，齿面接触要求均匀，避免局部载荷过大、应力集中等造成过早磨损或折断。

④ 齿侧间隙　要求传动中的非工作面留有间隙以补偿温升、弹性形变和加工装配的误差，并利于润滑油的储存和油膜的形成。

(3) 齿轮材料、毛坯和热处理

① 材料选择　根据使用要求和工作条件选取合适的材料。普通齿轮选用中碳钢和中碳合金钢，如 40、45、50、40MnB、40Cr、45Cr、42SiMn、35SiMn2MoV 等；要求高的齿轮可选取 20MnVB、20CrMnTi、20Cr 等低碳合金钢；对于低速轻载的开式传动可选取 ZG40、ZG45 等铸钢材料或灰铸铁；非传力齿轮可选用尼龙、夹布胶木或塑料。

② 齿轮毛坯　毛坯的选择取决于齿轮的材料、形状、尺寸、使用条件、生产批量等因素。常用的毛坯种类如下。

a. 铸铁件。用于受力小、无冲击、低速的齿轮。

b. 棒料。用于尺寸小、结构简单、受力不大的齿轮。

c. 锻坯。用于高速重载齿轮。

d. 铸钢坯。用于结构复杂、尺寸较大、不宜锻造的齿轮。

③ 齿轮热处理　在齿轮加工工艺过程中，热处理工序的位置安排十分重要，它直接影响齿轮的力学性能及切削加工的难易程度。一般在齿轮加工中有以下两种热处理工序。

a. 毛坯的热处理。为了消除锻造和粗加工造成的残余应力、改善齿轮材料内部的金相组织和切削加工性能，在齿轮毛坯加工前后通常安排正火或调质等预热处理。

b. 齿面的热处理。为了提高齿面硬度、增加齿轮的承载能力和耐磨性而进行的齿面高频淬火、渗碳淬火、氮碳共渗和渗氮等热处理工序。一般安排在滚齿、插齿、剃齿之后，珩齿、磨齿之前。

3.4.2　圆柱齿轮加工工艺规程的制订实例

(1) 齿轮齿面加工方法

按齿面形成的原理不同，齿面加工可以分为以下两种。

① 成形法　用与被切齿轮齿槽形状相符的成形刀具切出齿面的方法，如铣齿、拉齿和成形磨齿等。

② 展成法　齿轮刀具与工件按齿轮副的啮合关系作展成运动切出齿面的方法，工件的齿面由刀具的切削刃包络而成，如滚齿、插齿、剃齿、磨齿和珩齿等。

(2) 圆柱齿轮齿面加工方法选择

齿轮齿面的精度要求大多较高，加工工艺复杂，选择加工方案时应综合考虑齿轮的结构、尺寸、材料、精度等级、热处理要求、生产批量及工厂加工条件等。常用的齿面加工方案见表 3-5。

表 3-5　齿面加工方案

齿面加工方案	齿轮精度等级	齿面粗糙度 $Ra/\mu m$	适用范围
铣齿	9 级以下	6.3～3.2	单件修配生产中,加工低精度的外圆柱齿轮、齿条、锥齿轮、蜗轮
拉齿	7 级	1.6～0.4	大批量生产 7 级内齿轮,外齿轮拉刀制造复杂,故少用

续表

齿面加工方案	齿轮精度等级	齿面粗糙度 $Ra/\mu m$	适 用 范 围
滚齿		3.2～1.6	各种批量生产中,加工中等质量外圆柱齿轮及蜗轮
插齿	8～7 级	1.6	各种批量生产中,加工中等质量的内、外圆柱齿轮,多联齿轮及小型齿条
滚(或插)齿—淬火—珩齿		0.8～0.4	用于齿面淬火的齿轮
滚齿—剃齿	7～6 级	0.8～0.4	主要用于大批量生产
滚齿—剃齿—淬火—珩齿		0.4～0.2	
滚(插)齿—淬火—磨齿	6～3 级	0.4～0.2	用于高精度齿轮的齿面加工,生产率低,成本高
滚(插)齿—磨齿	6～3 级		

(3) 齿轮加工工艺过程分析

① 定位基准的选择　对于齿轮定位基准的选择常因齿轮的结构形状不同而有所差异。带轴齿轮主要采用顶尖定位,孔径大时则采用锥堵。顶尖定位的精度高,且能做到基准统一。带孔齿轮在加工齿面时常采用以下两种定位、夹紧方式。

a. 以内孔和端面定位。即以工件内孔和端面联合定位,确定齿轮中心和轴向位置,并采用面向定位端面的夹紧方式。这种方式可使定位基准、设计基准、装配基准和测量基准重合,定位精度高,适于批量生产。但对夹具的制造精度要求较高。

b. 以外圆和端面定位。工件和夹具心轴的配合间隙较大,用千分表校正外圆以确定中心的位置,并以端面定位;从另一端面夹紧。这种方式因每个工件都要校正,故生产效率低;它对齿坯的内、外圆同轴度要求高,而对夹具精度要求不高,故适于单件、小批量生产。

② 齿轮毛坯的加工　齿面加工前的齿轮毛坯加工在整个齿轮加工工艺过程中占有很重要的地位,因为齿面加工和检测所用的基准必须在此阶段加工出来。无论从提高生产率还是从保证齿轮的加工质量方面来说,都必须重视齿轮毛坯的加工。

在齿轮的技术要求中,应注意齿顶圆的尺寸精度要求,因为齿厚的检测是以齿顶圆为测量基准的,齿顶圆精度太低,必然使所测量出的齿厚值无法正确反映齿侧间隙的大小。所以,在这一加工过程中应注意下列三个问题。

a. 当以齿顶圆直径作为测量基准时,应严格控制齿顶圆的尺寸精度。

b. 保证定位端面和定位孔或外圆相互的垂直度。

c. 提高齿轮内孔的制造精度,减小与夹具心轴的配合间隙。

③ 齿端的加工　齿轮的齿端加工有倒圆、倒尖、倒棱和去毛刺等方式。倒圆、倒尖后的齿轮在换挡时容易进入啮合状态,可减少撞击现象。倒棱可除去齿端尖边和毛刺。齿端加工必须在齿轮淬火之前进行,通常都在滚(插)齿之后、剃齿之前安排齿端加工。

(4) 工艺过程实例

圆柱齿轮的加工工艺过程一般应包括以下内容:齿轮毛坯加工、齿面加工、热处理工艺及齿面的精加工。在编制齿轮加工工艺过程中,常因齿轮结构、精度等级、生产批量以及生产环境的不同而采用各种不同的方案。

图 3-11 所示为一直齿圆柱齿轮的零件图,表 3-6 列出了该齿轮机械加工工艺过程。齿轮加工工艺过程大致可划分如下几个阶段。

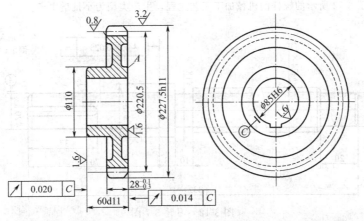

图 3-11　直齿圆柱齿轮零件图

表 3-6　齿轮机械加工工艺过程

工序号	工序名称	工序内容	定位基准
1	锻造	毛坯锻造	
2	热处理	正火	
3	粗车	粗车外形,各处留加工余量 2mm	外圆和端面
4	精车	精车各处,内孔至 ϕ84.8mm,留磨削余量 0.2mm,其余至要求尺寸	外圆和端面
5	滚齿	滚切齿面,留磨齿余量 0.25～0.30mm	内孔和端面 A
6	倒角	倒角至尺寸(倒角机)	内孔和端面 A
7	钳工	去毛刺	
8	热处理	齿面:52HRC	
9	插键槽	至要求尺寸	内孔和端面 A
10	磨平面	靠磨大端面 A	内孔
11	磨平面		端面 A
12	磨内孔	磨内孔至 ϕ85H5	内孔和端面 A
13	磨齿	齿面磨削	内孔和端面 A
14	检验	终结检验	

① 齿轮毛坯的形成：锻件、棒料或铸件。

② 粗加工：切除较多的余量。

③ 半精加工：车，滚、插齿面。

④ 热处理：调质、渗碳淬火、齿面高频淬火等。

⑤ 精加工：精修基准、精加工齿面（磨、剃、珩、研齿和抛光等）。

习　题

3-1　轴类零件的主要功能有哪些？轴类零件的结构特点和技术要求有哪些？

3-2　中心孔在轴类零件的加工中起什么作用？为什么在每一阶段都要进行中心孔的研磨？

3-3　分析细长轴车削工艺的特点，并说明反向走刀车削法的先进性。

3-4　箱体加工顺序安排中应遵循哪些基本原则？为什么？

3-5　加工薄壁套筒零件时，工艺上应采取哪些措施防止受力变形？

3-6　齿形加工精基准有哪些方案？它们各有什么特点？对齿坯加工的要求有何不同？

3-7　试编制图 3-12 所示的螺杆的机械加工工艺过程，生产类型为小批量生产。

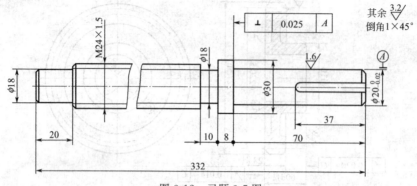

图 3-12　习题 3-7 图

3-8　图 3-13 所示的工件，试编制其机械加工工艺过程，并设计钻 $\phi6H8$ 孔用的夹具。

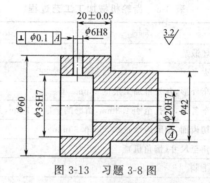

图 3-13　习题 3-8 图

3-9　试编制图 3-14 所示的 CA6140 主轴箱中双联齿轮的机械加工工艺过程。材料 40Cr，大批生产。

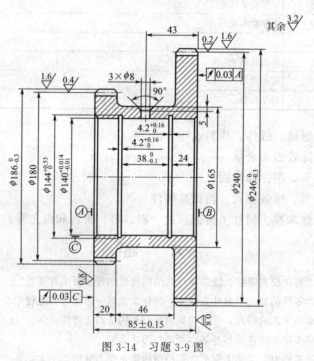

图 3-14　习题 3-9 图

第4章 机床夹具基础

本章基本要求

1. 了解机床夹具的组成及分类。
2. 掌握工件的定位方法和定位元件的选择。
3. 掌握定位误差的分析和计算方法。
4. 了解并熟悉夹紧装置的组成和基本要求。
5. 熟悉并掌握夹紧力的确定。
6. 熟悉并掌握典型夹紧机构的类型、特点及应用场合。

4.1 机床夹具概述

4.1.1 机床夹具的概念及分类

在机械加工过程中，为保证加工精度要求，固定加工对象，使之占有正确位置以接受加工或检测的机床工艺装备称为机床夹具，简称为夹具。在机床上加工工件时，必须用夹具装好夹紧工件。将工件装好，就是在机床上确定工件相对于刀具的正确位置，这一过程称为定位。将工件夹紧，就是对工件施加作用力，使之在已经定好的位置上将工件可靠地夹紧，这一过程称为夹紧。从定位到夹紧的全过程称为装夹。机床夹具的主要功能就是完成工件的装夹工作。工件装夹情况的好坏将直接影响工件的加工精度。图 4-1、图 4-2 所示为加工拨叉零件的铣床夹具和钻床夹具。

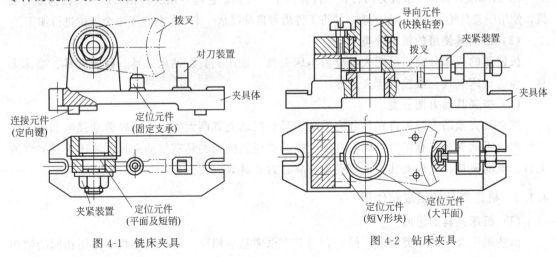

图 4-1 铣床夹具　　　　　图 4-2 钻床夹具

随着机械制造业的发展，机床夹具的种类越来越多，形状千差万别。为了设计、制造和管理的方便，往往按某一属性进行分类。

(1) 按夹具的通用特性分类

按这一特性分类，常用的夹具有通用夹具、专用夹具、可调夹具、组合夹具和自动线夹具等五大类。它反映夹具在不同生产类型中的通用特性，因此是选择夹具的主要依据。

① 通用夹具 指结构、尺寸已规格化，且具有一定通用性的夹具，如三爪自定心卡盘、四爪单动卡盘、台虎钳、万能分度头、中心架、电磁吸盘等。其特点是适用性强、不需调整或稍加调整即可装夹一定形状范围内的各种工件。这类夹具已商品化，且成为机床附件。采用这类夹具可缩短生产准备周期，减少夹具品种，从而降低生产成本。其缺点是夹具的加工精度不高，生产率也较低，且较难装夹形状复杂的工件，故适用于单件小批量生产。

② 专用夹具 是针对某一工件的某一工序的加工要求而专门设计和制造的夹具。其特点是针对性极强，没有通用性。在产品相对稳定、批量较大的生产中，常用各种专用夹具，可获得较高的生产率和加工精度。专用夹具的设计制造周期较长，随着现代多品种及中、小批生产的发展，专用夹具在适应性和经济性等方面已产生许多问题。

③ 可调夹具 是针对通用夹具和专用夹具的缺陷而发展起来的一类新型夹具。对不同类型和尺寸的工件，只需调整或更换原来夹具上的个别定位元件和夹紧元件便可使用。它一般又分为通用可调夹具和成组夹具两种。通用可调夹具的通用范围大，适用性广，加工对象不太固定。成组夹具是专门为成组工艺中某组零件设计的，调整范围仅限于本组内的工件。可调夹具在多品种、小批量生产中得到广泛应用。

④ 成组夹具 是在成组加工技术基础上发展起来的一类夹具。它是根据成组加工工艺的原则针对一组形状相近的零件专门设计的，也是由通用基础件和可更换调整元件组成的夹具。这类夹具从外形上看，它和可调夹具不易区分。但它与可调夹具相比，具有使用对象明确、设计科学合理、结构紧凑、调整方便等优点。

⑤ 组合夹具 是一种模块化的夹具，并已商品化。标准的模块元件具有较高的精度和耐磨性，可组装成各种夹具，夹具用毕即可拆卸，留待组装新的夹具。由于使用组合夹具可缩短生产准备周期，元件能重复多次使用，并具有可减少专用夹具数量等优点，因此组合夹具对于单件、中小批多品种生产和数控加工是一种较经济的夹具。

⑥ 自动线夹具 一般分为两种：一种为固定式夹具，它与专用夹具相似；另一种为随行夹具，使用中夹具随着工件一起运动，并将工件沿着自动线从一个工位移至下一个工位进行加工。

（2）按夹具使用的机床分类

按使用的机床分类，可把夹具分为车床夹具、铣床夹具、钻床夹具、镗床夹具、磨床夹具、齿轮机床夹具、数控机床夹具等。

（3）按夹具动力源分类

按夹具夹紧动力源可将夹具分为手动夹具和机动夹具两大类。为减轻劳动强度和确保安全生产，手动夹具应有扩力机构与自锁性能。常用的机动夹具有气动夹具、液压夹具、气液夹具、电动夹具、电磁夹具、真空夹具和离心力夹具等。

4.1.2 机床夹具的组成和作用

（1）机床夹具的组成

虽然机床夹具的种类繁多，但它们的工作原理基本相同。将各类夹具中作用相同的结构或元件加以概括，可得出一般夹具所共有的以下几个组成部分，这些组成部分既相互独立又相互联系。

① 定位元件 其作用是确定工件在夹具中的正确位置并支承工件，是夹具的主要功能元件之一。定位元件的定位精度直接影响工件加工的精度。如图 4-1 中的平面和短销、图

4-2 中的短 V 形块。

② 夹紧装置　其作用是将工件压紧夹牢，并保证在加工过程中工件的正确位置不变。如图 4-1、图 4-2 中的夹紧装置。

③ 夹具体　是夹具的基体骨架，用来配置、安装各夹具元件，使之组成一整体。常用的夹具体为铸件结构、锻造结构、焊接结构和装配结构，形状有回转体形和底座形等。如图 4-1、图 4-2 中的夹具体。

④ 其他装置或元件

a. 对刀元件或导向元件。这些元件的作用是保证工件加工表面与刀具之间的正确位置。用于确定刀具在加工前正确位置的元件称为对刀元件。如图 4-1 中的对刀装置、图 4-2 中的快换钻套。

b. 连接定向元件。这种元件用于连接夹具与机床并确定夹具对机床主轴、工作台或导轨的相互位置。如图 4-1 中的定向键。

c. 根据加工需要，有些夹具上还设有分度装置、靠模装置、上下料装置、工件顶出机构、电动扳手和平衡块等，以及标准化的其他连接元件。

上述各组成部分中，定位元件、夹紧装置、夹具体是夹具的基本组成部分。

(2) 机床夹具在机械加工中的作用

机床夹具是机械加工必不可少的工艺装备。机床夹具的主要作用如下。

① 保证加工质量。采用夹具后，工件各加工表面间的相互位置精度是由夹具保证的，而不是依靠工人的技术水平与熟练程度，所以产品质量容易保证。

② 提高劳动生产率。使用夹具使工件装夹迅速、方便，从而大大缩短了辅助时间，提高了生产率。特别是对于加工时间短、辅助时间长的中、小零件，效果更为显著。

③ 减轻工人的劳动强度，保证安全生产。有些工件，特别是比较大的工件，调整和夹紧很费力气，而且注意力要高度集中，很容易疲劳。如果使用夹具，采用气动或液压等自动化夹紧装置，既可减轻工人的劳动强度，又能保证安全生产。

④ 扩大机床的工艺范围。实现一机多用，一机多能。如在铣床上安装一个回转台或分度装置，可以加工有等分要求的零件；在车床上安装镗模，可以加工箱体零件上的同轴孔系。

4.2　工件的定位与装夹

4.2.1　工件定位的基本原理

如果要使一个自由刚体在空间有一个确定的位置，就必须设置相应的六个约束，分别限制刚体的六个运动自由度。在讨论工件的定位时，工件即为自由刚体。如果工件的六个自由度都已加以限制，工件在空间的位置也就完全被确定下来。因此，定位实质上就是限制工件的自由度。

在制订零件的机械加工工艺规程时，工艺人员根据加工要求已经选择了各工序的定位基准并确定了各定位基准应当限制的自由度。夹具设计的任务首先是选择和设计相应的定位元件。

为了便于分析问题，介绍如下几个基本概念。

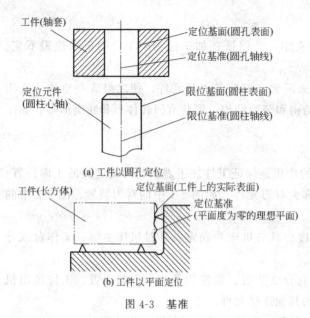

(a) 工件以圆孔定位

(b) 工件以平面定位

图 4-3 基准

（1）定位基面和定位基准

① 工件以回转表面（如孔、外圆等）定位时，与定位元件相接触的表面是回转表面，称为定位基面，而实际的定位基准是回转表面的轴线。如图 4-3（a）所示，工件以圆孔在心轴上定位，工件的内孔表面称为定位基面，它的轴线称为定位基准。

② 工件以平面与定位元件接触时，如图 4-3（b）所示，工件上实际存在的面是定位基面，它的理想状态（平面度误差为零）是定位基准。

（2）限位基面和限位基准

定位元件上与定位基面相配合的表面称为限位基面，而限位基面的轴线是限位基准，如图 4-3(a) 所示。如果定位元件以平面限位，可认为限位基面就是限位基准。

（3）定位符号和夹紧符号的标注

在选定了定位基准及确定了夹紧力的方向和作用点后，应在工序图上标注定位符号和夹紧符号。定位、夹紧符号已有机械工业部的部颁标准（JB/T 5061—1991），图 4-4 所示为典

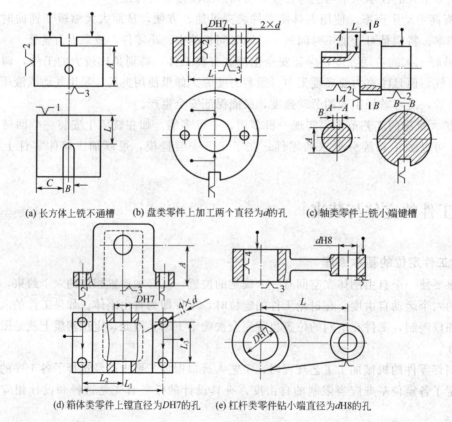

(a) 长方体上铣不通槽　　(b) 盘类零件上加工两个直径为d的孔　　(c) 轴类零件上铣小端键槽

(d) 箱体类零件上镗直径为DH7的孔　　(e) 杠杆类零件钻小端直径为dH8的孔

图 4-4　典型零件定位、夹紧符号的标注

型零件定位、夹紧符号的标注。

4.2.2　工件定位的方法和定位元件的选择

工件在夹具中要想获得正确定位，首先应正确选择定位基准，其次是选择合适的定位元件。工件定位时，工件定位基准和夹具的定位元件接触形成定位副，以实现工件的六点定位。

(1)　工件以平面定位

工件以平面为定位基准定位时，常用的定位元件分为主要支承和辅助支承两大类。主要支承是指限制工件自由度的支承。辅助支承是不起限制工件自由度作用的支承。

① 主要支承　根据其在夹具体中的高度位置能否调整分为固定支承、可调支承、自位（浮动）支承三种形式。它们的结构尺寸都已标准化，可从有关夹具设计手册中查到。

a. 固定支承。这种支承与夹具体固定连接，使用中不拆卸、不调节，常用的有支承钉和支承板两种，如图 4-5 和图 4-6 所示。

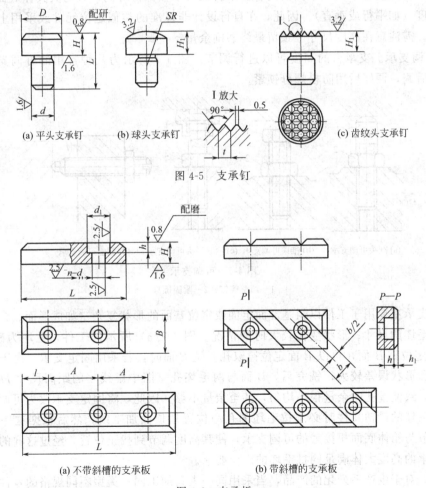

(a) 平头支承钉　　(b) 球头支承钉　　(c) 齿纹头支承钉

图 4-5　支承钉

(a) 不带斜槽的支承板　　　　　　(b) 带斜槽的支承板

图 4-6　支承板

(a) 球头支承钉或齿纹头支承钉。工件以粗基准定位时，由于基准面是粗糙不平的毛坯表面，若令其与平整的平面保持接触，则只有此粗基准上的三个最高点与之接触。为了保证定位稳定可靠，对于作为主要定位面的粗基准而言，一般采用三点支承方式。所以，工件以粗基准定位时，选用图 4-5(b) 和图 4-5(c) 所示的球头支承钉或齿纹头支承钉定位元件。

球头支承钉与定位平面为点接触，可保证接触点位置的相对稳定，但它易磨损，且使定位面产生压陷，给工件夹紧后带来较大的安装误差，同时装配时也不易使三个球头支承钉处于同一平面。齿纹头支承钉与定位面的摩擦力较大，可阻碍工件移动，加强定位的稳定性，但槽中易积屑，常用在粗基准侧面定位。

(b) 平头支承钉和支承板。工件以精基准（光面）定位时，基准面虽然经过加工，也不会绝对平整。因此，这时不可采用与工件上精基准作全面接触的整体大平面式的定位元件定位。实际上，供工件以精基准作平面定位时所用的定位元件一般仍然是小平面式的。常用的有图 4-5(a) 所示的平头支承钉和图 4-6(a)、图 4-6(b) 所示的支承板。

图 4-6(a) 所示的支承板结构简单、制造方便，但由于沉头螺钉处积屑不易消除，仅用于侧平面定位。图 4-6(b) 所示的支承板清除切屑方便，但制造较复杂。

工件以精基准作平面定位时所用的平头支承钉或支承板，一般安装到夹具体上后再进行最终磨削，以便使位于同一平面内的各支承钉或支承板保持等高，且与夹具体底面保持必要的位置精度（如平行或垂直）。因此，在自行设计非标准的类似定位元件或采用上述标准定位元件时，需注意在高度尺寸上预留最终磨削余量。

b. 可调支承。支承钉的高度可以进行调节。图 4-7 所示为几种常用的可调支承。调整时要先松后调，调好后用防松螺母锁紧。

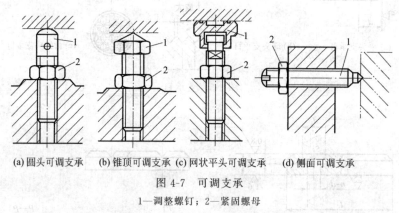

(a) 圆头可调支承　(b) 锥顶可调支承　(c) 网状平头可调支承　(d) 侧面可调支承

图 4-7　可调支承

1—调整螺钉；2—紧固螺母

可调支承主要用于工件以粗基准面定面或定位基面的形状复杂（如成形面、台阶面等），以及各批毛坯的尺寸、形状变化较大时的情况。图 4-8(a) 所示的工件，毛坯为砂型铸件，先以 A 面定位铣 B 面，再以 B 面定位镗双孔。铣 B 面时，若采用固定支承，由于定位基面 A 的尺寸和形状误差较大，铣完后，B 面与两毛坯孔（图中虚线）的距离尺寸 H_1、H_2 变化也很大，致使镗孔时余量很不均匀，甚至余量不够。因此，将固定支承改为可调支承，在加工同批毛坯的最初几件时必须按毛坯的孔心位置划顶面加工线，然后根据这一加工线找正，并调节与箱体底面相接触的可调支承，使其高度调节到找正位置，经过这样的调节便可使可调支承的高度大体满足同批毛坯的定位要求。

此外，对于生产系列化的产品，当采用同一夹具加工同一类型不同规格的零件时，也常采用可调支承。如图 4-8(b) 所示，在不同规格的销轴端部铣槽。槽的尺寸相同，但销轴长度不同。这时不同规格的销轴可以共用一个夹具加工，工件在 V 形块上定位，而工件的轴向定位则采用可调支承。可调支承在一批工件加工前调整一次。在同一批工件加工中，它的作用与固定支承相同。

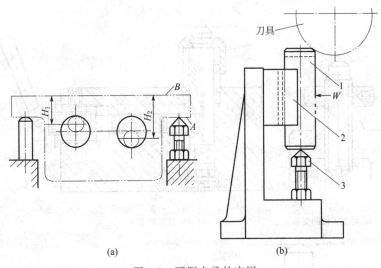

图 4-8　可调支承的应用

1—被加工零件；2—V 形块；3—可调支承

c. 自位支承（浮动支承）。在工件定位过程中，支承本身所处的位置是随工件定位基准面位置的变化而自动与之适应。图 4-9 所示为夹具中常见的几种自位支承。图 4-9(a)、图 4-9(b)是两点式自位支承，图 4-9(c) 为三点式自位支承。这类支承的工作特点是：支承点的位置能随着工件定位基面的不同而自动调节，定位基面压下其中一点，其余点便上升，直至各点都与工件接触。接触点数的增加提高了工件的装夹刚度和稳定性，但其作用仍相当于一个固定支承，只限制工件一个自由度。

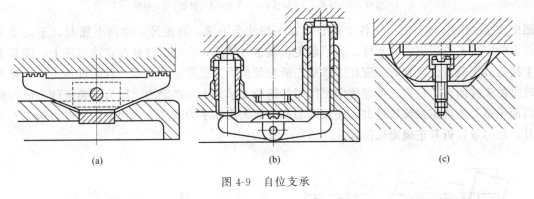

图 4-9　自位支承

② 辅助支承。工件以平面为定位基准定位时，工件在夹具中的位置主要是由主要支承按定位基本原理来确定的。但是，往往由于工件的支承刚性较差，在切削力、夹紧力或工件本身重力作用下，单由主要支承定位仍然可能发生定位不稳定或引起工件加工部位变形，因而这时需要增设辅助支承。

辅助支承只能起提高工件支承刚性的辅助定位作用，而绝不能允许它破坏主要支承应起的定位作用。图 4-10 为夹具中常用的三种辅助支承。图 (a) 为螺旋式辅助支承；图 (b) 为自位式辅助支承，滑柱 1 在弹簧 2 的作用下与工件接触，转动手柄使顶柱 3 将滑柱锁紧；图 (c) 为推引式辅助支承，工件夹紧后转动手轮 4 使斜楔 6 左移，将滑销 5 与工件接触，继续转动手轮可使斜楔 6 的开槽部分涨开而锁紧。辅助支承的作用如下。

a. 起预定位作用。如图 4-11 所示，当工件的重心超出主要支承所形成的稳定区域（即

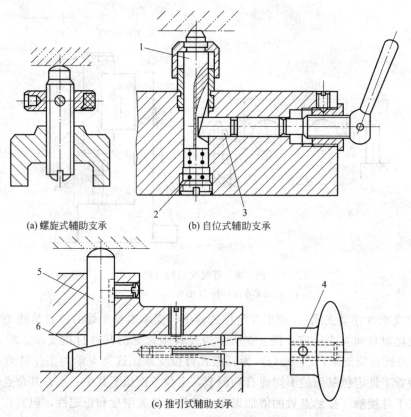

(a) 螺旋式辅助支承　　　(b) 自位式辅助支承

(c) 推引式辅助支承

图 4-10　辅助支承的类型

1—滑柱；2—弹簧；3—顶柱；4—手轮；5—滑销；6—斜楔

图中 V 形块的区域）时，工件上重心所在一端便会下垂，而使另一端向上翘起，于是使工件上的定位基准脱离定位元件。为了避免出现这种情况，在将工件放在定位元件上，能基本上接近其正确定位位置时，应在工件重心所在部位下方设置辅助支承，以实现预定位。对于较重的工件而言，设置这种起预定位作用的辅助支承是十分必要的，因为这类工件若放入夹具而偏离其正确定位位置过大，往往挪动费力而无法靠手力或夹紧力纠正，所以力求放入夹具后能尽量接近其正确定位位置。

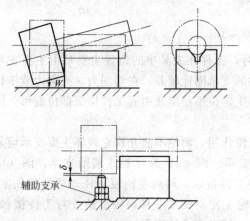

图 4-11　辅助支承起预定位作用

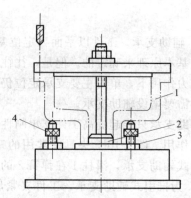

图 4-12　辅助支承提高夹具工作的稳定性

1—工件（壳体零件）；2—短销；3—支承环；4—辅助支承

　　b. 提高夹具工作的稳定性。如图 4-12 所示，在壳体零件 1 的大头端面上需要沿圆周钻一组紧固用的通孔。这时，工件是以其小头端的中央孔和小头端面作为定位基准，而由夹具上的短销 2 和支承环 3 定位。由于小头端面太小，工件又高，钻孔位置离开工件中心远，因此受钻削力后定位很不稳定。为了提高工件定位稳定性，便需在图示位置相应增设三个均匀分布的辅助支承 4。在工件从夹具上卸下前先要把辅助支承调低，工件每次定位夹紧后又必须予以调节，使辅助支承顶部刚好与工件表面接触。

(2) 工件以外圆柱定位

① V 形块　当工件的对称度要求较高时，可选用 V 形块定位。V 形块工作面间的夹角 α 常取 60°、90°、120° 三种，其中应用最多的是 90°V 形块。90°V 形块的典型结构和尺寸已标准化，使用时可根据定位圆柱面的长度和直径进行选择。V 形块结构有多种形式，图 4-13(a) 所示的 V 形块适用于较短的加工过的圆柱面定位，图 4-13(b) 所示的 V 形块适用于较长的粗糙的圆柱面定位，图 4-13(c) 所示的 V 形块适用于较长的加工过的圆柱面定位，图 4-13(d) 所示的 V 形块适用于尺寸较大的圆柱面定位。V 形块底座采用铸件，V 形面采用淬火钢件，V 形块是由两者镶合而成。

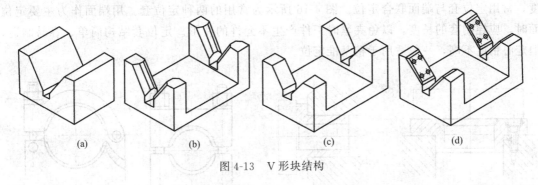

(a)　　　　　(b)　　　　　(c)　　　　　(d)

图 4-13　V 形块结构

　　V 形块有固定式，也有活动式。如图 4-14 所示，加工连杆孔定位时，活动 V 形块限制工件的一个转动自由度，同时还兼有加紧的作用。

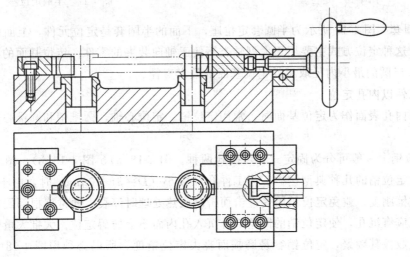

图 4-14　活动 V 形块的应用

　　V 形块定位的最大优点就是对中性好，它可使一批工件的定位基准轴线对中在 V 形块两斜面的对称平面上，而不受定位基准直径误差的影响。V 形块定位的另一个特点是，无

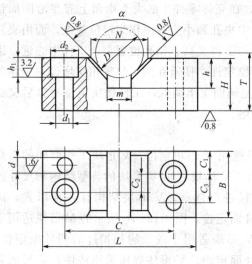

图 4-15　V 形块结构尺寸

论定位基准是否经过加工，是完整的圆柱面还是局部弧面，都可采用 V 形块定位。因此，V 形块是用得最多的定位元件。

设计非标准 V 形块时，可参考图 4-15 有关尺寸进行计算，其主要的参数有：

D——V 形块的设计心轴直径，$D=$ 工件的定位基面的平均尺寸，其轴线是 V 形块的限位基准；

α——V 形块两个限位基面间的夹角；

H——V 形块的高度；

N——V 形块的开口尺寸；

T——V 形块的限位高度，当 $\alpha=90°$ 时，$T=H+0.707D-0.5N$。

② 定位套　为了限制工件沿轴向的自由度，常用定位套与端面联合定位。图 4-16 所示为常用的两种定位套。用端面作为主要定位面时，应控制套的长度，以免夹紧时工件产生不允许的变形。定位套结构简单、容易制造，但定心精度不高，一般适用于精基准定位。

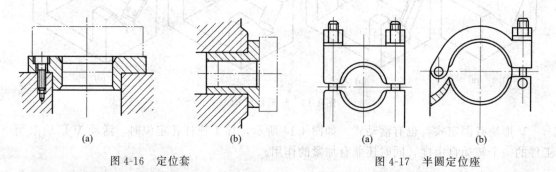

图 4-16　定位套　　　　　　　　　　　图 4-17　半圆定位座

③ 半圆套　图 4-17 所示为半圆套定位座，下面的半圆套是定位元件，上面的半圆套起夹紧作用。这种定位方式主要用于大型轴类不便于轴向装夹的零件。定位基面的精度不低于 IT8～IT9，半圆的最小内径取工件定位基面的最大直径。

(3) 工件以内孔定位

工件以内孔表面作为定位基面时，常用定位销、定位心轴，圆锥销和圆锥心轴作为定位元件。

① 定位销　一般可分为固定式和可换式两种。图 4-18(a)、图 4-18(b)、图 4-18(c) 所示为固定式定位销的几种典型结构。当工件孔径较小（$D=3\sim10$mm）时，由于销径太细，为增加定位销刚度，避免定位销因受撞击而折断或热处理时淬裂，通常把根部倒成圆角。这时夹具上就应有沉孔，使定位销的圆角部分沉入孔内而不会妨碍定位。大批大量生产时，因工件装卸次数极其频繁，定位销容易磨损而丧失定位精度，所以必须用图 4-18(d) 所示的可换式定位销，以便定期维修更换。为便于工件顺利装入，定位销的头部应有 15°倒角。固定式定位销和可换式定位销的标准结构可参阅《夹具设计手册》。

② 圆柱心轴　常用圆柱心轴的结构形式如图 4-19 所示。图 4-19(a) 所示为间隙配合心

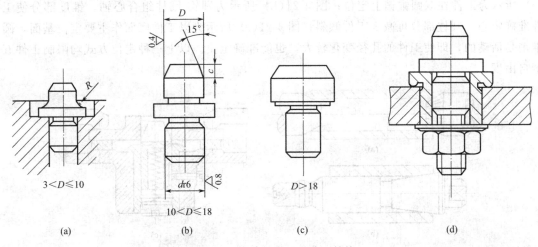

图 4-18 定位销的几种典型结构

轴，该心轴装卸工件方便，但定心精度不高。为了减少因配合间隙而造成的工件倾斜，工件常以孔和端面联合定位，因而要求工件孔与定位端面有较高的垂直度，最好能在一次装夹中加工出来。使用开口垫圈可实现快速装卸工件，开口垫圈的两端面应互相平行。当工件内孔与端面垂直度误差较大时，应采用球面垫圈。

图 4-19(b) 所示为过盈配合心轴，由导向部分 1、工作部分 2 及传动部分 3 组成。导向部分的作用是使工件迅速而准确地套入心轴。这种心轴制造简单，定心准确，不用另设夹紧装置，但装卸工件不便，易损伤工件定位孔，因此多用于定心精度要求高的精加工。

图 4-19(c) 所示是花键心轴，用于加工以花键孔定位的工件。当工件定位孔的长径比 $L/d>1$ 时，工作部分可稍带锥度。设计花键心轴时，应根据工件的不同定位方式确定定位心轴的结构，其配合可参考上述两种心轴。

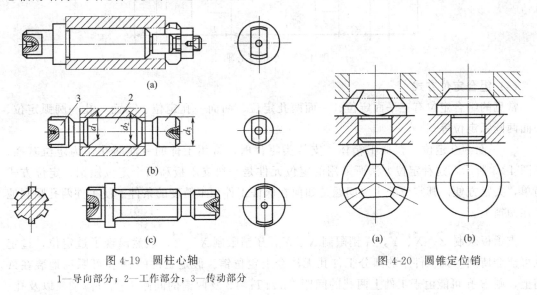

图 4-19 圆柱心轴
1—导向部分；2—工作部分；3—传动部分

图 4-20 圆锥定位销

③ 圆锥销 工件以圆孔在圆锥销上定位，如图 4-20 所示，它限制了工件的 $\vec{X}$、$\vec{Y}$、$\vec{Z}$ 三个自由度。图 4-20(a) 用于粗基准定位，图 4-20(b) 用于精基准定位。工件在单个圆锥销上定位容易倾斜，为此，圆锥销一般与其他定位元件组合定位，如图 4-21 所示。图 4-21

(a) 所示为工件在双圆锥销上定位；图 4-21(b) 所示为圆锥-圆柱组合心轴，锥度部分使工件准确定心，圆柱部分可减少工件倾斜；图 4-21(c) 所示为以工件底面作主要定位基面，圆锥销是活动的，即使工件的孔径变化较大，也能准确定位。以上三种定位方式均限制工件五个自由度。

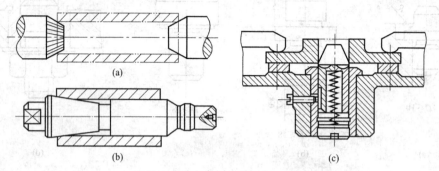

图 4-21　圆锥销组合定位

④ 圆锥心轴（小锥度心轴）　如图 4-22 所示，工件在小锥度心轴上定位，并靠工件定位圆孔与心轴的弹性变形夹紧工件。这种定位方式的定心精度较高，不用另设夹紧装置，但工件的轴向位移误差较大，传递的转矩较小，适用于工件定位孔精度不低于 IT7 的精车和磨削加工，不能加工端面。

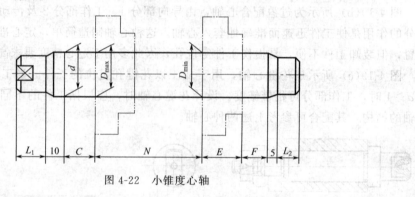

图 4-22　小锥度心轴

(4) 组合定位方式

常见的组合定位有三平面定位、一面两孔定位、两面一孔定位、一面一孔一圆弧定位、一面两圆弧定位等。

① 一面两孔定位　在加工箱体、支架类零件时，常用工件的一面两孔作为定位基准，如图 4-23 所示。这种定位方法所采用的定位元件是一块支承板和两个定位短销，定位方式简单，夹紧方便。其定位的主要问题是如何在保证工件加工精度的条件下使工件两孔顺利地套在两销上。

支承板限制 $\vec{Z}$、$\hat{X}$、$\hat{Y}$，A 销限制 $\vec{X}$、$\vec{Y}$，B 销限制 $\vec{X}$、$\vec{Z}$，显然出现了过定位，过定位可能会使同一批工件中的部分工件孔无法套上定位销。假定工件的 A 孔可顺利地装在 A 销上，则 B 孔可能由于工件上两孔的间距 $L_D \pm T_{LD}/2$ 及两销的间距 $L_d \pm T_{Ld}/2$，以及孔、销本身的制造误差，而影响 B 孔正确地装在 B 销上。

使工件上两孔均能装在两销上的措施之一是减小 B 销的直径，但减小销径会使 B 孔与销之间的间隙增大，因此，通常并不采用减小销径的方法，而是将 B 销削边来避免两销定

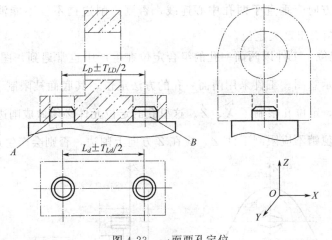

图 4-23　一面两孔定位

位时的过定位干涉。削边销即把销碰到孔壁的部分削去，只留下部分圆柱面，这样，在两孔中心的连线方向上可以保证孔距、销距变化时两孔能在两销上正确定位。

削边销一般有两种结构：矩形削边销，常用于定位销直径大于 50mm 的场合；菱形削边销是为保证削边销的强度，将小直径的削边销做成菱形结构，常用于定位销直径小于 50mm 的场合。削边销的宽度 b、B 均已标准化，一般可根据销径查表得到，见表 4-1。

菱形销的设计步骤如下。

a. 确定两定位销的中心距尺寸及公差。取工件上两孔中心距的基本尺寸为两定位销中心距的基本尺寸，其公差一般取：

$$T_{Ld} = \left(\frac{1}{5} \sim \frac{1}{3}\right) T_{LD} \tag{4-1}$$

b. 确定圆柱销直径及公差。取相应孔的最小极限尺寸作为圆柱销直径的基本尺寸，其公差一般取 g6、f6 或 h7。

c. 确定菱形销的宽度 b（表 4-1）。

表 4-1　菱形销的尺寸

D_2	$3 < D_2 \leqslant 6$	$6 < D_2 \leqslant 8$	$8 < D_2 \leqslant 20$	$20 < D_2 \leqslant 24$	$24 < D_2 \leqslant 30$	$30 < D_2 \leqslant 40$	$40 < D_2 \leqslant 50$
B	$d - 0.5$	$d - 1$	$d - 2$	$d - 3$	$d - 4$	$d - 5$	$d - 6$
b	2	3	4	5	5	6	8

d. 计算菱形销的直径及公差。

$$X_{2\min} = \frac{b(T_{LD} + T_{Ld})}{D_{2\min}} \tag{4-2}$$

$$d_{2\min} = D_{2\min} - X_{2\min} \tag{4-3}$$

计算出菱形销的最大极限尺寸，并取 IT6 或 IT7 的公差等级来确定 $d_{2\min}$。

　　削边销的削边方向应垂直于两孔中心连线，否则，削边销不仅不能消除 $\vec{X}$ 的过定位，还会因 $\overset{\curvearrowright}{Z}$ 没有被限制而出现欠定位。

　　② 两面一孔定位　工件以两面一孔的组合定位在生产中也常遇到。图 4-24 所示为一支架的镗孔夹具定位示意图。工件采用两面一孔的方法定位，其底面被限制了 $\vec{Z}$、$\overset{\curvearrowright}{X}$、$\overset{\curvearrowright}{Y}$，侧面被限制了 $\vec{Y}$、$\overset{\curvearrowright}{Z}$，定位孔限制了 $\vec{X}$、$\overset{\curvearrowright}{Z}$。这里孔的定位元件必须做成削边销，因为底面是主要定位面，故定位销不应限制工件 $\overset{\curvearrowright}{Z}$，应在 Z 方向上削边，否则会产生过定位现象。

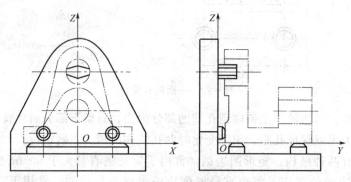

图 4-24　两面一孔的定位简图

　　③ 一面两圆弧定位　图 4-14 所示为工件以一面两圆弧定位的实例。连杆、拨叉、套筒法兰等工件在加工时，工件在夹具中常采用这种定位方式。

4.3　工件的定位误差分析和加工精度分析

4.3.1　定位误差的概念及其产生的原因

(1) 定位误差的概念

　　六点定位原则解决了限制工件自由度的问题，即解决了工件在夹具中位置"定与不定"的问题。但是，由于一批工件逐个在夹具中定位时各个工件所占据的位置不完全一致，即出现工件位置定得"准与不准"的问题。如果工件在夹具中所占据的位置不准确，加工后各工件的加工尺寸必然大小不一，形成误差。这种只与工件定位有关的误差称为定位误差，用 Δ_{D} 表示。

　　在工件的加工过程中产生误差的因素很多，定位误差仅是加工误差的一部分。为了保证加工精度，一般限定定位误差不超过工件加工公差 T 的 $1/5\sim1/3$，即

$$\Delta_{\mathrm{D}}\leqslant(1/5\sim1/3)T \tag{4-4}$$

式中　Δ_{D}——定位误差，mm；

　　　　T——工件的加工误差，mm。

(2) 定位误差产生的原因

　　工件逐个在夹具中定位时各个工件的位置不一致的原因主要是基准不重合，而基准不重合又分为两种情况：一是定位基准与工序基准不重合产生的基准不重合误差；二是定位基准与限位基准不重合产生的基准位移误差。

　　① 基准不重合误差 Δ_{B}　图 4-25(a) 是在工件上铣缺口的工序简图，加工尺寸为 A 和

B，图 4-25(b) 是加工示意图，工件以底面和 E 面定位。C 是确定夹具与刀具相互位置的对刀尺寸，在一批工件的加工过程中 C 的大小是不变的。

加工尺寸 A 的工序基准是 F，定位基准是 E，两者不重合。当一批工件逐个在夹具上定位时，受尺寸 $S \pm \delta_S/2$ 的影响，工序基准 F 的位置是变动的。F 的变动直接影响尺寸 A 的大小，造成 A 的尺寸误差，这个误差就是基准不重合误差。

基准不重合误差的大小等于定位基准与工序基准之间的尺寸公差，用 Δ_B 表示。由图 4-25(b) 可知 S 是定位基准 E 与工序基准 F 间的距离尺寸，称为定位尺寸。则：$\Delta_B = A_{\max} - A_{\min} = S_{\max} - S_{\min} = \delta_S$。

注意：当定位基准与工序基准不重合，并且工序基准的变动方向与加工尺寸的方向不一致，存在一夹角 α 时，基准不重合误差等于定位尺寸的公差在加工尺寸方向上的投影，即 $\Delta_B = \delta_S \cos\alpha$。

图 4-25 中加工尺寸 B 的工序基准与定位基准均为底面，基准重合，所以 $\Delta_B = 0$。

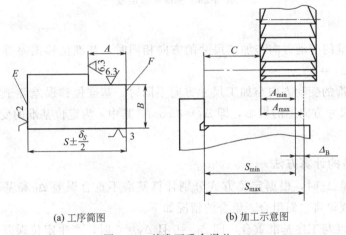

(a) 工序简图　　　　　　(b) 加工示意图

图 4-25　基准不重合误差 Δ_B

② 基准位移误差 Δ_Y　图 4-26(a) 是在工件的圆柱面上铣槽的工序简图，加工尺寸为 A 和 B，图 4-26(b) 是加工示意图，工件以直径为 D 的孔在水平心轴上定位，O 是心轴中心，C 是对刀尺寸。在加工尺寸中 B 是由铣刀宽度决定的，而尺寸 A 是由工件相对于刀具的位置决定的。尺寸 A 的工序基准是内孔轴线，定位基准也是内孔轴线，两者重合，$\Delta_B = 0$。但是，由于工件的定位基面（孔）与心轴的限位基面（心轴圆柱面）制造误差及两者间隙配合的原因，工件孔在心轴上定位时因自重的影响使工件的定位基准（孔的轴线）下移，这种定位基准的位置变动影响到加工尺寸 A 的大小，给尺寸 A 造成误差，这个误差就是基准位移误差。

由于工件定位基面与夹具上定位元件限位基面的制造误差所引起的定位基准和限位基准不重合给加工尺寸造成的误差，称为基准位移误差，用 Δ_Y 表示。Δ_Y 的大小应等于因定位基准的变动造成的加工尺寸变化的最大变动量 δ_i，i 为定位基准的位移量。

由图 4-26 可知

$$\Delta_Y = A_{\max} - A_{\min} = i_{\max} - i_{\min} = \delta_i = O_1 O_2 = OO_1 - OO_2 = \frac{D_{\max} - d_{\min}}{2} - \frac{D_{\min} - d_{\max}}{2}$$

$$= \frac{D_{\max} - D_{\min}}{2} + \frac{d_{\max} - d_{\min}}{2} = \frac{T_D}{2} + \frac{T_d}{2}$$

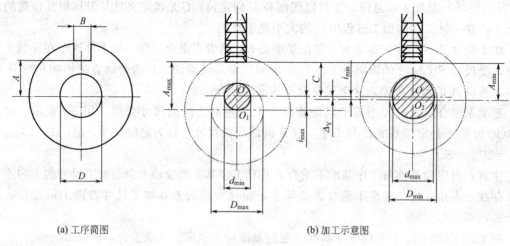

(a) 工序简图　　　　　　　　　　　　(b) 加工示意图

图 4-26　基准位移误差

注意：

a. 当定位基准的变动方向与加工尺寸的方向相同时，基准位移误差等于定位基准的最大变动范围，即 $\Delta_Y = \delta_i$；

b. 当定位基准的变动方向与加工尺寸方向不同时，基准位移误差等于定位基准的最大变动范围在加工尺寸方向上的投影，即 $\Delta_Y = \delta_i \cos\alpha$，其中 α 为定位基准的变动方向与工序尺寸方向间的夹角。

4.3.2　定位误差的计算方法

计算定位误差 Δ_D 时，根据定位方式分别计算基准不重合误差 Δ_B 和基准位移误差 Δ_Y，然后按照一定的规律将它们组合。组合的情况如下。

① 当定位基准与工序基准重合，即 $\Delta_B = 0$ 且 $\Delta_Y \neq 0$ 时，产生定位误差的原因是基准位移误差，故只要计算出 Δ_Y 即可，即 $\Delta_D = \Delta_Y$。

② 当定位基准与工序基准不重合，即 $\Delta_B \neq 0$ 且 $\Delta_Y = 0$ 时，产生定位误差的原因是基准不重合误差，故只要计算出 Δ_B 即可，即 $\Delta_D = \Delta_B$。

③ 当定位基准与工序基准不重合，即 $\Delta_B \neq 0$ 且 $\Delta_Y \neq 0$ 时，若造成定位误差的原因是互相独立的因素，应将两项误差相加或相减，即

若工序基准不在定位基面上

$$\Delta_D = \Delta_B + \Delta_Y \tag{4-5}$$

若工序基准在定位基面上

$$\Delta_D = \Delta_B \pm \Delta_Y \tag{4-6}$$

式中"＋"、"－"号的确定方法如下。

a. 分析定位基面直径由小变大（或由大变小）时定位基准的变动方向。

b. 假定定位基准的位置不变动，当定位基面直径由小变大（或由大变小）时，分析工序基准的变动方向。

c. 若两者变动方向相同，取"＋"；反之，取"－"。

从上面分析可知，Δ_B 的产生是因为定位基准与工序基准不重合所引起的，所以要消除 Δ_B 就必须尽量遵守基准重合的原则。而 Δ_Y 的产生是由于定位基面与限位基面的制造误差及

配合间隙的存在所引起的，所以减小 Δ_Y 的方法是提高配合表面的精度。

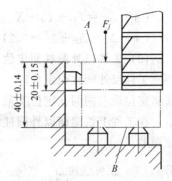

图 4-27　工件以平面定位时
误差计算

4.3.3　定位误差计算实例

（1）工件以平面定位

当工件以平面定位时，其定位误差主要是由基准不重合误差引起的，故不计算基准位移误差。这是因为影响基准位移误差的是平面度误差，而其一般很小，可忽略不计。

例 4-1　按图 4-27 所示的定位方案铣工件上的台阶面，试分析和计算工序尺寸 (20 ± 0.15)mm 的定位误差，并判断这一方案是否可行。

解：由于工件以 B 面为定位基准，而加工尺寸 (20 ± 0.15)mm 的工序基准为 A 面，两者不重合，所以存在基准不重合误差。工序基准和定位基准之间的联系尺寸是 (40 ± 0.14)mm，因此基准不重合误差 $\Delta_B=0.28$mm。

因为工件以平面定位尺寸不考虑定位副的制造误差，即 $\Delta_Y=0$，所以

$\Delta_D=\Delta_B=0.28\text{mm}>\dfrac{2\times0.15}{3}=0.1\text{mm}$，方案可行。

（2）工件以圆孔定位

① 定位副固定单边接触　如图 4-26 所示，当心轴水平放置时，工件定位在自重作用下与心轴固定单边接触，此时

$$\Delta_Y=O_1O_2=OO_1-OO_2=\frac{D_{\max}-d_{\min}}{2}-\frac{D_{\min}-d_{\max}}{2}=\frac{D_{\max}-D_{\min}}{2}+\frac{d_{\max}-d_{\min}}{2}=\frac{T_D}{2}+\frac{T_d}{2}$$

(4-7)

② 定位副任意边接触　如图 4-28 所示，当心轴垂直放置时，工件定位与心轴任意边接触，此时

$$\Delta_Y=OO_1+OO_2=D_{\max}-d_{\min}=T_D+T_d+X_{\min}$$ (4-8)

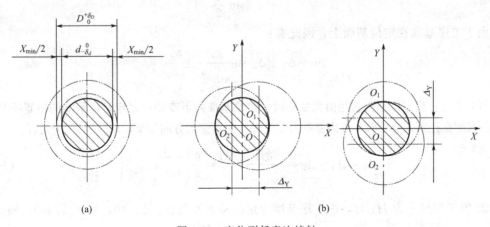

图 4-28　定位副任意边接触

例 4-2　如图 4-29 所示，工件以孔 $\phi60^{+0.15}_{0}$mm 定位，加工孔 $\phi10^{+0.1}_{0}$mm，定位销直径为 $\phi60^{-0.03}_{-0.06}$mm，要求保证尺寸 (40 ± 0.1)mm，计算定位误差。

解：（ⅰ）定位基准与工序基准重合：$\Delta_B=0$

（ⅱ）$\Delta_Y = T_D + T_d + X_{min} = 0.15 + 0.03 + 0.03 = 0.21$（mm）

（ⅲ）$\Delta_D = \Delta_B + \Delta_Y = 0.21$（mm）

（3）工件以外圆柱面定位

工件以外圆柱面定位时，常用的定位元件有 V 形块、定位套、半圆套等。定位套、半圆套定位误差同圆孔定位类似，下面仅分析工件在 V 形块上定位的定位误差。如图 4-30 所示，在工件上铣键槽以外圆柱面在 V 形块上定位，分析工序尺寸分别为 H_1、H_2、H_3 的定位误差。

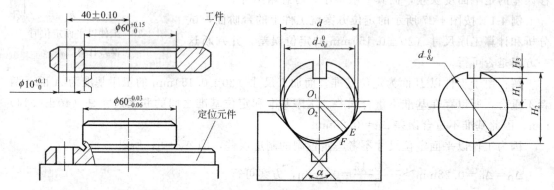

图 4-29　工件以圆孔定位　　　　　图 4-30　工件以外圆柱面在 V 形块上定位

① 当工序尺寸为 H_1 时，因工序基准与定位基准重合，$\Delta_B = 0$，故定位误差为

$$\Delta_D = \Delta_Y = \frac{\delta_d}{2\sin\frac{\alpha}{2}} \qquad (4-9)$$

② 当工序尺寸为 H_2 时，因工序基准与定位基准不重合，$\Delta_B \neq 0$，另外 $\Delta_Y \neq 0$，于是有

$$\Delta_B = \frac{\delta_d}{2}$$

$$\Delta_Y = \frac{\delta_d}{2\sin\frac{\alpha}{2}}$$

由于工序基准在定位基面上，因此有

$$\Delta_D = \Delta_Y \pm \Delta_B = \frac{\delta_d}{2\sin\frac{\alpha}{2}} \pm \frac{\delta_d}{2}$$

符号确定：当定位基面直径由大变小时，定位基准向下变动；假定定位基准的位置不变动，当定位基面直径由大变小时，工序基准向上变动。两者变动方向相反，取"−"。于是有

$$\Delta_D = \Delta_Y - \Delta_B = \frac{\delta_d}{2\sin\frac{\alpha}{2}} - \frac{\delta_d}{2} = \frac{\delta}{2}\left(\frac{1}{\sin\frac{\alpha}{2}} - 1\right) \qquad (4-10)$$

③ 当工序尺寸为 H_3 时，因工序基准与定位基准不重合，$\Delta_B \neq 0$，另外 $\Delta_Y \neq 0$，同样有

$$\Delta_D = \Delta_Y \pm \Delta_B = \frac{\delta_d}{2\sin\frac{\alpha}{2}} \pm \frac{\delta_d}{2}$$

符号确定：当定位基面直径由大变小时，定位基准向下变动；假定定位基准的位置不变动，当定位基面直径由大变小时，工序基准向下变动。两者变动方向相同，取"+"。于

是有

$$\Delta_D = \Delta_Y + \Delta_B = \frac{\delta_d}{2\sin\frac{\alpha}{2}} + \frac{\delta_d}{2} = \frac{\delta}{2}\left(\frac{1}{\sin\frac{\alpha}{2}} + 1\right) \tag{4-11}$$

例 4-3　如图 4-31 所示，工件以外圆柱面在 V 形块上定位加工孔，要求保证 H 尺寸。已知 $d_1 = \phi 30_{-0.01}^{\ 0}$ mm，$d_2 = \phi 55_{-0.056}^{-0.010}$ mm，$H = (40 \pm 0.15)$ mm，$t = 0.03$ mm，求加工尺寸 H 的定位误差。

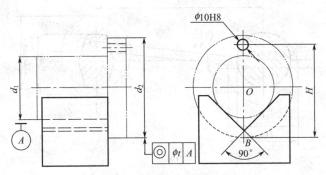

图 4-31　工件以外圆柱面定位误差计算

解：（ⅰ）定位基准是直径为 d_1 的外圆轴线，工序基准是直径为 d_2 的外圆母线 B，定位基准与工序基准不重合。

$$\Delta_B = \frac{T_{d2}}{2} + t = \frac{0.046}{2} + 0.03 = 0.053 \text{（mm）}$$

（ⅱ）$\Delta_Y = \dfrac{T_{d1}}{2\sin\alpha} = 0.707 T_{d1} = 0.707 \times 0.01 = 0.007$ （mm）

（ⅲ）$\Delta_D = \Delta_Y + \Delta_B = 0.007 + 0.053 = 0.06$ （mm）

（4）工件以一面两孔组合定位

以上所述的常见定位方式多为以单一表面作为定位基准，但在实际生产中通常都以工件上的两个或两个以上的几何表面作为定位基准，即采用组合定位方式。组合定位方式很多，生产中最常用的就是一面两孔定位，如加工箱体、杠杆、盖板支架类零件。采用一面两孔定位容易做到工艺过程中的基准统一，保证工件的相对位置精度。

工件以一面两孔定位、夹具以一面两销限位时，基准位移误差由直线位移误差和角度位移误差组成。

① 直线位移误差　按照定位销垂直放置时计算，直线位移误差一般取决于第一个定位副圆柱销与孔的最大配合间隙，即

$$\Delta_Y = X_{1\max} = D_{1\max} - d_{1\min} = T_{1D} + T_{1d} + X_{1\min} \tag{4-12}$$

② 角度位移误差　取决于定位孔与两定位销的最大配合间隙 $X_{1\max}$、$X_{2\max}$，中心距 L 以及工件的偏转方向。

a. 若两定位孔同方向移动，定位基准（两孔中心连线）的转角 [图 4-32(a)] 为 $\Delta\beta$，则

$$\Delta\beta = \arctan\frac{O_2 O_2' - O_1 O_1'}{L} = \arctan\frac{X_{2\max} - X_{1\max}}{2L} \tag{4-13}$$

b. 若两定位孔反方向移动，定位基准的转角 [图 4-32(b)] 为 $\Delta\alpha$，则

$$\Delta\alpha = \arctan\frac{O_2 O_2' + O_1 O_1'}{L} = \arctan\frac{X_{2\max} + X_{1\max}}{2L} \tag{4-14}$$

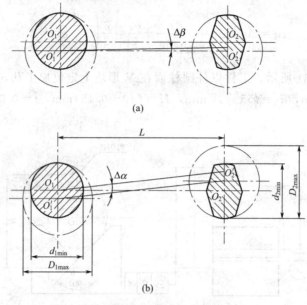

(a)

(b)

图 4-32　一面两孔定位时定位基准的转动

例 4-4　图 4-33 所示的连杆盖上要钻四个定位销孔，其定位方式如图（a）所示。试设计定位装置。

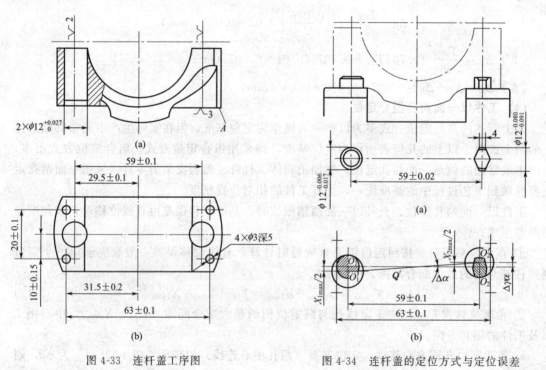

$2 \times \phi 12^{+0.027}_{0}$

(a)

59 ± 0.1

29.5 ± 0.1

20 ± 0.1

10 ± 0.15

31.5 ± 0.2

63 ± 0.1

$4 \times \phi 3$ 深 5

(b)

图 4-33　连杆盖工序图

$\phi 12^{-0.080}_{-0.091}$

59 ± 0.02

$\phi 12^{-0.006}_{-0.017}$

(a)

$X_{1max}/2$　$X_{2max}/2$

Q'　$\Delta \alpha$

59 ± 0.1

63 ± 0.1

$\Delta \gamma \alpha$

(b)

图 4-34　连杆盖的定位方式与定位误差

解：（ⅰ）确定两定位销的中心距　两定位销中心距的基本尺寸应等于工件两定位孔中心距的平均尺寸，其公差一般为

$$\delta_{Ld} = \left(\frac{1}{5} \sim \frac{1}{3} \right) \delta_{LD}$$

因　　　　　　　　　　　　　　$L_D = (59 \pm 0.1)\text{mm}$

故取　　　　　　　　　　　　$L_d = (59 \pm 0.02)\text{mm}$

（ⅱ）确定圆柱销直径　圆柱销直径的基本尺寸应等于与之配合的工件孔的最小极限尺寸，其公差一般取 g6 或 h7。

因连杆盖定位孔的直径为 $\phi 12^{+0.027}_{0}\text{mm}$，故取圆柱销的直径 $d_1 = \phi 12g6 = \phi 12^{-0.006}_{-0.017}\text{mm}$。

（ⅲ）确定菱形销的尺寸 b　查表 4-1，$b = 4\text{mm}$。

（ⅳ）确定菱形销的直径　按式(4-2)计算 $X_{2\min}$。

因　　　　　　$a = \dfrac{\delta_{LD} + \delta_{Ld}}{2} = 0.1 + 0.02 = 0.12 \ (\text{mm})$

$$b = 4\text{mm}; \quad D_2 = \phi 12^{+0.027}_{0}\text{mm}$$

所以　　　　　$X_{2\min} = \dfrac{2ab}{D_{2\min}} = \dfrac{2 \times 0.12 \times 4}{12} = 0.08 \ (\text{mm})$

按式(4-3)计算菱形销的最大直径 $d_{2\max}$：

$$d_{2\max} = 12 - 0.08 = 11.92 (\text{mm})$$

菱形销直径的公差等级一般取 IT6 或 IT7，因 IT6 = 0.011mm，所以 $d_2 = \phi 12^{-0.08}_{-0.091}\text{mm}$。

（ⅴ）计算定位误差（图 4-34）　连杆盖的加工尺寸较多，除了四孔的直径和深度外，还有 $(63 \pm 0.1)\text{mm}$、$(20 \pm 0.1)\text{mm}$、$(31.5 \pm 0.2)\text{mm}$ 和 $(10 \pm 0.15)\text{mm}$。其中，$(63 \pm 0.1)\text{mm}$ 和 $(20 \pm 0.1)\text{mm}$ 的大小主要取决于钻套间的距离，与本工序无关，没有定位误差；$(31.5 \pm 0.2)\text{mm}$ 和 $(10 \pm 0.15)\text{mm}$ 均受工件定位的影响，有定位误差。

加工尺寸 $(31.5 \pm 0.2)\text{mm}$ 的定位误差：由于定位基准与工序基准不重合，定位尺寸 $S = (29.5 \pm 0.1)\text{mm}$，所以 $\Delta_B = \delta_S = 0.2\text{mm}$。

又由于 $(31.5 \pm 0.2)\text{mm}$ 的方向与两定位孔连心线平行，因而

$$\Delta_Y = X_{1\max} = 0.027 + 0.017 = 0.044 \ (\text{mm})$$

因为工序基准不在定位基面上，所以

$$\Delta_D = \Delta_Y + \Delta_B = 0.2 + 0.044 = 0.244 \ (\text{mm})$$

加工尺寸 $(10 \pm 0.15)\text{mm}$ 的定位误差：由于定位基准与工序基准重合，所以 $\Delta_B = 0$。

由于定位基准与限位基准不重合，既有基准直线位移误差 Δ_{Y1}，又有基准角位移误差 Δ_{Y2}。

根据式(4-14)，得

$$\tan\Delta\alpha = \dfrac{X_{1\max} + X_{2\max}}{2L} = \dfrac{0.044 + 0.118}{2 \times 59} = 0.00138$$

于是得到左边两小孔的基准位移误差为

$$\Delta_{Y左} = X_{1\max} + 2L_1\tan\Delta\alpha = 0.044 + 2 \times 2 \times 0.00138 = 0.05 \ (\text{mm})$$

右边两小孔的基准位移误差为

$$\Delta_{Y右} = X_{2\max} + 2L_2\tan\Delta\alpha = 0.118 + 2 \times 2 \times 0.00138 = 0.124 \ (\text{mm})$$

由于 $(10 \pm 0.15)\text{mm}$ 是对四小孔的统一要求，因此其定位误差为 $\Delta_D = \Delta_Y = 0.124\text{mm}$。

4.4　工件的夹紧装置

4.4.1　夹紧装置的组成和基本要求

在机械加工过程中，工件会受到切削力、离心力、惯性力等的作用。为了保证在这些外

力作用下工件仍能在夹具中保持已由定位元件确定的加工位置，而不致发生振动和位移，在夹具结构中必须设置一定的夹紧装置，将工件夹牢。

(1) 夹紧装置的组成

夹紧装置的结构设计取决于被夹工件的结构、工件在夹具中的定位方案、夹具的总体布局以及工件的生产类型等诸多因素。因此，必然会出现结构上各式各样的夹紧装置。但通过对夹紧装置中各组成部分的功能及要求夹紧装置应起的作用所进行的分析研究发现，各种夹紧装置主要由以下三个部分组成，如图 4-35 所示。

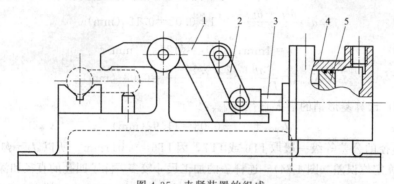

图 4-35 夹紧装置的组成
1—压板；2—连杆；3—活塞杆；4—液压缸；5—活塞

① 动力装置　夹紧装置中产生源动力的部分称为动力装置。常用的动力装置有气动、液压、电动等。图 4-35 中的液压缸便是一种力源装置。在采用手动夹紧的夹紧装置（如三爪卡盘的夹紧装置）中，源动力由人力产生，故没有动力装置。

② 夹紧元件　夹紧装置中直接与工件的被夹压面接触并完成夹压作用的元件称为夹紧元件。图 4-35 中的压板即属夹紧元件。

③ 中间传力机构　力源装置所产生的源动力通常不直接作用在夹紧元件上，而是通过中间环节进行力的传递，这种介于力源装置和夹紧元件间的中间环节称为中间传力机构。图 4-35 中的连杆组成了该夹紧装置的中间传力机构，其目的是将液压缸所产生的水平源动力进行放大，传给夹紧元件，得到一个所需的垂直向下的夹紧力。

中间传力机构是夹紧装置设计中的重点，其原因是在设计中间传力机构时不仅要顾及到夹具的总体布局和工件夹紧的实际需要，而且还必须部分或全部满足下列要求。

a. 改变力的作用方向。液压缸中活塞杆所产生的夹紧力的方向是水平的，通过中间传力机构后改变为垂直方向的夹紧力。

b. 改变作用力的大小。为了把工件牢固地夹住，有时往往需要有较大的夹紧力，这时可利用中间传动机构（如斜楔、杠杆等）将原始力增大，以满足夹紧工件的需要。

c. 起自锁作用。在力源消失以后，工件仍能得到可靠的夹紧。这一点对于手动夹紧特别重要。

(2) 夹紧装置的基本要求

夹紧装置的设计和选用是否合理，对保证工件的加工质量，提高劳动生产率，降低加工成本和确保工人的生产安全都有很大的影响。对夹紧装置的基本要求如下。

① 夹紧时不能破坏工件在夹具中占有的正确位置。

② 夹紧力要适当，既要保证在加工过程中工件不移动、不转动、不振动，同时又不能在夹紧时损伤工件表面或产生明显的夹紧变形。

③ 夹紧机构要操作方便，夹压迅速、省力。大批大量生产中应尽可能采用气动、液动夹紧装置，以减轻工人的劳动强度和提高生产率。在小批量生产中，采用结构简单的螺钉压板时，也要尽量设法缩短辅助时间。手动夹紧机构所需要的力一般不要超过 100N。

④ 结构要紧凑简单，有良好的结构工艺性，尽量使用标准件。手动夹紧机构还必须有良好的自锁性。

4.4.2 夹紧力的确定

设计夹紧装置时，夹紧力的确定包括夹紧力的方向、作用点和大小三个要素的确定。

(1) 夹紧力的方向

夹紧力的方向与工件定位的基本配置情况，以及工件所受外力的作用方向等有关。选择时必须遵守以下原则。

① 夹紧力的方向应有助于定位稳定，且主夹紧力应朝向主要定位基面。图 4-36(a) 所示的直角支座镗孔要求孔与 A 面垂直，所以应以 A 面为主要定位基面，且夹紧力 F_w 方向与之垂直，则较容易保证质量。图 4-36(b)、图 4-36(c) 中的 F_w 都不利于保证镗孔轴线与 A 面的垂直度。图 4-36(d) 中的 F_w 朝向主要定位基面，则有利于保证加工孔轴线与 A 面的垂直度。

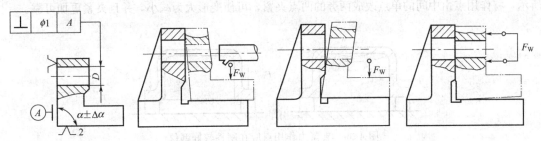

图 4-36　夹紧力应指向主要定位基面

② 夹紧力的方向应有利于减小夹紧力，以减小工件的变形、减轻劳动强度。为此，夹紧力 F_w 的方向最好与切削力 F、工件的重力 G 的方向重合。图 4-37 所示为工件在夹具中加工时常见的几种受力情况。显然，图 4-37(a) 所示情况为最合理，图 4-37(f) 所示情况为最差。

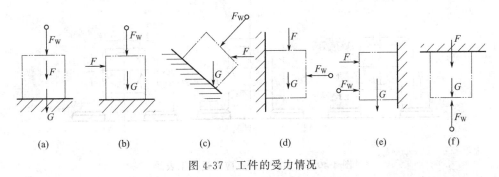

(a)　　　(b)　　　(c)　　　(d)　　　(e)　　　(f)

图 4-37　工件的受力情况

③ 夹紧力的方向应是工件刚性较好的方向。由于工件在不同方向上刚度是不等的，不同的受力表面也因其接触面积大小而变形各异。尤其在夹压薄壁零件时，更需注意使夹紧力的方向指向工件刚性最好的方向。

（2）夹紧力的作用点

夹紧力的作用点是指夹紧件与工件接触的一小块面积。选择作用点的问题是指在夹紧方向已定的情况下确定夹紧力作用点的位置和数目。夹紧力作用点的合理选择是达到最佳夹紧状态的首要因素。合理选择夹紧力作用点必须遵守以下原则。

① 夹紧力的作用点应落在定位元件的支承范围内，应尽可能使夹紧点与支承点对应，使夹紧力作用在支承上。如图 4-38（a）所示，夹紧力作用在支承面范围之外，会使工件倾斜或移动，夹紧时将破坏工件的定位；而图 4-38（b）所示则是合理的。

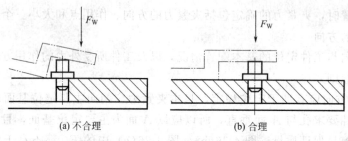

（a）不合理　　　　　　　　　　（b）合理

图 4-38　夹紧力的作用点应在支承面内

② 夹紧力的作用点应选在工件刚性较好的部位，这对刚度较差的工件尤其重要。如图 4-39 所示，将作用点由中间的单点改成两旁的两点夹紧，可使变形大为减小，并且夹紧更加可靠。

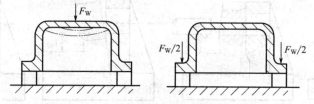

图 4-39　夹紧力作用点应在刚性较好部位

③ 夹紧力的作用点应尽量靠近加工表面，以防止工件产生振动和变形，提高定位的稳定性和可靠性。图 4-40 所示工件的加工部位为孔。图（a）的夹紧点离加工部位较远，易引起加工振动，使表面粗糙度增大；图（b）的夹紧点会引起较大的夹紧变形，造成加工误差；图（c）所示选择的夹紧点较好。

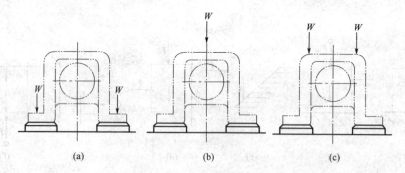

（a）　　　　　　　　（b）　　　　　　　　（c）

图 4-40　夹紧力作用点应靠近加工表面

（3）夹紧力的大小

夹紧力的大小，对于定位的稳定性、夹紧可靠与否、确定夹紧装置的结构尺寸有很大影响。夹紧力的大小要适当。夹紧力过小则夹紧不牢靠，在加工过程中工件可能发生位移而破坏定位，其结果轻则影响加工质量，重则造成工件报废，甚至发生安全事故。夹紧力过大会使工件变形，也会对加工质量不利。

理论上，夹紧力的大小应与作用在工件上的其他力（力矩）相平衡；而实际上，夹紧力的大小还与工艺系统的刚度、夹紧机构的传递效率等因素有关，计算很复杂。因此，实际设计中常采用估算法、类比法和试验法确定所需的夹紧力。

当采用估算法确定夹紧力的大小时，为简化计算，通常将夹具和工件看成一个刚性系统。根据工件所受切削力、夹紧力（大型工件应考虑重力、惯性力等）的作用情况找出加工过程中对夹紧最不利的状态，按静力平衡原理计算出理论夹紧力，最后再乘以安全系数作为实际所需夹紧力，即

$$F_{wk} = KF_w \tag{4-15}$$

式中　F_{wk}——实际所需夹紧力，N；

　　　F_w——在一定条件下由静力平衡算出的理论夹紧力，N；

　　　K——安全系数，粗略计算时，粗加工取 $K=2.5\sim3.0$，精加工取 $K=1.5\sim2.0$。

夹紧力三要素的确定，实际是一个综合性问题。必须全面考虑工件结构特点、工艺方法、定位元件的结构和布置等多种因素，才能最后确定并具体设计出较为理想的夹紧装置。

(4) 减小夹紧变形的措施

有时，一个工件很难找出合适的夹紧点。图 4-41 所示的高支座在镗床上镗孔，以及一些薄壁零件的夹持等，均不易找到合适的夹紧点。这时可以采取以下措施减少夹紧变形。

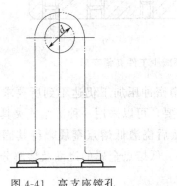

图 4-41　高支座镗孔

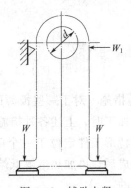

图 4-42　辅助夹紧

① 增加辅助支承和辅助夹紧点　图 4-41 所示的高支座可采用图 4-42 所示的方法，增加一个辅助支承点及辅助夹紧力 W_1，就可以使工件获得较好的夹紧状态。

② 分散着力点　如图 4-43 所示，用一块活动压板将夹紧力的着力点分散成两个或四个，从而改变着力点的位置，减少着力点的压力，获得减少夹紧变形的效果。

③ 增加压紧件接触面积　图 4-44 所示为三爪卡盘夹紧薄壁工件的情形。将图 4-44(a) 所示的形式改为图 4-44(b) 的形式，即用宽卡爪增大和工件的接触面积，减小接触点的压强，从而减小夹紧变形。图 4-45 列举了另外两种减少夹紧变形的装置。图 4-45(a) 所示为常见的浮动压块；图 4-45(b) 所示为在压板下增加垫环，使夹紧力通过刚性好的垫环均匀地作用在薄壁工件上，避免工件局部压陷。

④ 利用对称变形　加工薄壁套筒时，如果夹紧力较大，采用图 4-45 的方法，仍有可能发生较大的变形。因此，在精加工时，除减小夹紧力外，夹具的夹紧设计应保证工件能产生均匀的对称变形，通过调整刀具适当消除部分变形量，也可以达到所要求的加工精度。

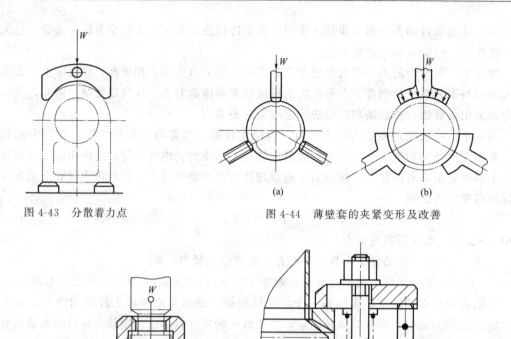

图 4-43　分散着力点

图 4-44　薄壁套的夹紧变形及改善

图 4-45　采用浮动压块和垫环减少工件夹紧变形

⑤ 其他措施　对于一些极薄的特形工件，靠精密冲压加工仍达不到所要求的精度而需要进行机械加工时，上述各种措施通常难以满足需要，可以采用一种冻结式夹具。这类夹具是将极薄的特形工件定位于一个随行的型腔里，然后浇灌低熔点金属，待其固结后一起加工，加工完成后，再加热熔解低熔点金属取出工件。低熔点金属的浇灌及熔解分离都是在生产线上进行的。

4.4.3　常用的夹紧机构及选用

夹具的夹紧机构种类很多，但其结构大多以斜楔夹紧机构、螺旋夹紧机构和偏心夹紧机构为基础，且应用较为普遍，这三种夹紧机构合称为基本夹紧机构。

(1) 斜楔夹紧机构

采用斜楔作为传力元件或夹紧元件的夹紧机构称为斜楔夹紧机构。图 4-46 所示为几种斜楔夹紧装置夹紧工件的实例。图 4-46(a) 是在工件上钻互相垂直的 ϕ8mm、ϕ5mm 的两个孔。工件装入后，锤击斜楔大头，夹紧工件。加工完成后，锤击小头，松开工件。由于用斜楔直接夹紧工件时夹紧力小且费时费力，所以生产实践中单独应用的情况不多，通常是将斜楔与其他机构联合使用。图 4-46(b) 是将斜楔与滑柱压板组合而成的机动夹紧装置。图 4-46(c)是由端面斜楔与压板组合而成的手动夹紧装置。当用斜楔手动夹紧工件时，应使斜楔具有自锁功能，即斜楔的斜面升角应小于斜楔与工件、斜楔与夹具体之间的摩擦角之和，如图 4-46(a) 所示。

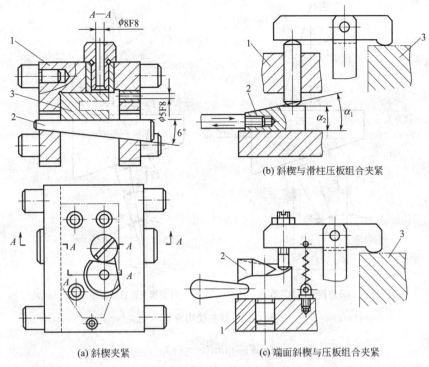

(b) 斜楔与滑柱压板组合夹紧

(a) 斜楔夹紧　　　　　　(c) 端面斜楔与压板组合夹紧

图 4-46　斜楔夹紧机构

1—夹具体；2—斜楔；3—工件

① 斜楔的夹紧力　图 4-47(a) 是作用力 F_Q 存在时斜楔的受力情况，根据静力平衡原理

$$F_1 + F_{RX} = F_Q$$

而

$$F_1 = F_J \tan\varphi_1$$

$$F_{RX} = F_J \tan(\alpha + \varphi_2)$$

代入上式得

$$F_J = \frac{F_Q}{\tan\varphi_1 + \tan(\alpha + \varphi_2)} \tag{4-16}$$

式中　F_J——斜楔对工件的夹紧力；

　　　α——斜楔升角；

　　F_Q——加在斜楔上的作用力；

　　φ_1——斜楔与工件间的摩擦角；

　　φ_2——斜楔与夹具体间的摩擦角。

设 $\varphi_1 = \varphi_2 = \varphi$，当 α 很小时（$\alpha \leqslant 10°$），可用下式作近似计算

$$F_J = \frac{F_Q}{\tan(\alpha + 2\varphi)} \tag{4-17}$$

② 斜楔自锁条件　斜楔夹紧后应能自锁。图 4-47(b) 是作用力 F_Q 撤去后斜楔的受力情况，从图中可以看出，要自锁必须满足

$$F_1 > F_{RX}$$

因　　　　　　　　　$F_1 = F_J \tan\varphi_1$　　$F_{RX} = F_J \tan(\alpha - \varphi_2)$

代入上式　　　　　　　　$F_J \tan\varphi_1 > F_J \tan(\alpha - \varphi_2)$

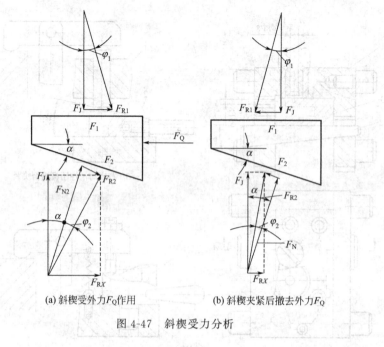

(a) 斜楔受外力F_Q作用　　　　　　(b) 斜楔夹紧后撤去外力F_Q

图 4-47　斜楔受力分析

$$\tan\varphi_1 > \tan(\alpha - \varphi_2) \qquad (4-18)$$

将上式化简得

$$\varphi_1 > \alpha - \varphi_2 \text{ 或 } \alpha < \varphi_1 + \varphi_2 \qquad (4-19)$$

因此，斜楔的自锁条件是：斜楔的升角小于斜楔与工件、斜楔与夹具体之间的摩擦角之和。

③ 斜楔升角的选择　一般钢件接触面的摩擦系数 $f=0.10\sim0.15$，故摩擦角 $\varphi=\arctan(0.10\sim0.15)=5°43'\sim8°30'$。为保证自锁可靠，手动夹紧机构一般取 $\alpha=6°\sim8°$。用气压或液压装置驱动的斜楔不需要自锁，可取 $\alpha=15°\sim30°$。

斜楔升角 α 与斜楔的自锁性能有关，即从满足夹紧机构的自锁条件方面确定 α 的大小，一般取 $\alpha=6°\sim8°$。但 α 与夹紧行程也有关，当 α 较大时，夹紧行程较大；而当 α 较小时，夹紧距离较长，夹紧行程则较短，夹紧较费时。如果机构要求既要自锁又要有较大的夹紧行程，可采用双升角楔块。图 4-46(b) 所示的升角分别为 α_1 和 α_2 的两段。前段采用较大的升角（$\alpha_1=30°\sim35°$），以保证有较大的行程；后段采用较小的升角（$\alpha_2=6°\sim8°$），以满足自锁。

(2) 螺旋夹紧机构

由螺钉、螺母、垫圈、压板等元件组成，采用螺旋直接夹紧或与其他元件组合实现夹紧工件的机构，统称为螺旋夹紧机构。螺旋夹紧机构不仅结构简单、容易制造，而且自锁性能好，夹紧可靠，夹紧力和夹紧行程都较大，是夹具中用得最多的一种夹紧机构。

① 简单螺旋夹紧机构　这种装置有两种形式。图 4-48(a) 所示的机构螺杆与工件直接接触，容易使工件受损害或移动，

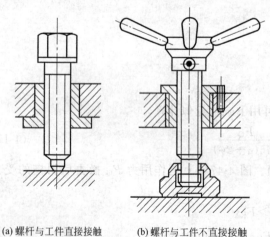

(a) 螺杆与工件直接接触　　(b) 螺杆与工件不直接接触

图 4-48　简单螺旋夹紧机构

一般只用于毛坯和粗加工零件的夹紧。图 4-48(b) 所示的是常用的螺旋夹紧机构，其螺钉头部常装有摆动压块，可防止螺杆夹紧时带动工件转动和损伤工件表面。摆动压块的结构已经标准化，如图 4-49 所示，有 A 型和 B 型两种，可根据夹紧表面进行选择。螺杆上部装有手柄，夹紧时不需要扳手，操作方便、迅速。当工件夹紧部分不宜使用扳手，且夹紧力要求不大时，可选用这种机构。简单螺旋夹紧机构的缺点是夹紧动作慢，工件装卸费时。为了克服这一缺点，可以采用图 4-50 所示的快速螺旋夹紧机构。

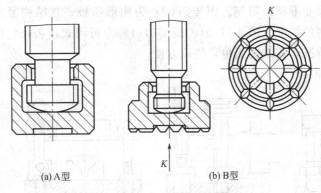

(a) A型　　　　(b) B型

图 4-49　摆动压块

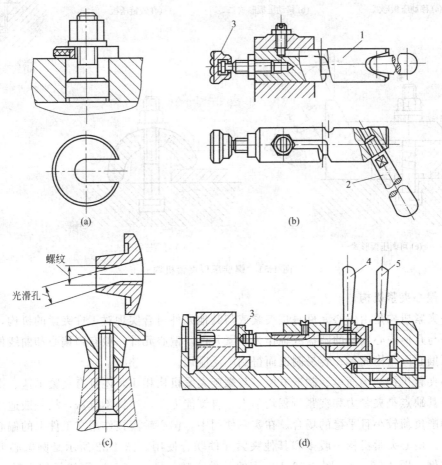

(a)　　　　(b)

(c)　　　　(d)

图 4-50　快速螺旋夹紧机构

1—夹紧轴；2,4,5—手柄；3—摆动压块

② 螺旋压板夹紧机构　在夹紧机构中，结构形式变化最多的是螺旋压板机构，常用的螺旋压板夹紧机构如图 4-51 所示。选用时，可根据夹紧力大小的要求、工作高度尺寸的变化范围、夹具上夹紧机构允许占有的部位和面积进行选择。

图 4-51(a)、图 4-51(b) 为移动压板，所产生的夹紧力不大。这两种螺旋压板夹紧机构结构类似，只是施力螺钉的位置不同，图 4-51(a) 所示的机构减力但增加夹紧行程，图 4-51(b) 所示的机构不增力但可改变夹紧力方向。图 4-51(c) 采用铰链压板增力，但减小夹紧行程，使用时受工件尺寸形状的限制。图 4-51(d) 为钩形压板，其结构紧凑，适用于夹紧机构空间位置受到限制的情况。图 4-51(e)、图 4-51(f) 为可调式压板，它能适应工件高度在一定范围内变化的情况，其结构简单，使用方便。

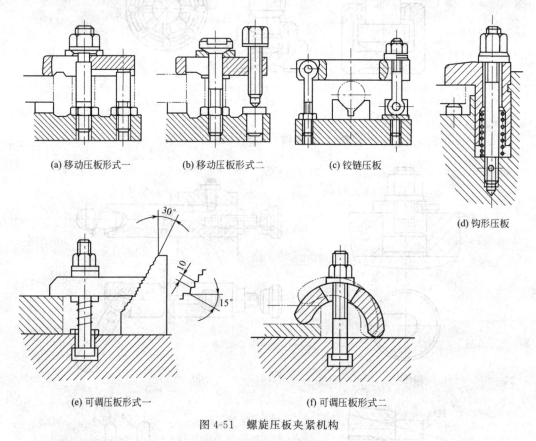

(a) 移动压板形式一　　(b) 移动压板形式二　　(c) 铰链压板　　(d) 钩形压板

(e) 可调压板形式一　　(f) 可调压板形式二

图 4-51　螺旋压板夹紧机构

(3) 偏心夹紧机构

偏心夹紧机构是由偏心元件直接夹紧或与其他元件组合实现对工件夹紧的机构，它利用转动中心与几何中心偏移的圆盘或轴作为夹紧元件。偏心元件一般有圆偏心和曲线偏心两种类型，圆偏心因结构简单、容易制造而得到广泛应用。

偏心夹紧机构结构简单、制造方便，与螺旋夹紧机构相比，还具有夹紧迅速、操作方便等优点；其缺点是夹紧力和夹紧行程均不大，自锁能力差，结构不抗振，故一般适用于夹紧行程及切削负荷较小且平稳的场合。在实际使用中，偏心轮直接作用在工件上的偏心夹紧机构不多见。偏心夹紧机构一般多和其他夹紧元件联合使用。图 4-52 所示是圆偏心夹紧装置的应用实例。图 4-52(a)、图 4-52(b) 用的是偏心轮，图 4-52(c) 用的是偏心轴，图 4-52(d) 用的是偏心叉。

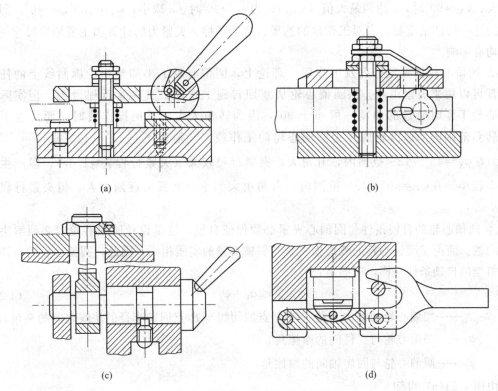

图 4-52　圆偏心夹紧装置应用实例

① 圆偏心夹紧原理　图 4-53（a）所示是圆偏心轮直接夹紧工件的原理图。圆偏心轮是一个几何中心与回转中心不重合的圆盘，O_1 是偏心轮的几何中心，R 是它的几何半径。O_2 是它的回转中心，O_1O_2 长是偏心距 e。若以 O_2 为圆心、r 为半径作一虚线圆，可将偏心轮分成三部分，虚线圆是基圆，其余两部分是两个相同的弧形楔块。当偏心轮绕回转中心 O_2 顺时针转动时，就相当于一个弧形楔块逐渐楔入基圆与工件之间，从而夹紧工件。

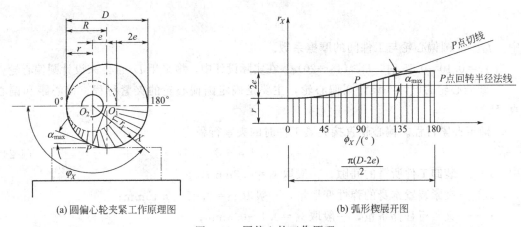

(a) 圆偏心轮夹紧工作原理图　　　　　(b) 弧形楔展开图

图 4-53　圆偏心轮工作原理

圆偏心轮实际上是斜楔的一种变形，如果将圆偏心轮上的弧形楔圆周展开，可得到弧形楔的展开图，如图 4-53（b）所示。与平面斜楔相比，其主要特性是：工作表面上各点的升角是变值。当圆偏心轮绕回转中心 O_2 转动时，$\varphi_X = 0°$，升角 $\alpha = 0°$；随着 φ_X 的增大，α 也随之增大；$\varphi_X = 90°$时，α 达到最大值（α_{max}）；当$\varphi_X > 90°$时，α 减小；$\varphi_X = 180°$，$\alpha = 0°$。圆偏心轮的这一特性很重要，它对工作段的选择、自锁条件、夹紧力的计算和主要结构尺寸的确定等均有影响。

② 圆偏心轮的夹紧行程及工作段　理论上，圆偏心轮下半部整个轮廓曲线上的任何一点都可以用来夹紧工件。当圆偏心轮从 0°回转到 180°时，其夹紧行程为 $2e$。但实际上圆偏心轮工作时转过的角度一般小于 90°，因为转角太大，不但操作费时，而且也不安全。转角范围内的那段轮周称为圆偏心轮的工作段，一般取$\varphi_X = 45°\sim135°$或$\varphi_X = 90°\sim$ 180°。在$\varphi_X = 45°\sim135°$范围内，升角大，夹紧行程较大（夹紧行程 $h \approx 1.4e$），但产生的夹紧力较小。在$\varphi_X = 90°\sim180°$范围内，升角由大到小，夹紧力逐渐增大，但夹紧行程较小（$h \approx e$）。

③ 圆偏心轮的自锁条件　圆偏心夹紧必须保证自锁，这是设计圆偏心轮时必须解决的主要问题。而由于圆偏心轮的弧形楔夹紧与斜楔夹紧的实质相同，因此，圆偏心轮的自锁条件与斜楔的自锁条件一样，应满足：

$$\alpha_{max} \leqslant \varphi_1 + \varphi_2 \tag{4-20}$$

式中　α_{max}——圆偏心轮的最大升角（指 P 点的切线与 P 点回转半径的法线之间的夹角）；

　　φ_1——圆偏心轮与工件间的摩擦角；

　　φ_2——圆偏心轮与回转轴间的摩擦角。

由图 4-53(a) 可知

$$\sin\alpha_{max} = \frac{2e}{D} \tag{4-21}$$

为安全起见，不考虑转轴处的摩擦，即令 $\varphi_2 = 0$，因 α_{max} 很小，可近似得 $\sin\alpha_{max} = \tan\alpha_{max}$，则

$$\tan\alpha_{max} \leqslant \tan\varphi_1 \tag{4-22}$$

故圆偏心轮的自锁条件为

$$\frac{2e}{D} \leqslant f_1 \tag{4-23}$$

式中　f_1——圆偏心轮与工件间的摩擦系数。

当 $f_1 = 0.10\sim0.15$ 时，$D \geqslant (14\sim20)e$。在实际设计中，多采用 $D = 14e$ 来设计圆偏心轮。

④ 圆偏心轮的设计　设计圆偏心轮，主要是确定圆偏心轮的夹紧行程、偏心距和偏心轮直径。

a. 确定夹紧行程。偏心轮直接夹紧工件时的夹紧行程为

$$h = s_1 + s_2 + s_3 + \delta \tag{4-24}$$

式中　s_1——装卸工件所需的间隙，一般取 $s_1 = 0.3mm$；

　　s_2——夹紧装置本身的弹性变形量，一般取 $s_2 = 0.05\sim0.15mm$；

　　s_3——夹紧行程储备量，一般取 $s_3 = 0.1\sim0.3mm$；

　　δ——工件夹压表面至定位面的尺寸公差。

b. 计算偏心距。用$\varphi_X = 45°\sim135°$作为工作段时，$e = 0.7h$；用$\varphi_X = 90°\sim180°$作为工作段时，$e = h$。

c. 按自锁条件计算 D。$f = 0.1$ 时，$D = 20e$；$f = 0.15$ 时，$D = 14e$。

　　d. 确定圆偏心轮的结构。圆偏心轮的结构已标准化，有关技术要求、参数可查阅 GB/T2191～2194—1991。

(4) 铰链夹紧机构

　　铰链夹紧机构是一种增力夹紧机构。由于其机构简单，增力倍数大，在气压夹具中获得较广泛的运用，以弥补汽缸或气室力量的不足。图 4-54 所示是铰链夹紧机构的三种基本结构。图 4-54(a) 为单臂铰链夹紧机构，臂的两头是铰链的连线，一头带滚子。图 4-54(b) 为双臂单作用铰链夹紧机构。图 4-54(c) 为双臂双作用铰链夹紧机构。

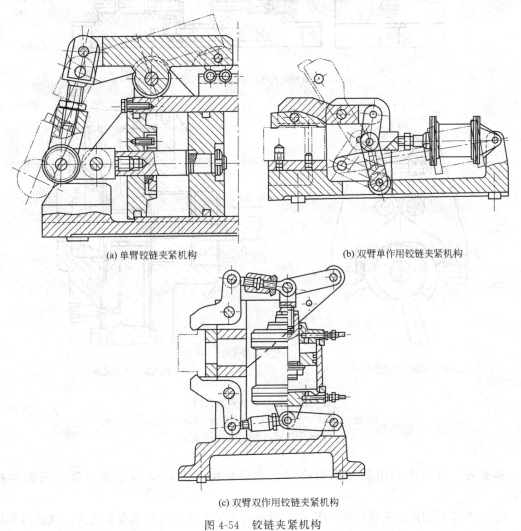

(a) 单臂铰链夹紧机构　　　　(b) 双臂单作用铰链夹紧机构

(c) 双臂双作用铰链夹紧机构

图 4-54　铰链夹紧机构

(5) 定心夹紧机构

　　在工件定位时，常常将工件的定心定位和夹紧结合在一起，这种机构称为定心夹紧机构。定心夹紧机构的特点是：定位和夹紧是同一元件；元件之间有精确的联系；能同时等距离地移向或退离工件；能将工件定位基准的误差对称地分布开来。

　　常见的定心夹紧机构有利用斜面作用的定心夹紧机构、利用杠杆作用的定心夹紧机构及利用薄壁弹性元件的定心夹紧机构等。

　　① 斜面作用的定心夹紧机构　属于此类夹紧机构的有螺旋式、偏心式、斜楔式及弹簧

夹头等。图 4-55 所示为部分此类定心夹紧机构。图 4-55（a）为螺旋式定心夹紧机构；图 4-55（b）为偏心式定心夹紧机构；图 4-55（c）为斜楔式定心夹紧机构。

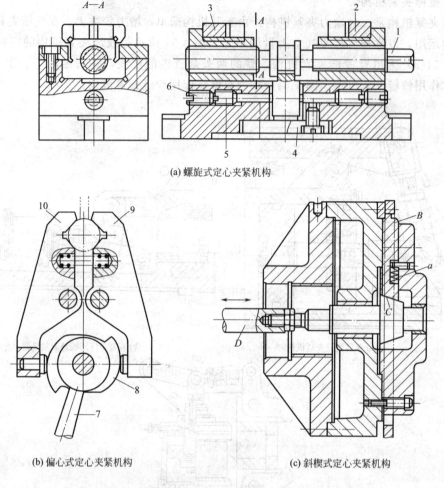

(a) 螺旋式定心夹紧机构

(b) 偏心式定心夹紧机构

(c) 斜楔式定心夹紧机构

图 4-55　斜面定心夹紧机构

1—螺杆；2,3—V 形块；4—叉形零件；5,6—螺钉；

7—手柄；8—双面凸轮；9,10—夹爪

弹簧夹头也属于利用斜面作用的定心夹紧机构。图 4-56 所示为弹簧夹头的结构简图。

② 杠杆作用的定心夹紧机构　图 4-57 所示的车床卡盘即属此类夹紧机构。汽缸力作用于拉杆 1，拉杆 1 带动滑块 2 左移，通过三个钩形杠杆 3 同时收拢三个夹爪 4，对工件进行定心夹紧。夹爪的张开是靠滑块上的三个斜面推动的。

图 4-58 所示为齿轮齿条传动的定心夹紧机构。汽缸（或其他动力）通过拉杆推动右端钳口时，通过齿轮齿条传动，使左端钳口同步向心移动夹紧工件，使工件在 V 形块中自动定心。

③ 弹性定心夹紧机构　该机构是利用弹性元件受力后的均匀变形实现对工件的自动定心的。根据弹性元件的不同，有鼓膜式夹具、碟形弹簧夹具、液性塑料薄壁套筒夹具及折纹管夹具等。图 4-59 所示为鼓膜式夹具，图 4-60 所示为液性塑料定心夹具。

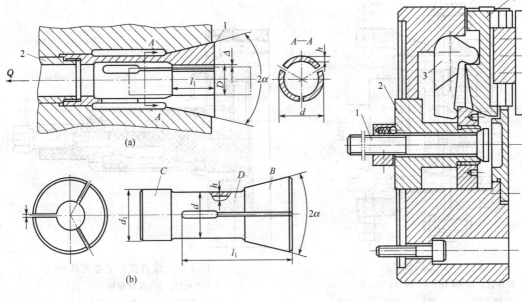

图 4-56　弹簧夹头的结构简图
1—弹簧套筒（夹紧元件）；2—拉杆（操纵件）

图 4-57　自动定心卡盘
1—拉杆；2—滑块；3—钩
形杠杆；4—夹爪

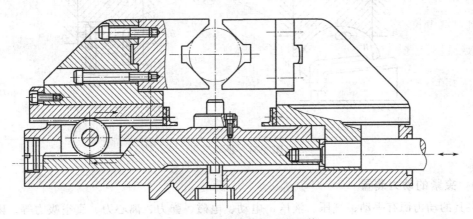

图 4-58　齿轮齿条定心夹紧机构

（6）联动夹紧机构

在工件的装夹过程中，有时需要夹具同时有几个点对工件进行夹紧，有时则需要同时夹紧几个工件，而有些夹具除了夹紧动作外还需要松开或固紧辅助支承等，这时为了提高生产率，减少工件装夹时间，可以采用各种联动机构。下面介绍一些常见的联动夹紧机构。

①多点夹紧　用一个原始作用力，通过一定的机构分散到数个点上对工件进行夹紧。图 4-61 所示为两种常见的浮动压头。图 4-62 所示为几种浮动夹紧机构。

②多件夹紧　用一个原始作用力，通过一定的机构实现对数个相同或不同的工件进行夹紧。图 4-63 所示为部分常见的多件夹紧机构。

③夹紧与其他动作联动　图 4-64 所示为夹紧与移动压板联动的机构；图 4-65 所示为夹紧与锁紧辅助支承联动的机构；图 4-66 所示为先定位后夹紧的联动机构。

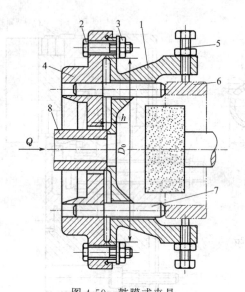

图 4-59　鼓膜式夹具

1—弹性盘；2—螺钉；3—螺母；4—夹具体；
5—可调螺钉；6—工件；7—顶杆；8—推杆

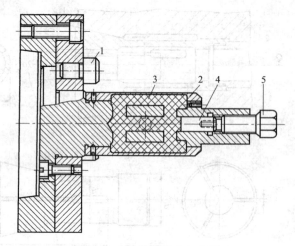

图 4-60　液性塑料定心夹具

1—支承钉；2—薄壁套筒；3—液性
塑料；4—柱塞；5—螺钉

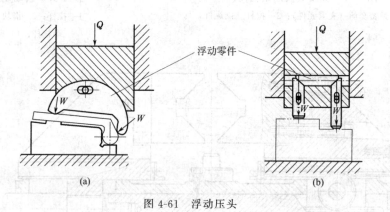

图 4-61　浮动压头

4.4.4　夹紧的动力装置

夹具的动力源有手动、气压、液压、电动、电磁、弹力、离心力、真空吸力等。随着机械制造工业的迅速发展，自动化和半自动化设备的推广，以及在大批量生产中要求尽量减轻操作人员的劳动强度，现在大多采用气动、液压等夹紧来代替人力夹紧，这类夹紧机构还能进行远距离控制，其夹紧力可保持稳定，机构不必考虑自锁，夹紧质量也比较高。

设计夹紧机构时，应同时考虑所采用的动力源。选择动力源时通常应遵循以下两条原则。

① 经济合理　采用某一种动力源时，首先应考虑使用的经济效益，不仅应使动力源设施的投资减少，而且应使夹具结构简化，以降低夹具的成本。

② 与夹紧机构相适应　动力源的确定很大程度上决定了所采用的夹紧机构，因此动力源必须与夹紧机构结构特性、技术特性以及经济价值相适应。

（1）手动动力源

选用手动动力源的夹紧系统一定要具有可靠的自锁性能以及较小的原始作用力，故手动

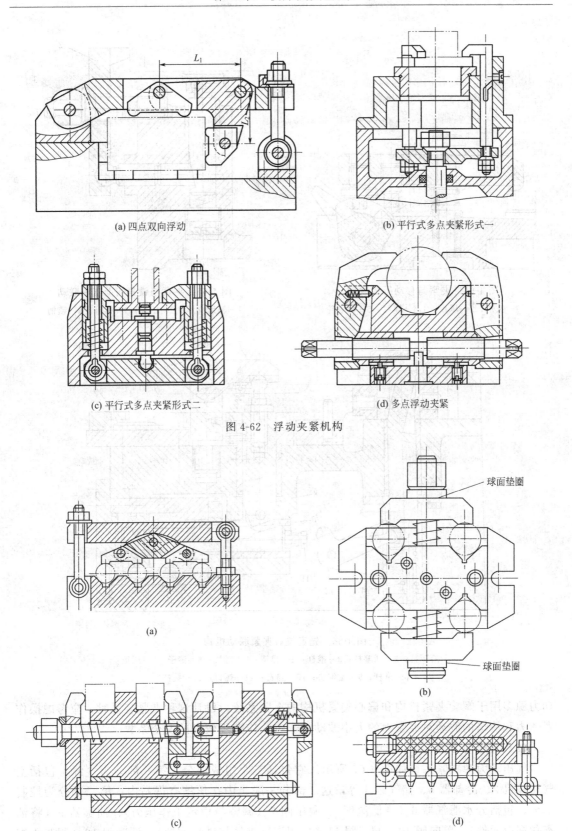

(a) 四点双向浮动　　　　　　　　　(b) 平行式多点夹紧形式一

(c) 平行式多点夹紧形式二　　　　　　　(d) 多点浮动夹紧

图 4-62　浮动夹紧机构

(a)

(b)

(c)　　　　　　　　　　　　　　(d)

图 4-63　多件夹紧机构

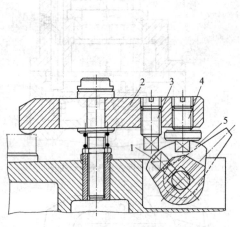

图 4-64　夹紧与移动压板联动

1—拨销；2—压板；3,4—螺钉；5—偏心轮

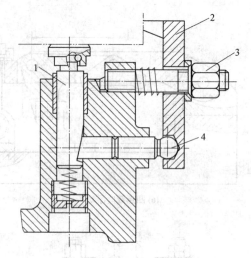

图 4-65　夹紧与锁紧辅助支承联动

1—辅助支承；2—压板；3—螺母；4—锁销

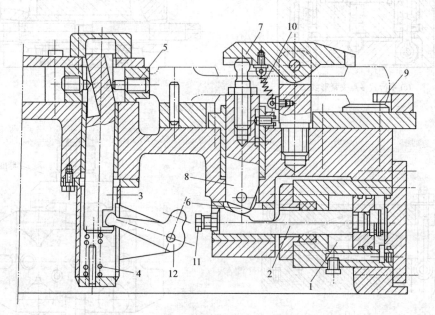

图 4-66　先定位后夹紧联动机构

1—液压缸；2—活塞杆；3—推杆；4—弹簧；5—滑块；6—滚子；7—压板；

8—推杆；9—定位块；10—弹簧；11—螺钉；12—拨杆

动力源多用于螺旋夹紧机构和偏心夹紧机构的夹紧系统。设计这种夹紧装置时，应考虑操作者体力和情绪的波动对夹紧力的大小波动的影响，应选用较大的安全系数。

（2）气压动力源

气压动力源夹紧系统如图 4-67 所示。它包括三个组成部分：第一部分为气源，包括空气压缩机 2、冷却器 3、储气罐 4 等，这一部分一般集中在压缩空气站内；第二部分为控制部分，包括分水滤气器 6（降低湿度）、调压阀 7（调整与稳定工作压力）、油雾器 9（将油雾化润滑元件）、单向阀 10、配气阀 11（控制汽缸进气与排气方向）、调速阀 12（调节压缩空气的流速和流量）等，这些气压元件一般安装在机床附近或机床上；第三部分为执行部

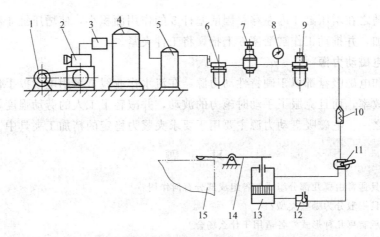

图 4-67　气压夹紧装置传动的组成

1—电动机；2—空气压缩机；3—冷却器；4—储气罐；5—过滤器；6—分水
滤气器；7—调压阀；8—压力表；9—油雾器；10—单向阀；11—配气阀；
12—调速阀；13—汽缸；14—夹具（示意）；15—工件

分，如汽缸 13 等，它们通常直接安装在机床夹具上，与夹紧机构相连。

汽缸是将压缩空气的工作压力转换为活塞的移动，以此驱动夹紧机构实现对工件夹紧的执行元件。它的种类很多，按活塞的结构可分为活塞式和膜片式，按安装方式可分为固定式、摆动式和回转式等，按工作方式还可分为单向作用汽缸和双向作用汽缸。

气压动力源的介质是空气，故不会变质和不产生污染，且在管道中的压力损失小。但气压较低，一般为 0.4～0.6MPa，当需要较大的夹紧力时，汽缸就要很大，致使夹具结构不紧凑。另外，由于空气的压缩性大，所以夹具的刚度和稳定性较差，还有较大的排气噪声。

（3）液压动力源

液压动力源夹紧系统是利用液压油为工作介质来传力的一种装置。与气动夹紧比较，液压夹紧机构具有压力大、体积小、结构紧凑、夹紧力稳定、吸振能力强、不受外力变化的影响等优点。但结构比较复杂、制造成本较高，因此仅适用于大量生产。液压夹紧的传动系统与普通液压系统类似，但系统中常设有蓄能器，用以储蓄压力油，以提高液压泵电动机的使用效率。在工件夹紧后，液压泵电动机可停止工作，靠蓄能器补偿漏油，保持夹紧状态。

（4）气-液组合动力源

气-液组合动力源夹紧系统的动力源为压缩空气，但要使用特殊的增压器，比气动夹紧装置复杂。它的工作原理如图 4-68 所示，压缩空气进入汽缸 1 的右腔，推动汽缸活塞 2 左

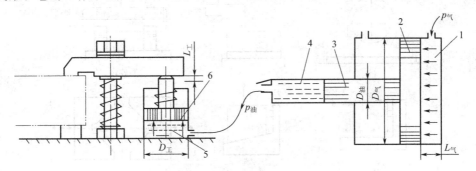

图 4-68　气-液组合夹紧工作原理

1—汽缸；2—汽缸活塞；3—活塞杆；4—增压缸；5—工作缸；6—工作缸活塞

移，活塞杆 3 随之在增压缸 4 内左移。因活塞杆 3 的作用面积小，使增压缸 4 和工作缸 5 内的油压得到增加，并推动工作缸活塞 6 上抬，将工件夹紧。

（5）电动电磁动力源

电动扳手和电磁吸盘都属于硬特性动力源。在流水作业线常采用电动扳手代替手动，不仅提高了生产效率，而且克服了手动时施力的波动，并减轻了工人的劳动强度，是获得稳定夹紧力的方法之一。电磁吸盘动力源主要用于要求夹紧力稳定的精加工夹具中。

习　题

4-1　机床夹具通常由哪几部分组成？各组成部分有何作用？

4-2　机床夹具一般分为哪些类型？

4-3　固定支承有哪几种形式？各适用于什么场合？

4-4　什么是可调支承？什么是辅助支承？它们有什么区别？

4-5　试分析三种基本夹紧机构的优缺点。

4-6　什么是定心？定心夹紧机构有什么特点？

4-7　什么是定位误差？造成定位误差的原因是什么？定位误差的数值一般应控制在零件公差的什么范围之内？

4-8　分析图 4-69 所示的零件：

① 指出加工时必须限制的自由度；

② 选择定位基准和定位元件；

③ 确定夹紧力作用点的位置和方向，并在图中用规定的符号标出。

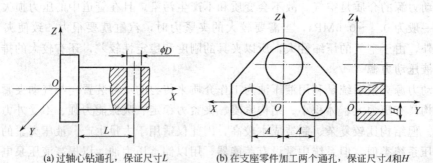

(a) 过轴心钻通孔，保证尺寸 L　　　　(b) 在支座零件加工两个通孔，保证尺寸 A 和 H

图 4-69　习题 4-8 图

4-9　分析图 4-70 中夹紧力的作用点和方向是否合理，为什么？如何改进？

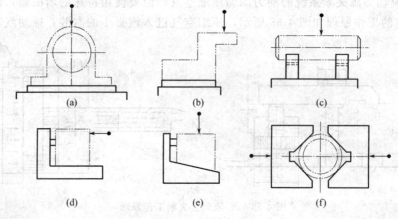

图 4-70　习题 4-9 图

4-10　在图 4-71(a) 所示套筒零件上铣键槽，要保证尺寸 $54_{-0.14}^{0}$ mm 及对称度。现有三种定位方案，分别如图 (b)、(c)、(d) 所示。试计算三种不同定位方案的定位误差，并从中选择最优方案（已知内孔与外圆的同轴度误差不大于 0.02mm）。

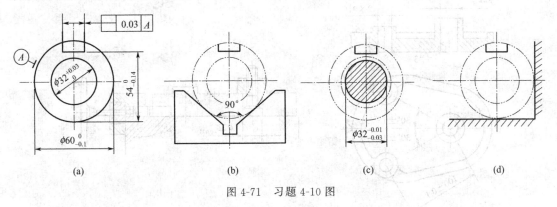

(a)　　　　　(b)　　　　　(c)　　　　　(d)

图 4-71　习题 4-10 图

4-11　图 4-72 所示齿轮坯，内孔和外圆已加工合格（$d=\phi 80_{-0.1}^{0}$ mm，$D=\phi 35_{0}^{+0.025}$ mm），现在插床上加工内键槽，要求保证尺寸 $H=38.5_{0}^{+0.2}$ mm。试分析采用图示定位法能否满足加工要求？若不能满足，应如何改进（忽略外圆与内孔的同轴度误差）？

4-12　用图 4-73 所示的定位方式铣削连杆的两侧面，试计算加工尺寸 $12_{0}^{+0.3}$ mm 的定位误差。

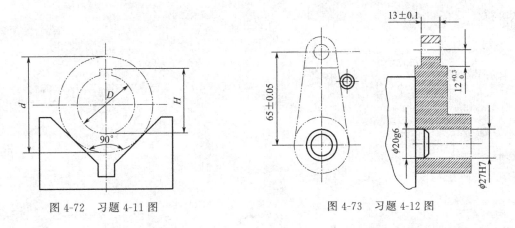

图 4-72　习题 4-11 图　　　　　　　图 4-73　习题 4-12 图

4-13　如图 4-74 所示，工件以孔在心轴上定位，在立式铣床上用顶针顶住心轴铣键槽，其中工件的外圆、内孔及两端面均已加工合格。试分析定位误差对各加工尺寸的影响。

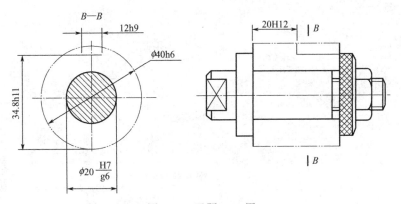

图 4-74　习题 4-13 图

4-14 钻、铰图 4-75(a) 所示凸轮上的两小孔 (φ16mm)，定位方式如图（b）所示。定位销直径为 $\phi22_{-0.021}^{0}$ mm，求加工尺寸（100±0.1）mm 的定位误差。

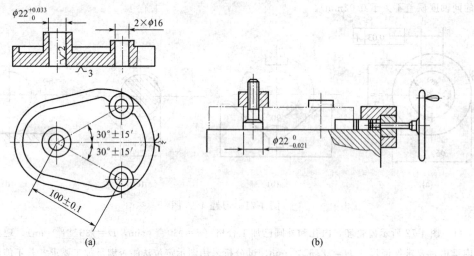

(a)

(b)

图 4-75 习题 4-14 图

第 5 章　常用机床夹具

本章基本要求

1. 了解并掌握车床夹具的主要类型、典型结构及设计要点。
2. 了解并掌握铣床夹具的主要类型、典型结构及设计要点。
3. 了解并掌握钻床夹具的主要类型、典型结构及设计要点。
4. 了解组合夹具的类型和特点。

5.1　车床夹具

5.1.1　车床夹具的主要类型

车床主要用于加工零件的内、外圆柱面，圆锥面，回转成形面，螺纹以及端平面等。上述各种表面都是围绕机床主轴的轴线旋转而形成的，根据这一加工特点和夹具在机床上安装的位置，将车床夹具分为两种基本类型。

① 安装在车床主轴上的夹具。这类夹具中，除了各种卡盘、顶尖等通用夹具或其他机床附件外，通常根据加工的需要设计各种心轴或其他专用夹具，加工时夹具随机床主轴一起旋转，切削刀具作进给运动。

② 安装在滑板或床身上的夹具。对于某些形状不规则和尺寸较大的工件，常常把夹具安装在车床滑板上，刀具则安装在车床主轴上作旋转运动，夹具作进给运动。加工回转成形面的靠模属于此类夹具。

车床夹具按使用范围，可分为通用车库夹具、专用车库夹具和组合夹具三类。

生产中需要设计且用得较多的是安装在车床主轴上的各种夹具，故下面只介绍该类夹具的结构特点。

5.1.2　车床夹具的典型结构

(1) 车床通用夹具的典型结构

① 三爪自定心卡盘　其三个卡爪是同步运动的，能自动定心，工件装夹后一般不需找正，装夹工件方便、省时，但夹紧力不太大，所以仅适用于装夹外形规则的中、小型工件。其结构如图 5-1 所示。

为了扩大三爪自定心卡盘的使用范围，可将卡盘上的三个卡爪换下来，装上专用卡爪，变为专用的三爪自定心卡盘。

② 四爪单动卡盘　由于四爪单动卡盘的四个卡爪各自独立运动，因此工件装夹时必须将加工部分的旋转中心找正到与车床主轴旋转中心重合后才可车削。四爪单动卡盘找正比较费时，但夹紧力较大，所以适用于装夹大型或形状不规则的工件。四爪单动卡盘可装成正爪或反爪两种形式，反爪用来装夹直径较大的工件。

图 5-2 所示是四爪单动卡盘上用 V 形架固定圆柱体工件的方法，调好中心后，用三爪固

定一个 V 形架，只用第四个卡爪夹紧和松开元件。

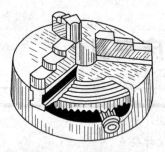

图 5-1　三爪自定心卡盘

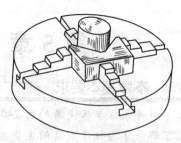

图 5-2　四爪单动卡盘

③ 拨动顶尖　为了缩短装夹时间，可采用内、外拨动顶尖，如图 5-3 所示。这种顶尖的锥面上的齿能嵌入工件，拨动工件旋转。圆锥角一般采用 60°，硬度为 58～60HRC。图 5-3(a) 所示为外拨动顶尖，用于装夹套类工件，它能在一次装夹中加工外圆。图 5-3(b) 所示为内拨动顶尖，用于装夹轴类工件。

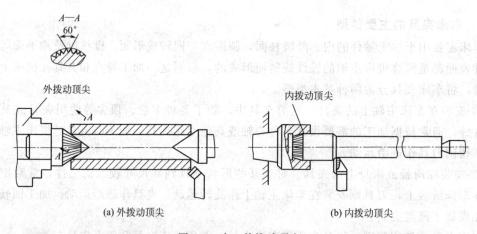

(a) 外拨动顶尖　　　　　　　　　　(b) 内拨动顶尖

图 5-3　内、外拨动顶尖

端面拨动顶尖的结构如图 5-4 所示。这种顶尖装夹工件时，利用端面拨动爪带动工件旋转，工件仍以中心孔定位。这种顶尖的优点是能快速装夹工件，并能在一次安装中加工出全部外表面。适用于装夹外径为 $\phi50\sim150\text{mm}$ 的工件。

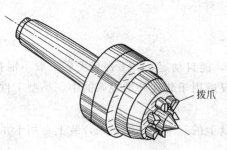

图 5-4　端面拨动顶尖

(2) 车床专用夹具的典型结构

① 心轴类车床夹具　心轴宜用于以孔作定位基准的工件，由于结构简单而常采用。按照与机床主轴的连接方式，心轴可分为顶尖式心轴和锥柄式心轴。

图 5-5 所示为顶尖式心轴，工件以孔口 60° 角定位车削外圆表面。当旋转螺母 6 时，活动顶尖套 4 左移，从而使工件定心夹紧。顶尖式心轴结构简单、夹紧可靠、操作方便，适用于加工内、外圆无同轴度要求，或只需加工外圆的套筒类零件。被加工工件的内径 d_s 一般在 $\phi32\sim100\text{mm}$ 范围内，长度 L_s 在 120～780mm 范围内。

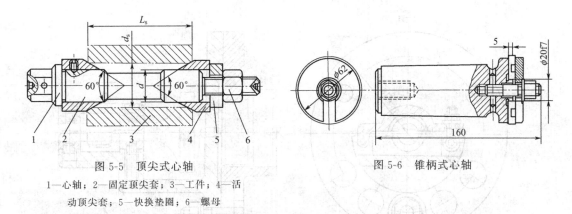

图 5-5 顶尖式心轴　　　　　　　图 5-6 锥柄式心轴

1—心轴；2—固定顶尖套；3—工件；4—活
动顶尖套；5—快换垫圈；6—螺母

图 5-6 所示为锥柄式心轴，仅能加工短的套筒或盘状工件。锥柄式心轴应和机床主轴锥孔的锥度相一致。锥柄尾部的螺纹孔用来当承受力较大时用拉杆拉紧心轴。

② 角铁式车床夹具　是具有类似角铁的夹具体。它常用于加工壳体、支座、接头等零件上的圆柱面及端面。

图 5-7 所示的夹具，工件以一平面和两孔为基准在夹具倾斜的定位面和两个销子上定位。用两只钩形压板夹紧。被加工表面是孔和端面。为了便于在加工过程中检验所车端面的尺寸，靠近加工面处设计有测量基准面。此外，夹具上还装有配重和防护罩。

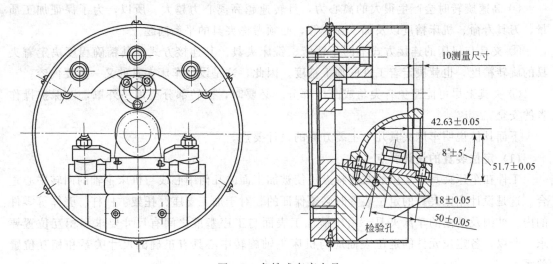

图 5-7 角铁式车床夹具

图 5-8 所示的夹具用来加工气门杆的端面，由于该工件是以细的外圆柱面为基准，很难采用自动定心装置，于是夹具采用半圆孔定位，所以夹具体必然成角铁状。为了使夹具平衡，该夹具采用了在重的一侧钻平衡孔的办法。

由此可见，角铁式车床夹具主要应用于两种情况：一是形状较特殊，被加工表面的轴线要求与定位基准面平行或成一定角度；二是工件的形状虽不特殊，但却不宜设计成对称式夹具时，也可采用角铁式结构。

5.1.3　车床夹具的设计要点

针对车床夹具的工作特点，在设计车床夹具时应注意下列问题。

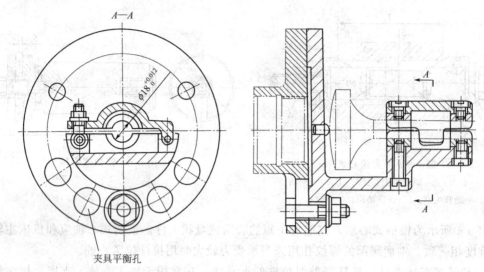

夹具平衡孔

图 5-8　车气门杆的角铁式夹具

① 工件上被加工的孔或外圆的中心必须与机床主轴回转中心重合。

② 由于车削时的速度较高，整个夹具随机床主轴一同回转，所以必须重视这类夹具夹紧力的大小与组成元件的刚度和强度。

③ 高速旋转时会产生很大的离心力，且转速越高离心力越大。所以，为了保证加工质量、刀具寿命、机床精度以及加工安全等，必须考虑夹具的平衡问题。

④ 夹具与机床的连接方式不同于钻床、铣床夹具。其连接方式及其精确程度决定着夹具的旋转精度，也就决定着工件的加工精度。因此，这是设计车床夹具的又一重要内容。

⑤ 夹具上尽可能避免有尖角或凸出部分。必要时，回转部分要加一外罩，以保护操作者的安全。

下面具体说明车床夹具几个主要方面的设计要点。

(1) 定位装置的设计要点

工件在车床夹具中定位的共同特点是使被加工面的几何中心线与机床主轴的回转中心重合。这是设计车床夹具的定位装置时必须保证的。对于加工支座、托架、杠杆、壳体等零件的内、外圆及端面的车床夹具，由于被加工表面与工序基准之间有尺寸要求和相互位置要求，所以，各定位元件的定位表面应与机床主轴旋转中心具有正确的尺寸关系和相互位置关系。

对于回转体类或对称零件，如轴类、套类、盘类等零件，必须使定位基准工作表面的几何中心、工件被加工表面的几何中心、机床主轴的回转中心三者重合。加工这类零件时，可以使用通用卡盘或者设计卡盘类的车床夹具。

(2) 夹紧装置的设计要点

由于车削加工时工件和夹具一起随主轴高速旋转，工件除了受到切削转矩的作用以外，整个夹具还受离心力的作用。另外，切削力和重力相对于定位装置的位置是变化的，这就有可能使工件发生位移。因此，夹紧装置所产生的夹紧力必须足够大，且自锁也要非常可靠。一般都采用螺旋夹紧机构，同时要加弹簧垫圈或加一锁紧螺母。

在确定夹紧力的作用点、方向和夹紧结构时，都必须注意防止夹紧元件的变形和被夹紧工件的变形。

（3）与机床主轴的连接方式

车床夹具与主轴的连接方式有如下两种情况。

① 夹具直接与机床主轴连接。即夹具的锥柄安装在机床主轴前端的锥孔中，并用锥柄尾部的螺钉孔通过拉杆拉紧，如图 5-9 所示。采用这种连接方式的夹具，其径向尺寸不宜过大。一般的径向尺寸 $D<140$mm 或 $D\leqslant(2\sim3)d$。

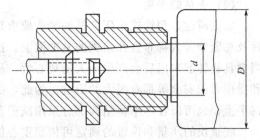

图 5-9　用锥柄安装在主轴锥孔中

② 夹具通过过渡盘与主轴连接。过渡盘与主轴的接触部分应按主轴前端的结构进行设计，如图 5-10 所示。

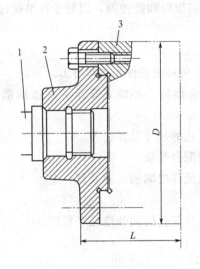 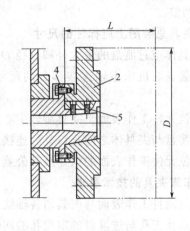

(a) 在主轴定心轴颈定位，螺纹紧固　　　　　　(b) 在主轴外锥面定位，螺母紧固

图 5-10　用过渡盘与主轴连接

1—主轴；2—过渡盘；3—夹具体；4—锁紧螺母；5—键

在图 5-10(a) 中，夹具体 3 通过过渡盘 2 在主轴 1 前端的定心轴颈上定位（采用 H7/js6 或 H7/h6 配合），并用主轴前端的螺纹紧固在一起。为了保证工作安全，可用压块将过渡盘压紧在主轴上，这样可以防止当主轴忽然停车时过渡盘因惯性作用而逐渐松下来。图 5-10(b) 则是利用主轴前端的外锥面与夹具过渡盘 2 的内锥孔配合定位，并用锁紧螺母 4 紧固，在两锥面相配合处通过键 5 连接，以传递较大的转矩。

常用车床主轴前端的结构，可参阅《机床夹具设计手册》或有关机床说明书。

过渡盘与夹具体之间用"止口"形式定心，即夹具体以其定位孔与过渡盘的凸缘按 H7/js6 或 H7/h6 配合，然后用螺钉紧固。

为了保证加工的稳定性，整个夹具的悬伸长度与其直径之比最好采用如下的比例：

a. $D<150$mm 时，$L/D\leqslant1.25$；

b. $D=150\sim300$mm 时，$L/D\leqslant0.9$；

c. $D>300$mm 时，$L/D\leqslant0.6$。

（4）夹具的平衡

如前所述，角铁式车床夹具的平衡要求是一个十分重要的问题。由于整个夹具的定位元件及夹紧装置大都布置在角铁的基准面上，这对于机床回转中心来说则处于偏心位置，所以当夹具旋转起来以后会产生很大的离心力，从而对工件的加工质量、刀具寿命、机床的精度和操作者的安全等都有很大的影响。为此，必须在夹具体的相应位置上设置配重块以使之保持平衡，也可以在不平衡结构部分采用减重孔来达到平衡。

配重块的质量和位置的确定可依照重心估算的方法，按静力平衡原理进行。因为夹具的轴向尺寸一般不大，通常不需要进行动平衡计算。

车床主轴的刚性一般都比较好，在转速不是很高的情况下允许存在一定程度的不平衡，所以没有必要对配重进行精确的计算。常用的方法是在估算出配重块的质量后，用试配法来进行平衡。为了使平衡工作迅速完成，应使配重块的质量和位置有进行调整的余地。例如，把配重块做成多片式，或在夹具结构上开有径向或周向圆弧槽等，以便于在平衡过程中对配重块进行调整。

（5）夹具总装图上应标注的尺寸

① 夹具体或过渡盘的最大外圆直径 D 和整个夹具的悬伸长度尺寸 L。

② 过渡盘与机床主轴连接部分的尺寸和配合性质。心轴式车床夹具锥柄部分的莫氏锥度。

③ 定位元件工作表面至夹具旋转中心或找正孔的尺寸及其公差。

④ 过渡盘与夹具体之间止口处的连接尺寸和配合性质。

⑤ 定位元件工作表面的尺寸及其公差，定位元件之间的尺寸及其公差。

（6）车床夹具的技术要求

① 定位元件工作表面与夹具回转轴线或夹具找正孔的同轴度或平行度。

② 夹具找正孔与过渡盘的定位孔的同轴度。

③ 定位表面的直线度和平面度。

④ 各定位表面之间的平行度或垂直度。

⑤ 夹具的平衡要求。

车床夹具的技术要求主要有以上内容。设计夹具时，还要根据具体的夹具结构确定要求的内容。

车床夹具的设计原理也适用于圆磨床夹具。只是圆磨床夹具的制造精度比车床夹具高，且需要经过很好的平衡。

5.2　铣床夹具

5.2.1　铣床夹具的主要类型

铣床夹具按使用范围，可分为通用铣夹具、专用铣夹具和组合铣夹具三类。按工件在铣床上加工的运动特点，可分为直线进给夹具、圆周进给夹具、沿曲线进给夹具（如仿形装置）三类。还可按自动化程度和夹紧动力源的不同（如气压、电动、液压）以及装夹工件数量的多少（如单件、双件、多件）等进行分类。其中，最常用的分类分为通用、专用和组合铣夹具。

5.2.2　铣床夹具的典型结构

(1) 铣床通用夹具的典型结构

铣床常用的通用夹具主要有平口台虎钳，它主要用于装夹长方形工件，也可用于装夹圆柱形工件。

机用平口台虎钳的结构如图 5-11 所示。机用平口台虎钳通过台虎钳体 1 固定在机床上。固定钳口 2 和钳口铁 3 起垂直定位作用，台虎钳体 1 上的导轨平面起水平定位作用。方头 9、活动座 8、螺母 7、丝杠 6 和紧固螺钉 11 可作为夹紧元件。回转底盘 12 和定位键 14 分别起角度分度和夹具定位作用。固定钳口 2 上的钳口铁 3 上平面和侧平面也可作为对刀部位，但需用对刀规和塞尺配合使用。

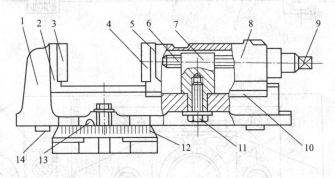

图 5-11　机用平口虎钳的结构

1—台虎钳体；2—固定钳口；3,4—钳口铁；5—活动钳口；6—丝杠；7—螺母；8—活动座；
9—方头；10—压板；11—紧固螺钉；12—回转底盘；13—钳座零线；14—定位键

(2) 铣床专用夹具的典型结构

① 铣削键槽用的简易专用夹具　如图 5-12 所示，该夹具用于铣削工件 4 上的半封闭键槽。夹具中，V 形块 1 是夹具体兼定位件，它使工件在装夹时轴线位置必在 V 形面的角平分线上，从而起到定位作用，对刀块 6 同时也起到端面定位作用。压板 2 和螺栓 3 及螺母是夹紧元件，它们用以阻止工件在加工过程中因受切削力而产生移动和振动。对刀块，6 除对工件起轴向定位作用外，主要用以调整铣刀和工件的相对位置。对刀面 A，通过铣刀周刃对刀，调整铣刀与工件的中心对称位置；对刀面 B，通过铣刀端面刃对刀，调整铣刀端面与工件外圆（或水平中心线）的相对位置。定位键 5 在夹具与机床间起定位作用，使夹具体（即 V 形块 1）的 V 形槽槽向与工作台纵向进给方向平行。

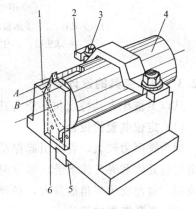

图 5-12　铣削键槽用的简易专用夹具

1—V 形块；2—压板；3—螺栓；4—工件；5—定位键；6—对刀块

② 加工壳体的铣床夹具　图 5-13 所示为加工壳体侧面棱边所用的铣床夹具。工件以端面、大孔和小孔作定位基准，定位元件为支承板 2 和安装在其上的大圆柱销 6 及菱形销 10。夹紧装置采用螺旋压板的联动夹紧机构。操作时，只需拧紧螺母 4，就可使左右两个压板同时夹紧工件。夹具上还有对刀块 5，用来确定铣刀的位置。两个定向键 11 用来确定夹具在机床工作台上的位置。

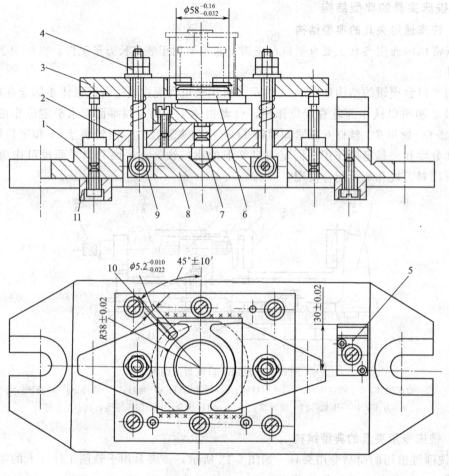

图 5-13　加工壳体的铣床夹具

1—夹具体；2—支承板；3—压板；4—螺母；5—对刀块；6—大圆柱销；

7—球头钉；8—铰接板；9—螺杆；10—菱形销；11—定向键

5.2.3　铣床夹具的设计要点

从以上铣床夹具特点和典型夹具结构的分析可知，设计铣床夹具时，应注意以下几点。

(1) 定位装置的设计

因为铣削力较大，容易引起振动，故在设计定位元件时应特别注意定位的稳定。切削力应由定位元件和夹具体承受，尽量避免由夹紧元件承受。如工件以平面定位时，定位元件的安放应尽量使支承三角形最大，必要时还要采用辅助支承。

(2) 夹紧装置的设计

铣床夹具的夹紧元件可以设计得大些，使其具有较好的夹紧刚度，保证夹紧力足够。夹紧力的作用点要尽量靠近加工表面，其方向应指向定位元件和夹具体，以利于定位的稳定。为了提高铣削效率，减轻工人劳动强度，应尽量采用快速夹紧方法，如联动夹紧结构等。

为了防止夹具上夹紧元件的凸出部分与铣刀心轴相碰而造成事故，应用作图法或通过计算检查，图 5-14 所示的示例应予以改正。

（3）夹具体的设计

考虑到铣削加工的特点，设计夹具体时，应注意下列几个方面的问题。

① 夹具体要有足够的刚度和强度。合理地设置加强筋，以使夹具体在夹紧力作用处的刚性较好。

② 夹具体的结构与定位元件、夹紧元件等组成部分的结构和布置有关。在满足加工要求的基础上应尽量使各组成部分布置得紧凑些，以使夹具体结构简化。

③ 工件上待加工面应尽可能靠近工作

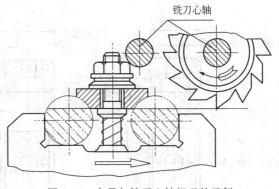

铣刀心轴

图 5-14　夹具与铣刀心轴相碰的示例

台，并使夹具的重心降低，以提高夹具在机床上安装的稳固性。夹具体的高宽比以 $H/B \leqslant 1.25$ 为宜，如图 5-15(a) 所示。

为了用螺钉将夹具紧固在机床工作台 T 形槽中，夹具体上要合理设置耳座。常用的耳座结构如图 5-15(b)、图 5-15(c) 所示，其具体结构尺寸可参阅有关设计资料和手册。如果夹具体的宽度尺寸较大时，可在同一侧设置两个耳座，此时两耳座间的距离要和铣床工作台相邻两 T 形槽之间的距离一致。

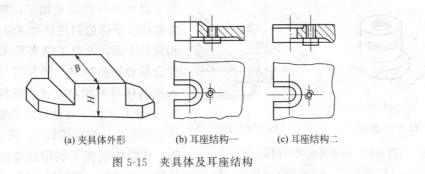

(a) 夹具体外形　　　(b) 耳座结构一　　　(c) 耳座结构二

图 5-15　夹具体及耳座结构

（4）定位键及对刀元件的设计

定位键和对刀元件都是铣床夹具的特殊元件。在设计铣床夹具时，应该合理地进行定位键和对刀元件的设计。

① 定位键　其安装在夹具体底面，与机床工作台 T 形槽配合。每个夹具一般设置两个定位键，两个定位键之间的距离应尽可能远些，使夹具的纵向位置和工作台的纵向进给方向一致。

常用的定位键是矩形的，如图 5-16 所示。矩形定位键的结构尺寸已标准化。由图 5-16 可以看出，标准定位键有两种结构形式：A 型［图 5-16(a)］和 B 型［图 5-16(b)］。A 型定位键的宽度按统一尺寸 B（h6 或 h8）制作，它在夹具的定位精度要求不高时采用。B 型定位键的侧面开有沟槽，沟槽的上部与夹具体的键槽配合，其宽度尺寸 B 按照 H7/h6 或 H8/h8 等与键槽相配合。沟槽的下部宽度为 B_1，与铣床工作台中央 T 形槽配合。因为 T 形槽公差为 H8，故其配合选为 H8/h8。为了提高夹具的定位精度，在制造定位键时 B_1 应留有磨量 0.5mm，以便按 h6 的配合关系与工作台 T 形槽修配。

图 5-16(c) 所示是与定位键相配合的零件尺寸，其中 B_2 的公差取 H7 或 H8 等。

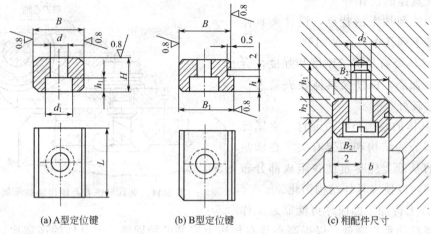

(a) A型定位键   (b) B型定位键   (c) 相配件尺寸

图 5-16   标准定位键的结构

为了简化制造过程，在有些小型夹具中，可采用圆柱形定位键代替矩形键。但是圆柱形定位键较易磨损，其定位的稳定性也不如矩形定位键好。

图 5-17 所示是一种较新型的圆形定位键。图 5-17(a) 是定位键的结构。上部的圆柱体

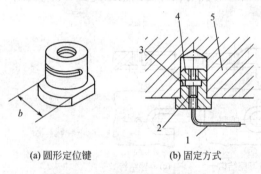

(a) 圆形定位键   (b) 固定方式

图 5-17   圆形定位键及固定方式

1—扳手；2—螺钉；3—月牙块；

4—圆形定位键；5—夹具体

与夹具体的圆孔相配合，夹具体上的两个圆孔可以在坐标镗床上加工，能获得较高的位置精度。下部的圆柱体加工成与 T 形槽宽度相同的平面，改善了原来用圆柱体与 T 形槽配合易磨损的缺点。图 5-17(b) 是定位键装入夹具体内的固定方式。用扳手 1 旋紧螺钉 2，迫使月牙块 3 向外，定位键便卡紧在夹具体 5 的孔中。旋松螺钉 2，便可迅速取出定位键。该结构改变了利用过盈配合装配到夹具体孔中的结构，使用很方便。

夹具的定位键与定位元件之间没有直接的尺寸联系，但两者之间的平行度、垂直度等相互位置精度的公差值应规定得较严格。在夹具设计时，此项要求应作为铣床夹具的技术要求标注在夹具总图上。必要时，应按加工精度要求进行误差分析与计算。

② 对刀元件   是用来确定刀具与夹具相互位置的元件。铣床夹具上的对刀元件又称对刀块。图 5-18 所示为几种常见的标准对刀块结构。图 5-18(a) 是圆形对刀块，用于加工平面时的高度对刀；图 5-18(b) 是方形对刀块，在调整组合铣刀位置时对刀用；图 5-18(c) 是角度对刀块，用于加工两相互垂直面或铣槽时的对刀；图 5-18(d) 是侧装对刀块，安装在侧面，用于加工两相互垂直面或铣槽时的对刀。

各种对刀块的使用情况如图 5-19 所示。其中图 5-19(e) 所示是一种特殊对刀块，用于成形表面加工时的对刀。使用对刀块对刀时，铣刀不能与对刀块的工作表面直接接触，而是通过塞尺校准它们之间的相对位置，即将塞尺放在刀具与对刀块工作表面之间，凭借抽动塞尺的松紧感觉判断。图 5-20 所示是常用的两种标准塞尺结构。图 5-20(a) 所示是对刀平塞尺；图 5-20(b) 所示是对刀圆柱塞尺。设计时可参阅有关标准。

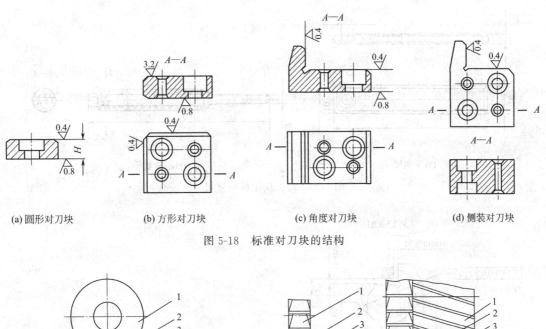

(a) 圆形对刀块　　　(b) 方形对刀块　　　(c) 角度对刀块　　　(d) 侧装对刀块

图 5-18　标准对刀块的结构

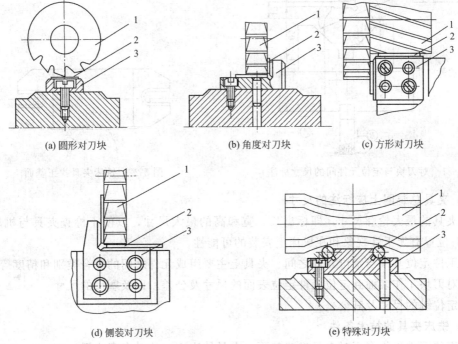

(a) 圆形对刀块　　　　　(b) 角度对刀块　　　　　(c) 方形对刀块

(d) 侧装对刀块　　　　　　　　(e) 特殊对刀块

图 5-19　各种对刀块的使用

1—铣刀；2—塞尺；3—对刀块

　　在设计夹具时，对刀块的工作表面与定位元件工作表面间的距离尺寸应标注在夹具总图上，并注明所使用塞尺的规格，如图 5-21 所示。

　　由于定位键和对刀块都与定位元件有一定的相互位置精度要求，利用它们能够迅速地将夹具正确安装在机床上，以保证刀具与夹具的正确位置，所以一般铣床夹具都设置这两种元件。但也不是绝对的。例如，用找正法安装夹具时，可在夹具上专门加工出一窄长平面作为找正基准，用百分表直接在机床上按此面找正夹具的位置（图 5-22），而不必再用定位健定向。找正基面在镗模中应用也很多。当工件的加工精度要求高，或者由于夹具的结构不适合采用对刀块时，可以采用试切法或用标准件对刀而不设置对刀块。

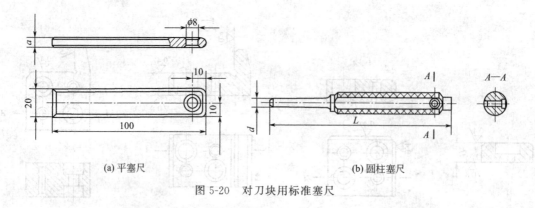

(a) 平塞尺　　　　　　　　　　(b) 圆柱塞尺

图 5-20　对刀块用标准塞尺

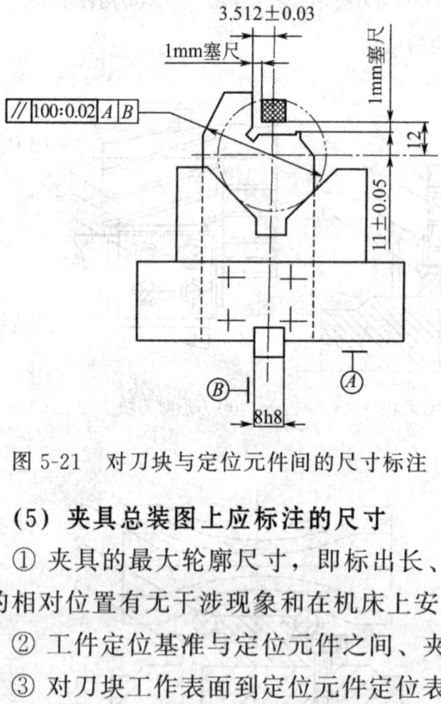

图 5-21　对刀块与定位元件间的尺寸标注 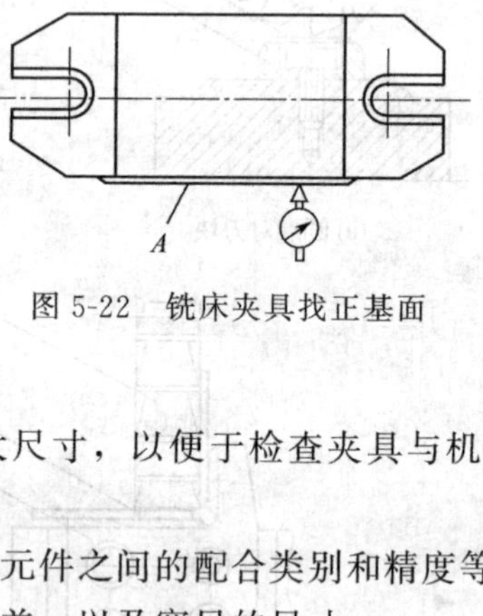　　　　图 5-22　铣床夹具找正基面

(5) 夹具总装图上应标注的尺寸

① 夹具的最大轮廓尺寸，即标出长、宽和高的最大尺寸，以便于检查夹具与机床、刀具的相对位置有无干涉现象和在机床上安装的可能性。

② 工件定位基准与定位元件之间、夹具上主要组成元件之间的配合类别和精度等级。

③ 对刀块工作表面到定位元件定位表面的尺寸及公差，以及塞尺的尺寸。

④ 定位键的尺寸及其公差。

(6) 铣床夹具的技术条件

① 定位元件工作表面对夹具安装基面（夹具体底面）的垂直度或平行度。

② 各定位表面间的平行度或垂直度。

③ 定位元件工作表面或中心线对定位键工作表面（或找正基面）的平行度或垂直度。

④ 对刀块工作表面对定位表面的平行度或垂直度。

5.3　钻床夹具

5.3.1　钻床夹具的主要类型

在钻床上进行孔的钻、扩、铰、锪、攻螺纹加工所用的夹具，称为钻床夹具。钻床夹具是用钻套引导刀具进行加工的，所以简称为钻模。钻模上均设置钻套和钻模板，用以引导刀具。钻模主要用于加工中等精度、尺寸较小的孔或孔系。使用钻模可提高孔及孔系间的位置精度，其结构简单、制造方便，因此钻模在各类机床夹具中占的比重最大。

钻模的种类繁多，按钻模在机床上的安装方式可分为固定式和非固定式两类，按钻模的结构特点可分为固定式、回转式、盖板式、翻转式、滑柱式以及移动式等。

5.3.2　钻床夹具的典型结构

(1) 固定式钻模

在加工过程中钻模在机床上的位置始终是固定不动的，称为固定式钻模，主要用于在立式钻床上加工一个孔或在摇臂钻床上加工平行孔系。在立式钻床工作台上安装钻模时，首先用装在主轴上的钻头（精度要求高时用心轴）插入钻套，校正好钻模位置，然后将钻模固定。这样既可减少钻套的磨损，又能保证孔有较高的位置精度。这类钻模的夹具体上有用来固定夹具的凸缘或耳座。图5-23 所示为一种钻斜孔用的固定式钻模结构。这个钻模的夹具体采用焊接结构。夹具体底板 1 的四周都留出可供固定的部位，如图中箭头所示。工件以两孔一面为定位基准，在圆柱定位销 4、削边销 3 以及平面支承板 2 上定位。为了便于工件的快速装卸，这里还采用了快换夹紧螺母 5。采用特殊快换钻套 6，是为了引导刀具和便于装卸工件。

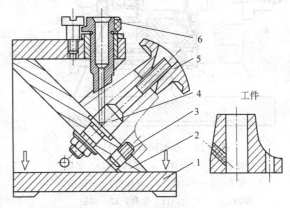

图 5-23　固定式钻模

1—夹具体底板；2—平面支承板；3—削边销；4—圆柱定位销；5—快换夹紧螺母；6—特殊快换钻套

(2) 回转式钻模

在钻削加工中，回转式钻模使用较多，它用于加工同一圆周上的平行孔系，或分布在圆周上的径向孔。它包括立轴、卧轴和斜轴回转三种基本形式。由于回转台已经标准化，在一般情况下是设计专用的工作夹具并和标准回转台联合使用，必要时才设计专用的回转式钻模。图 5-24 所示为一套专用回转式钻模，用其加工工件上均布的径向孔。

(3) 移动式钻模

这类钻模用于钻削中、小型工件同一表面上的多个孔。图 5-25 所示为移动式钻模，用于加工连杆大、小头上的孔。工件以端面及大、小头圆弧面作为定位基面，在定位套 12 和 13、固定 V 形块 2 及活动 V 形块 7 上定位。先通过手轮 8 推动活动 V 形块 7 压紧工件，然后转动手轮 8 带动螺钉 11 转动，压迫钢球 10，使两片半月键 9 向外涨开而锁紧。V 形块带有斜面，使工件在夹紧分力作用下与定式钻位套贴紧。通过移动钻模，使钻头分别在两个钻套 4、5 中导入，从而加工工件上的两个孔。

(4) 翻转式钻模

这类钻模主要用于加工中、小型工件上分布在不同表面上的孔。图 5-26 所示为加工套筒上四个径向孔的翻转式钻模。工件以内孔及端面在台肩销 1 上定位，用快换垫圈 2 和螺母 3 夹紧。钻完一组孔后，翻转 60°钻另一组孔。该夹具的结构比较简单，但每次钻孔都需找正钻套相对钻头的位置，所以辅助时间较长，而且翻转费力。因此，夹具连同工件的总重量不能太重，其加工批量也不宜过大。

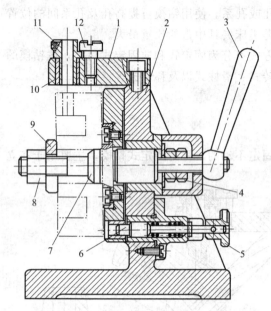

图 5-24　专用回转式钻模

1—钻模板；2—夹具体；3—手柄；4,8—螺母；
5—把手；6—对定销；7—圆柱销；9—快换
垫圈；10—衬套；11—钻套；12—螺钉

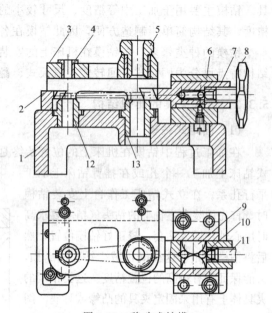

图 5-25　移动式钻模

1—夹具体；2—固定 V 形块；3—钻模板；4,5—钻套；
6—支座；7—活动 V 形块；8—手轮；9—半月键；
10—钢球；11—螺钉；12,13—定位套

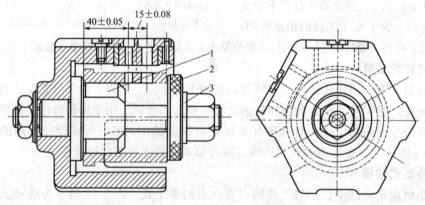

图 5-26　60°翻转式钻模

1—台肩销；2—快换垫圈；3—螺母

(5) 盖板式钻模

这类钻模没有夹具体，钻模板上除钻套外一般还装有定位元件和夹紧装置，只要将它覆盖在工件上即可进行加工。

图 5-27 所示为加工车床溜板箱上多个小孔的盖板式钻模。在钻模盖板 1 上不仅装有钻套，还装有定位用的圆柱销 2、削边销 3 和支承钉 4。因钻小孔，钻削力矩小，故未设置夹紧装置。

盖板式钻模结构简单，一般多用于加工大型工件上的小孔。因夹具在使用时经常搬动，故盖板式钻模所产生的重力不宜超过 100N。为了减轻重量，可在盖板上设置加强肋而减小其厚度，设置减轻窗孔或用铸铝件。

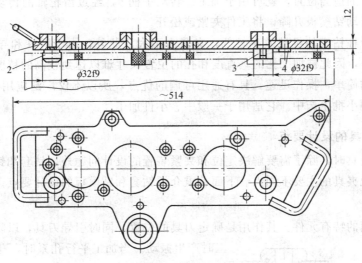

图 5-27　盖板式钻模

1—钻模盖板；2—圆柱销；3—削边销；4—支承钉

(6) 滑柱式钻模

滑柱式钻模是一种带有升降钻模板的通用可调夹具。图 5-28 为手动滑柱式钻模的通用结构，由夹具体 1、三根滑柱 2、钻模板 4 和传动、锁紧机构所组成。使用时，只要根据工件的形状、尺寸和加工要求等专门设计制造相应的定位、夹紧装置和钻套等，装在夹具体的

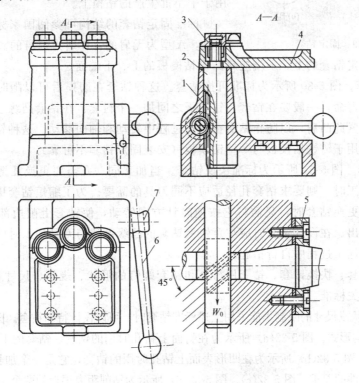

图 5-28　手动滑柱式钻模的通用结构

1—夹具体；2—滑柱；3—锁紧螺母；4—钻模板；

5—套环；6—手柄；7—螺旋齿轮轴

平台和钻模板上的适当位置，就可用于加工。转动手柄 6，经过齿轮轴的传动和左右滑柱的导向便能顺利带动钻模板升降，将工件夹紧或松开。

这种手动滑柱钻模的机械效率较低，夹紧力不大。此外，由于滑柱和导孔为间隙配合（一般为 H7/f7)，因此被加工孔的垂直度和孔的位置尺寸难以达到较高的精度。但是其自锁性能可靠，结构简单，操作迅速，具有通用可调的优点，所以不仅广泛应用于大批量生产，而且也已推广到小批生产中。它适用于一般中、小件加工。

5.3.3　钻床夹具的设计要点

设计钻床夹具时，除了需要解决定位和夹紧装置的设计问题外，钻套和钻模板的结构设计是区别于其他夹具的主要不同点。下面着重介绍钻套和钻模板的设计要点。

(1) 钻套

钻套是钻模的特有元件。其作用是确定刀具的位置，同时引导刀具，以防刀具引偏和加工时产生振动。当加工平行孔系时，孔间的相互位置精度也依靠钻套在钻模板上的分布位置保证。

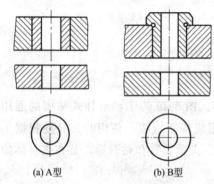

(a) A型　　　(b) B型

图 5-29　固定钻套

① 钻套类型的选择　标准钻套分为以下几种类型。

a. 固定钻套。图 5-29 所示为固定钻套。它直接压入钻模板或夹具体，其外圆与钻模板的配合一般取 H7/n6，因此，钻套磨损后不易更换。这类钻套主要用于中小批生产的钻模上。

标准固定钻套的结构可参阅国家标准。它有两种形式，A 型为无肩的，B 型为带肩的。为了防止切屑进入钻套中，固定钻套的上、下端应略凸出钻模板的上、下端面。

b. 可换钻套。图 5-30 所示为标准可换钻套。这种钻套在磨损后可以随时更换。为了保证钻模板的使用寿命，一般要在钻套与钻模板之间加一个衬套。在钻套凸缘上铣有凸肩，用螺钉头部台阶压紧此凸肩，以防止钻套在钻孔过程中转动和轴向移动。这种钻套用于工件批量较大的情况或用于铸铁钻模板与薄壁钻模板（安装固定钻套不可靠）。

c. 快换钻套。图 5-31 所示为标准快换钻套。当加工同一孔需要更换几把刀具依次进行钻、扩、铰孔加工时，则要求钻套孔径适应不同刀具的需要。为了缩短钻套更换时间，应采用快换钻套。在更换钻套时，只需将它按逆时针方向转动，使钻套上削边部分对正螺钉头部，即可快速取出。在设计钻套时应注意快换钻套的凸缘部位与刀具加工时的旋转方向相适应，以防钻套在加工过程中自行抬起。

标准可换钻套、快换钻套、钻套用衬套和钻套螺钉的形状、规格、尺寸等都已标准化，设计时可查阅有关标准。

由于工件形状或尺寸的限制不能采用上述标准钻套时，可以设计特殊钻套。图 5-32 所示为几种特殊钻套的结构形式。图 5-32(a) 所示为在斜面上钻孔时用的钻套，钻套的下端面做成斜面，距离 $h < 0.5mm$。图 5-32(b) 所示为在凹形表面上钻孔时用的钻套，它是一个加长的钻套，其导向高度 H 按照工件的要求。图 5-32(c)、图 5-32(d) 所示为钻削距离很近的两个小孔时用的钻套。

② 钻套内径与公差带的确定　钻套的结构尺寸在标准中已有规定，设计时可以参照国标或有关手册。但钻套的内径（又称导向孔）及公差带要自行确定。

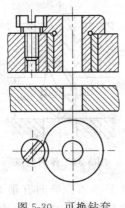
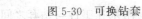

图 5-30　可换钻套

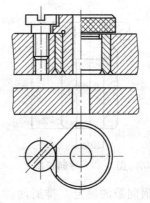

图 5-31　快换钻套

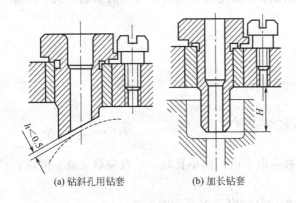
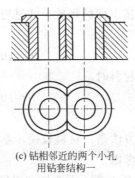
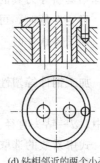

(a) 钻斜孔用钻套　　　　(b) 加长钻套　　　　(c) 钻相邻近的两个小孔　　(d) 钻相邻近的两个小孔
　　　　　　　　　　　　　　　　　　　　　　用钻套结构一　　　　　　用钻套结构二

图 5-32　特殊钻套

因为钻套与刀具间的配合间隙的大小直接影响被加工孔的位置精度，因此，应根据钻套所引导的刀具种类和被加工孔的精度要求按照下述方法确定钻套的内径与公差带。

a. 钻套内径的基本尺寸应等于所引导刀具的最大极限尺寸。

b. 因为由钻套引导的刀具都是标准的钻头、扩孔钻、铰刀这一类定尺寸的刀具，所以钻套内径与刀具的配合应按基轴制选定。

c. 钻套内径与刀具之间应保证有一定的配合间隙，以防止两者发生咬死现象。一般根据所引导刀具的种类和工件孔加工精度要求选取钻套的公差带，钻孔和扩孔时选用 F7，粗铰时选用 G7，精铰时选用 G6。

d. 由于标准钻头的最大尺寸都是所加工孔的基本尺寸，故钻头的钻套内径就只需按孔的基本尺寸取公差带为 F7 即可。

e. 如果钻套引导的不是刀具的切削部分，而是刀具的导柱部分时，也可按基孔制的相应配合选取钻套内径，即 H7/f7、H7/g6、H6/g5。

③ 导向长度的确定　钻套的导向长度 H（图 5-33）对刀具的导向作用影响很大。H 较大时，刀具在钻套内不易产生偏斜，但会加快刀具与钻套的磨损；H 过小时，钻孔时导向性不好。通常取导向长度与孔径之比为 $H/d = 1 \sim 2.5$。当加工精度要求较高或加工孔径较小时，由于所用的钻头刚性较差，则 H/d 值可取大些。如钻孔直径 $d < 5\text{mm}$ 时，应取 $H/d \geqslant 2.5$。

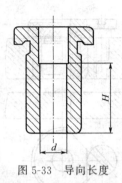

图 5-33　导向长度

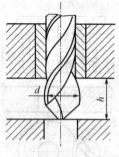

图 5-34　排屑间隙

④ 排屑间隙的确定　排屑间隙 h 的大小（图 5-34）对于排屑、导向有很大的影响。h 值过小，切屑不能自由排出，特别是加工塑性材料时，切屑易阻塞在工件与钻套之间，有可能使钻套顶出，还会损坏加工表面和将钻头折断；h 值过大，则将使刀具的引偏增大，不能发挥钻套引导刀具的作用而影响加工精度。

确定 h 值时，可按下面的经验公式进行。

加工铸铁件时

$$h=(0.3\sim0.6)d$$

加工钢件等塑性材料时

$$h=(0.5\sim1.0)d$$

式中　d—钻头直径。

式中系数的选取方法是：材料较硬，系数应取小值；钻小孔时，系数应取大值。但也有几种特殊情况需另行考虑。

a. 孔的位置精度要求高，需要钻套引导作用良好时，可允许取小值（$h=0$）。

b. 在斜面上钻孔或钻斜孔时，为了减小刀具引偏或折断刀具，h 值尽可能取小些（$h\approx0.3d$）。

c. 钻深孔（$L/d>5$）时，要求排屑顺畅，这时 $h=1.5d$。

(2) 钻模板

钻模板用来安装钻套，并和夹具体相连接。它决定着钻套在夹具上的正确位置，因而要求具有一定的精度、强度和刚度。

根据钻模板与夹具体连接方式的不同，可以分为以下几种类型。

① 固定式钻模板　这种钻模板直接固定在夹具体上，即可与夹具体铸造或焊接成一整体，或用销钉、螺钉装配成一整体。由于钻模板上的钻套相对于夹具体和定位元件的位置是固定不变的，所以加工孔后的位置精度较高。但装卸工件有时不方便。图 5-35 所示为固定式钻模板。

② 铰链式钻模板　图 5-36 所示为铰链式钻模板。钻模板 1 是通过销轴 3 与夹具体或固定支架连接在一起的。钻模板可绕销轴翻转。销轴和钻模板上相应的孔的配合为基轴制间隙配合（G7/h6），销轴和支座孔的配合为基轴制过盈配合（N7/h6），钻模板和支座两侧面的配合则按基孔制间隙配合（H7/g6）。当钻孔的位置精度要求较高时，应予配制，并将钻模板和支座两侧面的配合间隙控制在 0.01～0.02mm。

这类钻模板装卸工件比较方便，对于钻孔后需要锪孔、攻螺纹等尤为适宜，只要将铰链式钻模板翻开，就可方便地进行锪孔、攻螺纹。但是，由于铰链处存在间隙，所以它的加工精度不如固定式钻模板高，结构也较复杂。

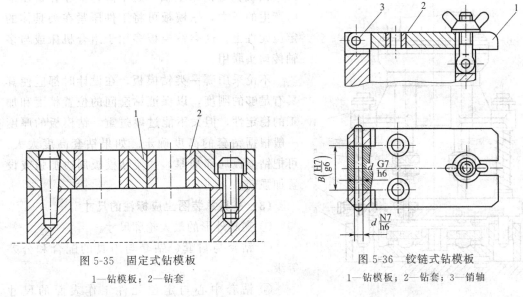

图 5-35 固定式钻模板

1—钻模板；2—钻套

图 5-36 铰链式钻模板

1—钻模板；2—钻套；3—销轴

③ 可卸式钻模板 如图 5-37 所示，可卸式钻模板 1 以两孔与圆柱销 2 和削边销 5 配合在夹具上定位，并用铰链螺栓 4 和圆螺母 3 把钻模板和工件一起夹紧。装卸工件时需要装卸钻模板，使得装卸工作费时费力。但钻孔精度较高。一般多用于质量不大而且其他形式的钻模板不便于装卸工件时。

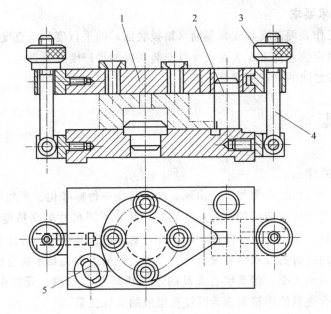

图 5-37 可卸式钻模板

1—钻模板；2—圆柱销；3—圆螺母；4—铰链螺栓；5—削边销

④ 悬挂式钻模板 将钻模板悬挂在钻床主轴上，并随主轴一起运动，这种钻模板称为悬挂式钻模板。图 5-38 所示为一种悬挂式钻模板。它用螺钉固定在两根导柱 3 上，导柱上部伸入多轴传动头 1 的座架孔中，从而将钻模板 4 悬挂起来。导柱下部则伸入夹具体的导套6 中，使钻模板得到定位。

钻模板随钻床主轴一起下降，依靠弹簧压缩时产生的压力，钻模板可将工件压紧在夹具体的定位元件上。这类钻模板多用于组合机床或与多轴传动头联用。

不论采用哪一类钻模板，在设计时都应使其具有足够的刚度，以保证钻套间的位置精度和加工的稳定性，但又不能过厚过重。钻模板的厚度一般根据钻套的高度确定。如果钻套高度太大，可把钻模板局部加厚，并使钻模板周边加强或设置加强筋。

（3）夹具总装图上应标注的尺寸

① 夹具外形的最大轮廓尺寸。

② 钻套与衬套、钻套与刀具的配合和公差等级。

③ 钻套中心与定位元件工作表面的尺寸要求。

④ 各钻套之间的尺寸要求。

⑤ 工件定位基准与定位元件的配合和公差等级。

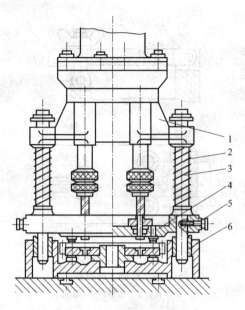

图 5-38　悬挂式钻模板
1—多轴传动头；2—弹簧；3—导柱；4—钻
模板；5—锥端紧定螺钉；6—导套

（4）钻模的技术要求

① 定位元件工作表面对夹具安装基面（钻模底面）的平行度和垂直度。

② 钻套中心对定位元件工作表面或夹具安装基面的平行度或垂直度。

③ 各钻套轴线之间的平行度或垂直度。

5.4　组合夹具

5.4.1　组合夹具简介

组合夹具早在 20 世纪 50 年代便已出现，现在已是一种标准化、系列化、柔性化程度很高的夹具。它由一套预先制造好的具有不同几何形状、不同尺寸的高精度元件与合件组成，包括基础件、支承件、定位件、导向件、压紧件、紧固件、其他件、合件等。使用时按照工件的加工要求，采用组合的方式组装成所需的夹具。根据组合夹具组装连接基面的形状，可将其分为槽系和孔系两大类。槽系组合夹具的连接基面为 T 形槽，元件由键和螺栓等定位紧固连接。孔系组合夹具的连接基面为圆柱孔组成的坐标孔系。

（1）T 形槽系组合夹具

T 形槽系组合夹具按其尺寸系列有小型、中型和大型三种，其区别主要在于元件的外形尺寸、T 形槽宽度和螺栓及螺孔的直径规格不同。

① 小型系列组合夹具。主要适用于仪器、仪表和电信、电子工业，也可用于较小工件的加工。这种系列元件的螺栓直径为 M8mm×1.25mm，定位键与键槽宽的配合尺寸为8H7/h6mm，T 形槽之间的距离为 30mm。

② 中型系列组合夹具。主要适用于机械制造工业。这种系列元件的螺栓直径为 M12mm×1.5mm，定位键与键槽宽的配合尺寸为 12H7/h6mm，T 形槽之间的距离为 60mm。这是目前应用最广泛的系列。

③ 大型系列组合夹具。主要适用于重型机械制造工业。这种系列元件的螺栓直径为 M16mm×2mm，定位键与键槽宽的配合尺寸为 16H7/h6mm，T 形槽之间的距离为 60mm。

图 5-39 所示为 T 形槽系组合夹具的元件。

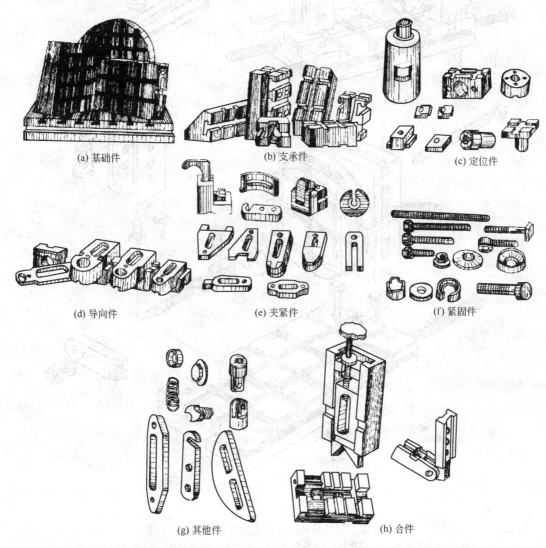

(a) 基础件　　　　　　(b) 支承件　　　　　　(c) 定位件

(d) 导向件　　　　　　(e) 夹紧件　　　　　　(f) 紧固件

(g) 其他件　　　　　　(h) 合件

图 5-39　T 形槽系组合夹具的元件

图 5-40 所示为盘形零件钻径向分度孔的 T 形槽系组合夹具的实例。

(2) 孔系组合夹具

孔系组合夹具元件的连接用两个圆柱销定位，一个螺钉紧固。孔系组合夹具较槽系组合夹具具有更高的刚度，且结构紧凑。图 5-41 所示为我国制造的 KD 型孔系组合夹具。其定位孔径为 $\phi16.01H6mm$，孔距为（50 ± 0.01）mm，定位销直径为 $\phi16k5mm$，用 M16mm 的螺钉连接。孔系组合夹具用于装夹小型精密工件。由于它便于计算机编程，所以特别适用于

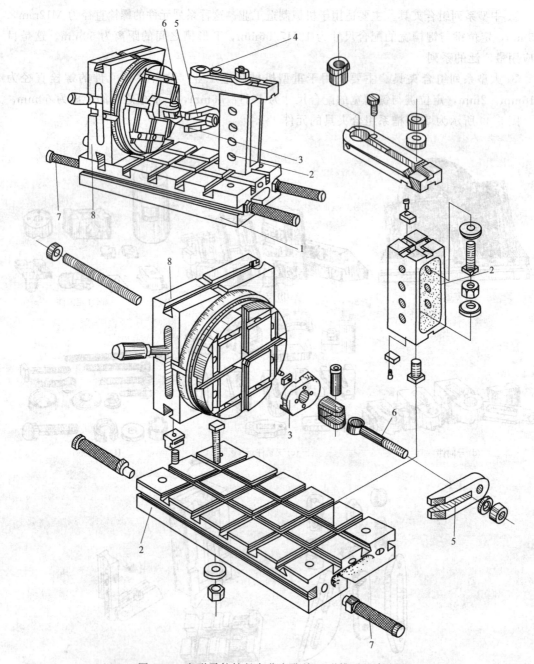

图 5-40　盘形零件钻径向分度孔的 T 形槽系组合夹具

1—基础件；2—支承件；3—定位件；4—导向件；5—夹紧件；6—紧固件；7—其他件；8—合件

加工中心、数控机床等。

5.4.2　组合夹具的技术特征

　　① 组合夹具元件可以多次使用，在变换加工对象后可以全部拆装，重新组装成新的夹具结构，以满足新工件的加工要求。但一旦组装成某个夹具，该夹具便成为专用夹具。

　　② 和专用夹具一样，组合夹具的最终精度是靠组成元件的精度直接保证的，不允许进行任何补充加工，否则将无法保证元件的互换性，因此组合夹具元件本身的尺寸、形状和位

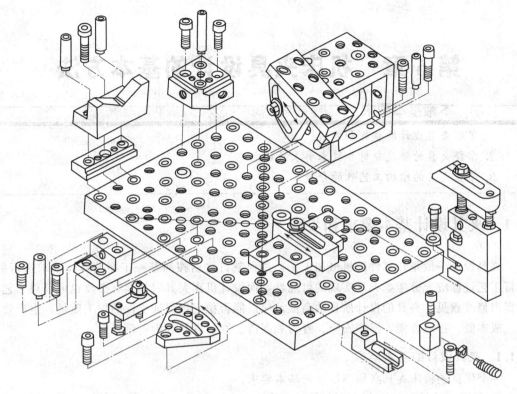

图 5-41　KD 型孔系组合夹具

置精度以及表面质量要求高。因为组合夹具需要多次装拆、重复使用，故要求有较高的耐磨性。

③ 组合夹具不受生产类型的限制，可以随时组装，以应生产之急，可以适应新产品试制中改型的变化等。

④ 由于组合夹具是由各标准件组合而成的，因此刚性差，尤其是元件连接的接合面接触刚度对加工精度影响较大。

⑤ 一般组合夹具的外形尺寸较大，不及专用夹具紧凑。

习　题

5-1　车床夹具可分为哪几类？各有何特点？

5-2　车床夹具与车床主轴连接方式有哪几种？

5-3　车床夹具设计要点有哪些？

5-4　铣床夹具按进给方式可分为哪几类？各有何特点？

5-5　定位键起什么作用？它有几种结构形式？

5-6　对刀元件的作用是什么？使用对刀块对刀时，要注意哪些问题？

5-7　铣床夹具设计要点有哪些？

5-8　钻床夹具分哪些类型？各类钻模有何特点？

5-9　在工件上钻铰 $\phi 14H7mm$ 的孔，铰削余量为 0.1mm，铰刀直径为 $\phi 14m5mm$，试设计所需钻套（计算导向孔尺寸，画出钻套零件图，标注尺寸及技术要求）。

5-10　钻床夹具设计要点有哪些？

第6章　机床夹具设计的基本方法

1. 了解夹具设计的步骤和方法。
2. 掌握夹具的精度分析和技术要求的确定。
3. 掌握夹具的结构工艺性的分析。

6.1　夹具设计基本要求和步骤

夹具设计一般是在零件的机械加工工艺过程制订之后按照某一工序的具体要求进行的。制订工艺过程应充分考虑夹具实现的可能性，而设计机床夹具时如确有必要也可以对工艺过程提出修改意见。夹具的设计质量的高低，应以能否稳定地保证工件的加工质量，生产效率高，成本低，排屑方便，操作安全、省力和制造、维护容易等为衡量指标。

6.1.1　夹具设计的基本要求

一个优良的机床夹具必须满足下列基本要求。

① 保证工件的加工精度　首先要正确地选定定位基准、定位方法和定位元件，必要时还需进行定位误差分析，以保证加工精度。其次，还要注意夹具中其他零部件的结构对加工精度的影响，确保夹具能满足工件的加工精度要求。

② 提高生产效率　机床夹具的复杂程度应与生产纲领相适应，应尽量采用各种快速高效的装夹机构，保证操作方便，缩短辅助时间，提高生产效率。

③ 工艺性能好　专用夹具的结构应力求简单、合理，便于制造、装配、调整、检验、维修等。机床夹具的制造属于单件生产，当最终精度由调整或修配保证时，夹具上应设置调整和修配结构。

④ 使用性能好　机床夹具的操作应简便、省力、安全可靠。在客观条件允许且又经济适用的前提下，应尽可能采用气压、液压等机械化夹紧装置，以减轻操作者的劳动强度。机床夹具还应排屑方便。必要时可设置排屑结构，防止切屑破坏工件的定位和损坏刀具，防止切屑的积聚带来大量的热量而引起工艺系统变形。

⑤ 经济性好　机床夹具应尽可能采用标准元件和标准结构，力求结构简单、制造容易，以降低夹具的制造成本。因此，设计时应根据生产纲领对夹具方案进行必要的技术经济分析，以提高夹具在生产中的经济效益。

6.1.2　夹具设计的步骤

工艺人员在编制零件的工艺规程时，会提出相应的夹具设计任务书，经有关负责人批准后下达给夹具设计人员，夹具设计人员根据任务书提出的任务进行夹具结构设计。现将夹具结构设计的步骤和方法具体分述如下。

(1) 明确设计任务，认真调查研究，收集设计资料

① 仔细研究零件工作图、毛坯图及其技术条件。

② 了解零件的生产纲领、投产批量以及生产组织等有关信息。

③ 了解工件的工艺规程和本工序的具体技术要求，了解工件的定位、夹紧方案，了解本工序的加工余量和切削用量的选择。

④ 了解所使用量具的精度等级、刀具和辅助工具等的型号、规格。

⑤ 了解本企业制造和使用夹具的生产条件和技术现状。

⑥ 了解所使用机床的主要技术参数、性能、规格、精度以及与夹具连接部分结构的联系尺寸等。

⑦ 准备好设计夹具用的各种标准、工艺规定、典型夹具图册和有关夹具的设计指导资料等。

⑧ 收集国内外有关设计、制造同类型夹具的资料，吸取其中先进而又能结合实际情况的合理部分。

(2) 确定夹具的结构方案，绘制设计草图

在广泛收集和研究有关资料的基础上着手拟订夹具的结构方案，主要包括以下内容。

① 根据工艺的定位原理确定工件的定位方式，选择定位元件。

② 确定工件的夹紧方案和设计夹紧机构。

③ 确定夹具的其他组成部分，如分度装置、对刀块或引导元件、微调机构等。

④ 协调各元件、装置的布局，确定夹具体的总体结构和尺寸。

在确定方案的过程中会有各种方案供选择，但应从保证精度和降低成本的角度出发，选择一个与生产纲领相适应的最佳方案。

(3) 确定与夹具配合有关尺寸精度要求，进行误差分析

在夹具设计中，当结构方案拟订之后，应该对夹具的方案进行精度分析和估算，在夹具总图设计完成后还应该根据夹具有关元件的配合性质及技术要求再进行一次复核，为确保产品加工质量进行必要的误差分析和计算。

(4) 绘制夹具总图

绘制夹具总图通常按以下步骤进行。

① 遵循国家制图标准，绘图比例应尽可能选取 1∶1。根据工件的大小，也可用较大或较小的比例。通常选取操作位置为主视图，以使所绘制的夹具总图具有良好的直观性；视图剖面应尽可能少，但必须能够清楚地表达夹具各部分的结构。

② 用双点画线绘出工件轮廓外形、定位基准和加工表面。将工件轮廓线视为"透明体"，并用网纹线表示出加工余量。

③ 根据工件定位基准的类型和主次选择合适的定位元件，合理布置定位点，以满足定位设计的相容性。

④ 根据定位对夹紧的要求，按照夹紧五原则选择最佳夹紧状态及技术经济合理的夹紧系统，画出夹紧工件的状态。对空行程较大的夹紧机构，还应用双点画线画出放松位置，以表示出和其他部分的关系。

⑤ 围绕工件的几个视图依次绘出对刀、导向元件以及定向键等。

⑥ 最后绘制出夹具体及连接元件，把夹具的各组成元件和装置连成一体。

⑦ 确定并标注有关尺寸。

⑧ 规定总图上应控制的精度项目，标注相关的技术条件。夹具的安装基面、定向键侧面以及与其相垂直的平面（称为三基面体系）是夹具的安装基准，也是夹具的测量基准，因

而应该以此作为夹具的精度控制基准来标注技术条件。

⑨ 编制零件明细表。夹具总图上还应画出零件明细表和标题栏，写明夹具名称及零件明细表上所规定的内容。

(5) 绘制夹具零件工作图

夹具总图绘制完毕后，对夹具上的非标准件要绘制零件工作图，并规定相应的技术要求。零件工作图应严格遵照所规定的比例绘制，视图、投影应完整，尺寸要标注齐全，所标注的公差及技术条件应符合总图要求，加工精度及表面粗糙度应选择合理。

在夹具设计图纸全部完毕后，还应精心制造并通过使用来验证设计的科学性。经试用后，有时还可能要对原设计进行必要的修改。因此，要获得一项完善的优秀的夹具，设计人员通常应参与夹具的制造、装配、鉴定和使用的全过程。

(6) 设计质量评估

夹具设计质量评估，就是对夹具的磨损公差的大小和过程误差的大小这两项指标进行考核，以确保夹具的使用寿命和加工质量稳定。

6.2 夹具的技术要求分析

6.2.1 夹具精度的分析

(1) 工件在夹具中加工的精度分析

利用夹具在机床上加工工件时，机床、夹具、工件、刀具等形成一个封闭的加工系统，它们之间相互联系，最后形成工件和刀具之间的正确位置关系，从而保证工序尺寸的精度要求。这些联系环节中的任何误差都将直接影响工件的加工精度。这些误差因素如下。

① 工件在夹具中因位置不一致而引起的误差，称为工件定位误差，以 Δ_D 表示。

② 定位元件和机床上安装夹具的装夹面之间的位置不准确所引起的误差，称为夹具安装误差，以 Δ_A 表示。

③ 定位元件与对刀或导向元件之间的位置不准确所引起的误差，称为刀具位置误差，以 Δ_T 表示。

④ 由机床运动精度以及工艺系统的变形等因素引起的误差，称为加工方法误差，以 Δ_G 表示。它包括下列主要组成部分。

a. 与机床有关的误差 Δ_{G1}，如机床主轴的跳动、主轴轴线对导轨的平行度或垂直度误差等。

b. 与刀具有关的误差 Δ_{G2}，如刀具的形状误差、刀柄与切削部分的同轴度以及刀具磨损等。

c. 与调整有关的误差 Δ_{G3}，如定距装刀的误差、钻套轴线对定位件的位置误差等。

d. 与变形有关的误差 Δ_{G4}，取决于工件、刀具和机床的受力变形和热变形。

上述各项误差属于随机性误差，故当误差因素多于两项时，应按概率法合成。

$$\Delta_G = \sqrt{\Delta_{G1}^2 + \Delta_{G2}^2 + \Delta_{G3}^2 + \Delta_{G4}^2} \tag{6-1}$$

(2) 保证工件在夹具中加工精度的条件

为了使夹具能加工出合格的工件，以上各项误差的总和应小于工序尺寸公差 δ_K，即

$$\sum \Delta = \Delta_D + \Delta_A + \Delta_T + \Delta_G \leqslant \delta_K \tag{6-2}$$

式(6-2) 称为误差计算不等式，各代号分别代表各误差在被加工表面加工尺寸方向上的最大值。当夹具要保证的加工尺寸不只一个时，每个尺寸都要满足它自己的误差计算不等式。

误差计算不等式在夹具设计中是很有用的，因为它反映了夹具保证加工精度的条件，可以帮助分析所设计的夹具在加工过程中产生误差的原因，以便探索控制各项误差的途径，为制订、验证、修改夹具技术要求提供依据。

(3) 夹具精度分析实例

例 6-1　图 6-1 所示为陀螺电动机壳体上加工凸耳孔的钻模。工件以孔 $\phi 10N7mm$、端面 A 和凸耳平面 B 作定位基准，装在定位销 5 上，并以端面支承，用可调支承钉 2 周向定位。当拧紧螺栓 8 上的螺母 7 时，通过铰链式压板 9 上的浮动压块 6 夹紧工件。

工件上四个被加工孔 $\phi 3.5mm$ 的位置尺寸为 $(13.4\pm0.1)mm$ 和 $(23.3\pm0.1)mm$ [图 6-1(a)]。下面分析估算位置尺寸为 $(13.4\pm0.1)mm$ 的误差。

解：① 由于基准重合，所以 $\Delta_B=0$。

② 由于采用平面定位，基准位移误差 Δ_Y 很小，可忽略不计。

③ 在夹紧工件时定位端面上的接触变形所造成的误差 Δ_{G4} 较小，估计不会大于 $0.01mm$。

④ 钻模在钻床上安装的准确性并不影响加工孔的位置尺寸，所以 Δ_A 可不考虑。

⑤ 刀具位置误差 Δ_T 可分作两项。一项是钻套座孔轴线对定位端面的距离尺寸（也是 $13.4mm$）公差，其值可取工件相应尺寸公差（$\pm0.1mm$）的 $1/5\sim1/3$，现按 $1/5$ 取值为 $\pm0.02mm$。另一项是钻套内、外圆的同轴度允差，一般取 $0.005\sim0.01mm$，此处取 $0.01mm$。这两项之和为 $0.05mm$。

⑥ 钻头在加工中的偏移。因这两个孔很浅，应按钻头和钻套之间的最大间隙所引起钻头的偏移考虑。因为该工序使用的钻头直径是 $\phi 3.5_{-0.008}^{0}mm$，钻套内径按 F8 选取为 $\phi 3.5_{+0.010}^{+0.028}mm$，若假定钻头的磨损量为 $0.02mm$，则钻头磨损后的最大偏移量为 0.056（即 $0.008+0.02+0.028$）mm。

以上各项误差的极限值相加为

$$0.01+(2\times0.02+0.01)+(0.008+0.02+0.028)=0.116\ (mm)$$

诸误差总和远小于加工尺寸 $(13.4\pm0.1)mm$ 的公差 $0.2mm$，所以该钻具能够确保工件的质量要求。

6.2.2　夹具技术要求的确定

夹具总装图上的技术要求包括有关尺寸精度和相互位置精度两个方面。合理确定技术要求的目的是便于夹具的装配、检验，保证夹具的工作精度以及控制工件在夹具上加工后的误差能满足加工误差计算不等式。

(1) 夹具总装图上应标注的尺寸

在夹具总装图上，通常应标注下列五种尺寸。

① 夹具外形的最大轮廓尺寸　这类尺寸包括夹具上可动部分处于极限位置时所占的尺寸。例如，夹具上有超出夹具体外的旋转部分时，应注出最大旋转半径；有升降部分时，应注出最高和最低位置。标出了夹具最大轮廓尺寸，就能确定夹具在机床上实际所占的位置和可能活动的范围，从而可以校核所设计的夹具是否会同机床、刀具等发生干涉。

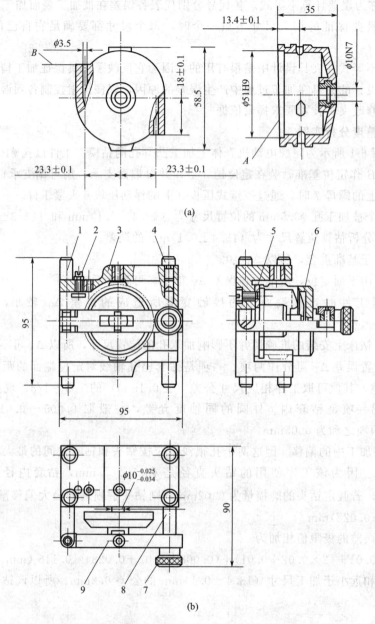

图 6-1 夹具精度分析实例

1—长销；2—可调支承钉；3—钻模板；4—销钉；5—定位销；
6—浮动压块；7—螺母；8—螺栓；9—铰链压板

② 工件与定位元件间的联系尺寸 这类尺寸包括工件定位基准和定位元件的配合尺寸，各定位元件间的位置尺寸等。例如，工件以孔在心轴或定位销上定位时，需要标出两者间的配合尺寸。

③ 夹具与刀具的联系尺寸 这类尺寸主要用来确定夹具上对刀元件或刀具引导元件的位置。如钻（镗）套与刀具的配合尺寸，各钻（镗）套之间的位置尺寸，钻（镗）套与定位元件之间的尺寸，对刀块工作表面与定位元件之间的位置尺寸等。

④ 夹具与机床连接部分的尺寸 这类尺寸是用以确定夹具在机床上的正确位置的。如

车（磨）床夹具与机床主轴的连接尺寸，铣（镗）床夹具上定位键和工作台 T 形槽的配合尺寸，定位元件和夹具安装基面之间的相互位置尺寸等。

⑤ 其他装配尺寸　这类尺寸属于夹具内部的配合尺寸。主要是为了保证夹具装配后能满足规定的使用要求而标注的，与工件、刀具、机床等无关。如定位元件与夹具体的配合尺寸，引导元件与钻模板或夹具体的配合尺寸，夹紧装置各组成元件间的配合尺寸等。

（2）夹具总装图上尺寸公差的确定

夹具公差的确定与工件的加工精度、夹具的制造和使用寿命有着直接的关系，应该按照一定的原则合理制订。为了清楚起见，现将夹具公差分为与工件加工尺寸直接有关的和与工件加工尺寸无直接关系的两类进行介绍。

① 与工件加工尺寸直接有关的夹具公差　夹具上定位元件之间、引导元件之间、刀具与引导元件之间等有关尺寸的公差即属于此类。由于这些尺寸的公差直接与工件上相应的加工尺寸公差发生联系，因而应按工件的加工尺寸公差决定。这类夹具公差目前尚不能利用误差计算不等式确定，而是根据实践中积累的经验，取工件上相应加工尺寸公差的 1/5～1/2。具体选用时，要结合生产批量大小、工件加工精度要求等因素进行全面综合考虑。对于工件加工精度要求较高、生产批量较大的情况，可以取 1/5～1/4。这样虽然夹具制造较困难，其制造费用有所增加，但可以延长夹具的使用寿命，能够可靠地保证工件的加工精度，在生产批量大的时候仍然是经济的。对于小批生产，则在保证加工精度的前提下取 1/3～1/2，以便于制造。

② 与工件加工尺寸公差无直接关系的夹具公差　这类公差多是夹具内部各组成元件间的配合尺寸公差，如定位元件与夹具体、可换钻套与衬套、刀具与引导元件、镗套与镗杆、夹具夹紧装置各组成元件间的配合公差都属于这一类。

夹具内部各组成元件间的配合尺寸公差只能根据元件在夹具中的功用和装配要求，按一般的公差与配合选择原则和经验确定。归纳起来有下列几种情况。

a. 起导向作用且有相对滑动的配合。对于钻套（镗套）与刀具等有关这方面的配合，已在前面介绍过，可参照有关标准选用。夹具上起导向作用且有相对滑动以及精度要求较高的部件，也可参照上述公差配合选用。

b. 有相对运动而无导向作用的配合。如铰链压板的铰链部分即属于此类。一般常用 H9/d9、H11/c11。

c. 配合件间有导向要求但精度较低时常用 H8/t9。

在设计夹具时夹具公差的具体确定还可参阅有关设计资料。

（3）夹具总装图上技术要求的确定

为了保证夹具的工作精度，除了确定有关尺寸精度外，对各有关元件之间和各元件的有关表面之间的相互位置精度也需要提出一定的要求。这些相互位置精度要求，一般统称为技术要求，可以用符号表示，也可以用文字形式加以说明。

夹具总装图上的技术要求可分为下列几个方面。

① 定位元件之间的相互位置要求　如夹具上定位元件工作表面之间和各定位元件之间的平行度、垂直度等。很明显，提出此类要求的目的是保证工件的定位精度。

② 定位元件与夹具的安装基面或定位键之间的相互位置要求　夹具的安装基面包括夹具与机床的连接部分以及夹具体上的找正基面等。夹具的安装基面或定位键是用来保

证夹具在机床上的位置的，而工件的加工位置是靠夹具上的定位元件保证的。因此，工件在机床上的最终位置实际上是由定位元件与夹具的安装基面或定位键之间的相互位置确定的。这样，夹具上定位元件与安装基面或定位键之间就必须有一定的相互位置要求。例如，铣、镗床夹具上定位元件工作表面对夹具体底面的平行度或垂直度，铣床夹具上定位元件工作表面对定位键侧面的平行度或垂直度，镗模上定位元件工作表面对找正基面的平行度或垂直度，车床夹具上定位元件工作表面对夹具找正孔的同轴度或平行度等。

③ 对刀元件与夹具安装基面或定位键之间的相互位置要求　如铣床夹具上对刀块工作表面对定位键侧面的平行度或垂直度，钻模上钻套轴线对夹具体底面的垂直度，镗模上镗套轴线对找正基面的平行度等。因为对刀元件是用来确定刀具相对工件的正确位置的，而保证工件正确位置的定位元件相对定位键或夹具安装基面已保持了相互位置要求，因此，对刀元件必须与夹具安装基面或定位键之间保持一定的相互位置要求。

④ 对刀元件与定位元件之间的相互位置要求　如钻套轴线对定位元件工作表面的垂直度或平行度，铣床夹具上对刀块工作表面对定位元件工作表面的平行度或垂直度等。

⑤ 对刀元件之间的相互位置要求　如钻（镗）套之间的平行度或垂直度，前后镗套的同轴度等。

6.3　夹具的结构工艺性

夹具制造的主要特点是，夹具上元件的加工精度和夹具的装配精度较高，且属于单件生产类型。因此，在夹具的制造过程中多采用调整、修配、装配后加工或总装后在使用机床上就地进行最终加工等方法来保证夹具的工作精度。在设计夹具时，只有明确了夹具制造的这一工艺特点，并在结构设计、尺寸标注和技术条件的制订等方面适应此要求，才能使所设计的夹具结构具有良好的工艺性。否则，会给夹具制造、检验和维修带来很大的困难，甚至不可能达到夹具设计所规定的工作精度要求。

为了保证夹具的结构具有良好的工艺性，设计时应注意以下问题。

(1) 应便于用调整法、修配法来保证夹具的装配精度

在夹具制造中，常常采用调整法、修配法或装配后加工等方法进行装配。按照这个装配工艺的特点进行夹具结构设计时，首先应合理地选择装配基准。图 6-2 所示为装配定

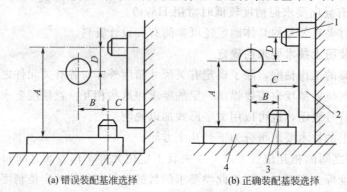

(a) 错误装配基准选择　　　　　　(b) 正确装配基装选择

图 6-2　合理地选择装配基准的实例

1,3—定位销；2,4—支承板

位销和支承板时选择装配基准的例子。图中尺寸 B 与 D 用以确定定位销 1 和 3 的位置，尺寸 A 和 C 用以确定支承板的位置。如果按图 6-2(a) 所示的方法选择装配基准，则在调整尺寸 B、D 时会影响到尺寸 A、C，这样，使装配过程复杂化，也很难保证精度。应按图 6-2(b) 所示的方法，以一个预先加工好的孔作为装配基准，这个孔一经加工完毕便不再变动。以此孔为基准来检验或调整定位销和支承板，而各定位元件之间不发生干涉和牵连。例如，调整尺寸 B、D 时，尺寸 A、C 不再受影响。这就使得装配过程简化，且能保证精度。

由上例可以看出，选择的装配基准应该是夹具上固定不变的表面。该表面加工完后，其位置和尺寸不能再有变动，而其他元件的位置都可以以此为装配基准独立进行调整和修配，各元件彼此之间不发生干涉和牵连。

另外，要使所设计的夹具具有结构的可调性，以及能在装配后通过增加中间垫片或修磨尺寸的方法达到装配精度。

(2) 工艺孔的应用

利用夹具钻斜孔（或加工斜面）时，往往会出现轴线之间（或平面之间）成角度位置的尺寸关系，为了解决夹具在制造和装配中的测量问题，需要设置工艺孔。在确定工艺孔时，应注意下列问题。

① 工艺孔的位置必须便于加工和测量，一般应尽可能设置在夹具体上。

② 工艺孔应尽量位于工件的对称轴线上或定位元件轴线上，以简化计算过程。

③ 工艺孔的直径应取标准值，如 $\phi 6\text{mm}$、$\phi 8\text{mm}$、$\phi 10\text{mm}$，与量棒配合采用 H7/h6。工艺孔的中心线对基面的平行度、垂直度或对称度不大于 100∶0.05mm。

(3) 夹具的结构应便于维修

夹具在使用过程中，由于零件的磨损，需要维修和更换一些零件，因此，夹具上的有些零件结构应设计成便于拆卸的结构。例如，图 6-3 所示的采用销钉定位的结构，最好做成图 6-3(a) 所示的通孔。因位置所限不能做成通孔，则可在销钉侧面的适当位置加工出一横孔，如图 6-3(b) 所示；或采用带螺孔的销钉，如图 6-3(c) 所示，以便取出销钉。在夹具中使用无凸缘套筒，而又是压入不通孔时，为便于拆卸，可在套筒底部加工出螺孔或在底部端面铣出径向槽，如图 6-4 所示。

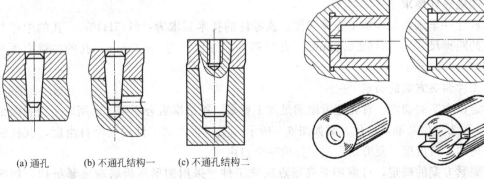

(a) 通孔　　　(b) 不通孔结构一　　　(c) 不通孔结构二

图 6-3　便于维修的销钉定位结构示例　　　　图 6-4　便于维修的套筒的结构示例

在拆卸夹具上有关零件时，应不受其他零部件的妨碍。如图 6-5 所示，为了拧出螺母 1，应在夹具元件 2 上预先加工出供拧出螺母用的孔。因此，图 6-5(b) 是合理的。

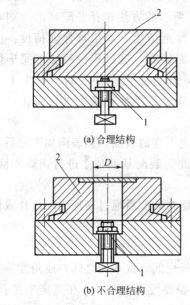

(a) 合理结构

(b) 不合理结构

图6-5 便于拆卸的螺钉结构示例

1—螺母；2—夹具元件

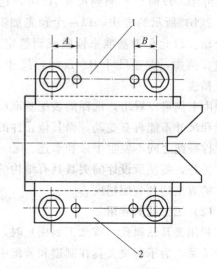

图6-6 防止导板装错的示例

1,2—导板

夹具上许多零部件之间都采用定位销定位，以保证拆卸后重新安装时仍能保持原来的位置，但需防止原配合件装错。如图6-6所示，由于V形块的两个导板1、2的形状和尺寸相同，很容易装错，以致丧失原来的装配精度。设计时，可以将两个导板上定位销与螺钉的距离 A、B 设计成不相等。这样，拆卸后重装时，导板的位置就不会调换装错。

6.4 夹具设计实例

6.4.1 车床夹具设计实例

图6-7所示为壳体零件，该零件为中批生产。现要求设计该零件在车床上加工 $\phi145H10mm$ 孔和两端面工序时所使用的夹具。

(1) 明确设计要求

要求设计一车床夹具，加工壳体零件。该零件的技术要求为：$\phi145H10mm$ 孔的中心与壳体底面的距离尺寸为 $(116\pm0.3)mm$；孔的两端面距尺寸为 $90h13mm$；孔的左端面距对称中心 $(45\pm0.2)mm$。

(2) 工件装夹方案的确定

工件定位方案的确定，首先应考虑满足加工要求。按基准重合原则，选用底平面和两个 $\phi11H8mm$ 孔为定位基准，定位方案如图6-8所示。支承板限制工件的三个自由度，圆柱销限制工件的两个自由度，菱形销限制工件的一个自由度。

工件夹紧方案的确定，可取四个夹紧点夹紧工件，采用钩形压板联动夹紧机构，如图6-9所示。采用两对钩形压板通过杠杆将工件夹紧，其结构紧凑、操作方便。钩形压板选用：B M8×10GB/T 2197。固定式定位销分别选用：A 11f7×10GB/T 2203；B 10.942h6×10GB/T 2203。

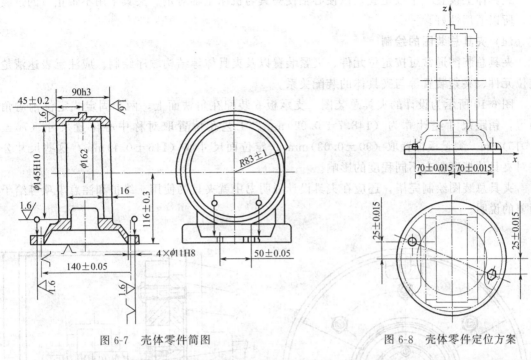

图 6-7　壳体零件简图　　　　　　　　　　图 6-8　壳体零件定位方案

由于两端面需经过两次装夹进行加工，为控制尺寸 90h13mm 和（45±0.2）mm，故设置测量板（图 6-9），取 L =（90±0.03）mm，用以控制工件两端面的对称度。另设置的 ϕ16H7mm 工艺孔用以保证测量板及定位销的位置。

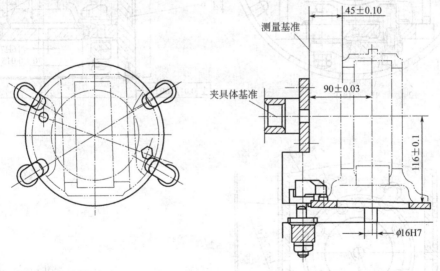

图 6-9　壳件零件装夹方案

（3）其他元件的选择和设计

夹具的设计除了考虑工件的定位和夹紧之外，还要考虑夹具如何在机床上定位，以及夹具体的设计等问题。

夹具体采用焊接结构，并用两个肋板提高夹具体的刚度，其结构紧凑、制造周期短。夹具体主要由盘、板和套等组成。

夹具体上设置一个校正套，以便心轴使夹具与机床主轴对定。夹具采用不带止口的过渡盘，所以通用性好。

（4）夹具总装图的绘制

夹具总装图通常可按定位元件、夹紧装置以及夹具体等结构顺序绘制。应注意表达清楚定位元件、夹紧装置等与夹具体的装配关系。

图 6-10 所示为设计的夹具总装图。支承板 6 装配在角铁面上，两个固定式定位销对角布置，销距尺寸经计算为（148.7±0.02）mm。工艺孔位置取对称中心位置尺寸（70±0.015）mm。测量板位置取（90±0.03）mm.；定位面尺寸取（116±0.1）mm。这些尺寸公差对夹具的精度都有不同程度的影响。

夹具总装图绘制完毕，还应在夹具设计说明书中就夹具的使用、维护和注意事项等给予简要的说明。

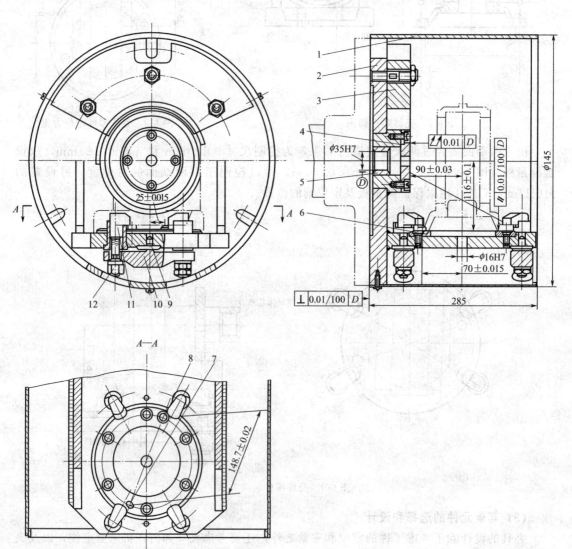

图 6-10　壳体零件夹具总装图

1—防屑板；2—夹具体；3—平衡块；4—测量板；5—基准套；6—支承板；
7—菱形销；8—定位销；9—支承销；10—杠杆；11—钩形压板；12—螺母

6.4.2　铣床夹具设计实例

现以图 6-11 所示连杆零件的铣槽夹具设计为例，具体说明专用夹具的设计步骤、方法及其主要内容。

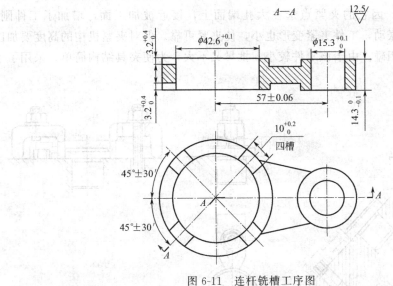

图 6-11　连杆铣槽工序图

(1) 分析零件的工艺过程和本工序加工要求进而明确设计任务

该连杆铣槽。工序要求铣工件两端面的八个槽，槽宽 $10^{+0.2}_{0}$ mm，深 $3.2^{+0.4}_{0}$ mm，表面粗糙度 Ra 值为 12.5μm。槽的中心与两孔连线成 45°，偏差不大于 ±30′。先行工序已加工好的表面可作为本工序用的定位基准，即厚度为 $14^{0}_{-0.1}$ mm 的两个端面和直径分别为 $\phi42.6^{+0.1}_{0}$ mm 和 $\phi15.3^{+0.1}_{0}$ mm 的两个孔，此两基准孔的中心距为 (57±0.06)mm，加工时用三面刃盘铣刀在 X62W 卧式铣床上进行。所以槽宽由刀具直接保证，槽深和角度位置要用夹具保证。

工序规定该工件将在四次安装所构成的四个工位上加工完八个槽，每次安装的基准都用两个孔和一个端面，并在大孔端面上进行夹紧。

(2) 工件的定位方案

选择定位方法和定位元件。根据连杆铣槽的工序尺寸、形状和位置精度要求，工件定位时需限制六个自由度。在铣连杆槽时，工件在槽深方向的工序基准是和槽相连的端面，若以此端面为平面定位基准，可以达到与工序基准相重合。但是由于要在此面上开槽，那么夹具的定位面就势必要设计成朝下的，这就会给工件的定位夹紧带来麻烦，夹具结构也较复杂。如果选择与所加工槽相对的另一端面为定位基准，则会引起基准不重合误差，其大小等于工件两端面间的尺寸公差 0.1mm。考虑到槽深的公差较大（为 0.4mm），应该可以保证精度要求，而这样又可以使定位夹紧可靠，操作方便，所以应当选择工件底面为定位基准。

在保证角度位置（45°±30′）方面，工序基准是两孔的连心线，以两孔为定位基准，可以做到基准重合，而且操作方便。为了避免发生不必要的过定位现象，采用一个圆柱销和一个菱形销作定位元件。由于被加工槽的角度位置是以大孔中心为基准的，槽的中心应通过大孔的中心，并与两孔连线成 45°角，因此应将圆柱销放在大孔中，菱形销放在小孔中，如图

6-12 所示。工件以一面两孔为定位基准。而定位元件采用一面两销，分别限制工件的六个自由度，属于完全定位。

（3）工件的夹紧方案

确定夹紧方法和夹紧装置。根据工件定位方案，考虑夹紧力的作用点及方向，采用图 6-12 所示的方式较好。因它的夹紧点选在大孔端面上，接近被加工面，增加了工件刚度，切削过程中不易产生振动，工件夹紧变形也小，使夹紧可靠。但对夹紧机构的高度要加以限制，以防止和铣刀杆相碰。由于该工件较小，批量又不大，为使夹具结构简单，采用了手动的螺旋压板夹紧机构。

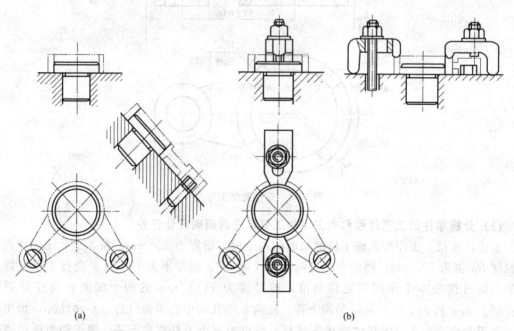

(a)　　　　　　　　　　　　　　　　　　(b)

图 6-12　连杆铣槽夹具设计过程图

（4）变更工位的方案

决定是否采用分度装置。若采用分度装置时，要选择其结构形式。在拟订该夹具结构方案时，遇到的另一个问题，就是工件每一面的两对槽应如何进行加工。可以有两种方案：一种是采用分度装置，当加工完一对槽后，将工件和分度盘一起转过 90°，再加工另一对槽；另一种方案是在夹具上装两个相差为 90°的菱形销，加工完一对槽后，卸下工件，将工件转过 90°而套在另一个菱形销上，重新进行夹紧后，再加工另一对槽。显然分度夹具的结构要复杂一些，而且分度盘与夹具体之间也需要锁紧，在操作上节省时间并不多。该产品批量不大，因而采用后一种方案是可行的。

（5）刀具的对刀或导引方案

确定对刀装置或刀具导引件的结构形式和布局（导引方式）。用对刀块调整刀具与夹具的相对位置，适用于加工精度不超过 IT8 级的情况。因槽深的公差较大（0.4mm），故采用直角对刀块，用螺钉、销钉固定在夹具体上（图 6-13）。

（6）夹具在机床上的安装方式以及夹具体的结构形式

本夹具通过定向键与机床工作台 T 形槽的配合，使夹具上的定位元件工作表面对工作台的送进方向具有正确的相对位置。从夹具总体设计考虑，由于在铣削加工中易引起振动，故要求夹具体及其上各组成部分的所有元件的刚度、强度要足够。夹具体及夹具总体结构如图 6-13 所示。

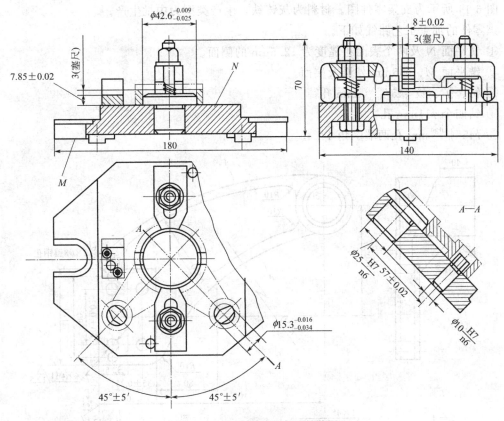

图 6-13　连杆铣槽的夹具总装图

(7) 绘出夹具总装图并标注有关的尺寸、公差配合和技术条件

总装图上应标注的尺寸及公差配合如下。

① 夹具的外轮廓尺寸 180mm×140mm×70mm。

② 定位孔与圆柱销的配合尺寸。

③ 圆柱销与削边销之间的尺寸 (57±0.02)mm。

④ 为保证两次安装能够铣出工件同一面上的四个槽，夹具上装有两个削边销确定工件的方向位置，尺寸为 45°±5′。

⑤ 对刀块工作表面与定位元件定位表面间的尺寸 (7.85±0.02)mm 和 (8±0.02)mm。

⑥ 其他配合尺寸，如圆柱销及削边销与夹具体装销孔的配合尺寸。

⑦ 夹具定位键与夹具体的配合尺寸。

夹具总装图上应标注的技术条件如下。

① 圆柱销、削边销的轴心线相对定位面 N 的垂直度公差为 0.03mm。

② 定位面 N 相对夹具底面 M 的平行度公差为 0.02mm。

③ 对刀块与对刀工作面相对定位键侧面的平行度公差为 0.05mm。

④ 对零件进行编号，填写零件明细表和标题栏。

⑤ 绘制夹具零件图（略）。

6.4.3 钻床夹具设计实例

(1) 分析零件工作图和加工工艺并明确设计要求

图 6-14 所示为支架零件图。材料为灰铸铁，生产类型为中批生产。

该零件的加工工艺路线如下。

① 铣平面 N 及两个表面粗糙度为 $12.5\mu m$ 的侧面。

② 铣平面 M、$\phi 65mm$ 外圆及端面。

③ 钻、扩、铰 $\phi 45^{+0.039}_{0}mm$ 孔。

④ 钻四个 $\phi 11mm$ 孔。

⑤ $\phi 45^{+0.039}_{0}mm$ 孔两端倒角 $1 \times 45°$。

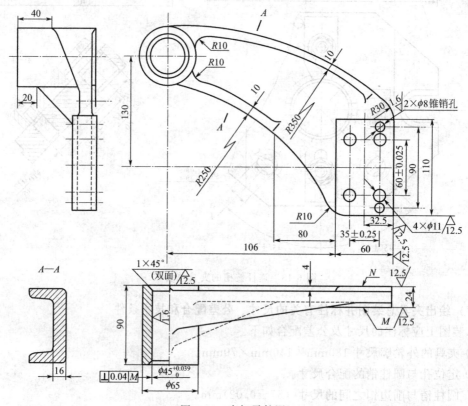

图 6-14　支架零件图

需要设计的夹具是用于钻、扩、铰 $\phi 45^{+0.039}_{0}mm$ 孔的钻模。在本工序加工中，除了保证孔本身的尺寸精度和粗糙度以外，还应保证孔的轴线对 M 面的垂直度不大于 $0.04mm$。按照基准重合原则，加工 $\phi 45^{+0.039}_{0}mm$ 孔时，应选择 M 面为定位基准。因 M 面较小，定位不可靠，考虑到加工的方便和使夹具结构简化，定位时以 N 面为宜。因此，从工艺角度出发，要求 M 面对 N 面的平行度不大于 $0.01mm$（在前工序保证），以及孔轴线对 N 面的垂直度不大于 $0.03mm$（由本工序保证）。另外，还要求孔的壁厚均匀。

(2) 确定夹具结构方案并绘制夹具总装图

① 确定定位方案和定位元件　就本工序加工要求来说，工件的定位只需消除五个自由度即可，但为了工件安装方便和使定位稳定，可以采用完全定位。

根据本零件的结构特点和工序加工要求，设计了两个定位方案。

方案一：如图 6-15 所示，以工件的平面 N 为主要定位基准，一侧面为第二定位基准，另一侧面（垂直的）为第三定位基准，满足了完全定位的要求。在夹具上采用一个定位支承板和三个支承钉定位。为了使工件定位稳定，防止工件在加工时转动，在外圆柱部分加了一个辅助支承。

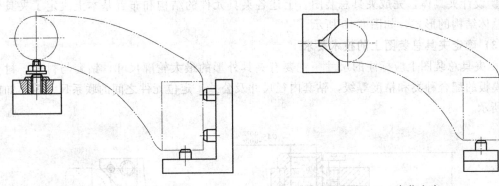

图 6-15　定位方案一　　　　　　　　　图 6-16　定位方案二

方案二：如图 6-16 所示，以工件 N 面为主要定位基准，用支承板限制三个自由度，在其钻孔端的外圆柱上用窄 V 形块定位，限制两个自由度，在另一端的侧面用一个支承钉限制一个自由度，因而使工件得到完全定位。

从工件的定位要求出发，上述两种定位方案都是可行的。但比较起来，第二种方案的夹具结构较简单，且能保证加工后孔壁均匀性，有利于下一工序以加工后的孔为基准加工四个孔。故可采用第二种方案。

② 引导元件的确定（图 6-17）　由于加工孔需要依次进行钻、扩、铰的加工，故钻套选用快换式，其内径尺寸公差应按前面章节中介绍的方法确定。钻套和衬套的结构尺寸可查阅国家标准的有关部分。

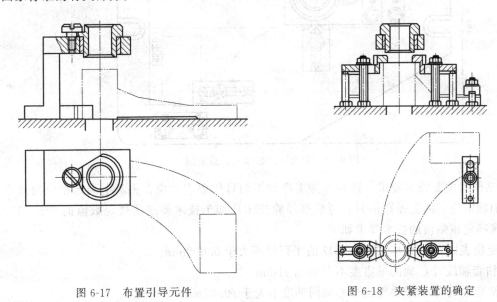

图 6-17　布置引导元件　　　　　　　　　图 6-18　夹紧装置的确定

钻模板采用固定式。钻模板通过支架与夹具体（底座）连接在一起，它们之间都利用圆柱定位销和螺钉加以固定。

③ 夹紧装置的确定（图 6-18）　由于工件尺寸较大，中间部分的筋板结构刚性较差，夹紧力作用点应落在刚性较好的部位，即应使夹紧力作用在平面支承上。故分别在靠近加工孔的端面上和另一端的 M 面上施加夹紧力。为使夹紧力足够，采用螺旋压板机构对工件进行夹紧。

④ 设计夹具体，完成夹具总装图　上述各夹具元件的结构和布置基本上决定了夹具体及其总体结构的形式，如图 6-19 所示。

(3) 确定夹具总装图上的技术要求

① 夹具总装图上应标注的尺寸　主要有夹具外形的最大轮廓尺寸，钻套与衬套、衬套与钻模板的配合种类和精度等级，钻套内径尺寸及公差，定位元件之间的联系尺寸等，如图 6-19 所示。

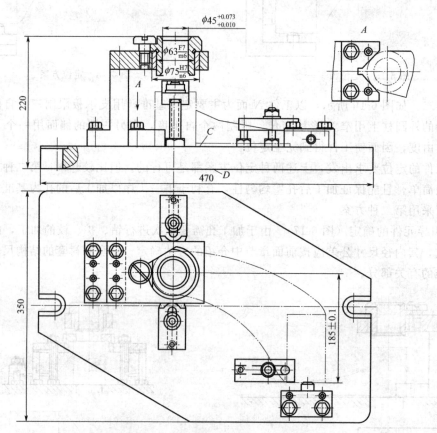

图 6-19　支架零件钻床夹具总装图

② 钻模的主要技术要求　针对零件工序加工的具体要求，应在夹具上规定相应的技术要求。而确定它们的公差数值时，可根据经验按工件加工技术要求所规定数值的 1/5～1/2 选取。现确定该钻模的技术要求如下。

a. 定位表面 C 对夹具安装基面 D 的平行度不大于 0.008mm。

b. 钻套轴线对 C 面的垂直度不大于 0.01mm。

c. 钻套轴线对 V 形块理论中心的同轴度不大于 ϕ0.02mm。

(4) 编写明细表

最后编写明细表。

习　题

6-1　对机床专用夹具的基本要求是什么？

6-2　试述机床专用夹具的设计步骤。

6-3　机床专用夹具总装图上应标注哪些尺寸？

6-4　机床专用夹具总装图上尺寸公差应如何确定？

6-5　斜孔钻模上为何要设置工艺孔？试计算图 6-20 中工艺孔到钻套轴线的距离 X。

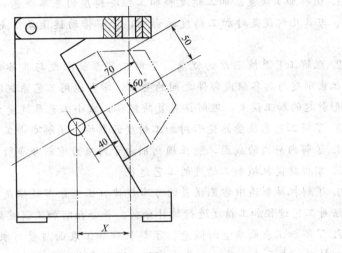

图 6-20　习题 6-5 图

第 7 章　机械加工质量分析与控制

本章基本要求

1. 理解加工误差、加工精度和加工经济精度的基本概念，了解主轴回转误差、导轨误差、刀具几何误差对加工精度的影响，了解传动链误差、夹具几何误差对加工精度的影响。

2. 理解工艺系统刚度的概念，了解工艺系统刚度与其各组成环节刚度之间的关系，了解机床刚度与其各组成部件之间的关系，学会运用工艺系统刚度理论计算由工艺系统受力变形引起的加工误差，理解误差复映规律，减小工艺系统受力变形的途径。

3. 了解工艺系统受热变形对加工精度的影响，了解减小工艺系统受热变形的途径。

4. 了解内应力的成因，能正确判别由于内应力重新分布所引起的工件变形方向。

5. 掌握提高机械加工精度的工艺途径。

6. 了解机械制造中常见误差的分布规律（正态分布规律是重点），掌握运用分布图分析方法对工艺过程加工精度进行统计分析，并会判断加工误差的性质及工序能力的确定。

7. 了解加工表面质量的概念，了解机械加工表面质量对机器使用性能的影响，理解表面粗糙度、表面波纹度、表面冷作硬化、表面残余应力的成因及其影响因素。

8. 掌握控制表面质量的工艺途径。

9. 了解机械加工过程中强迫振动和自激振动的特征，了解机床工艺系统产生自激振动的机理，了解控制机械加工振动的途径。

7.1　机械加工精度概述

7.1.1　机械加工精度与加工误差

机械加工精度是指零件加工后的实际几何参数（尺寸、形状和表面间的相互位置等）与理想几何参数的符合程度。符合程度越高，加工精度就越高。加工误差是指零件加工后的实际几何参数对理想几何参数的偏离程度。加工精度越高，加工误差就越小。加工精度与加工误差是一个问题的两种提法，保证和提高加工精度，实际上是控制和减少加工误差的问题。

零件的加工精度包含尺寸精度、形状精度和位置精度，这三者之间是有联系的。通常形状公差应限制在尺寸公差之内，而位置误差一般也应限制在尺寸公差之内。当尺寸精度要求高时，相应的位置精度、形状精度也要求高。但形状精度要求高时，相应的位置精度和尺寸精度有时不一定要求高，需要根据零件的功能要求决定。

7.1.2　加工经济精度

加工过程中有很多因素影响零件的加工精度，即便是同一种加工方法（车、铣、刨、磨、钻、镗、铰等）在不同的工作条件下所能达到的加工精度也是不相同的。例如，采用较高精度的设备，精心操作，细心调整，选择合适的切削用量，其加工精度就可以得到提高。但是，加工精度越高，所耗费的时间与成本也会越大。

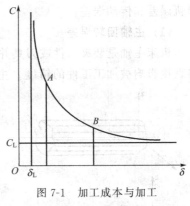

图 7-1 加工成本与加工误差之间的关系

统计资料表明，对于同一种加工方法，加工误差 δ 和加工成本 C 之间成反比例关系，如图 7-1 所示。可以看出：对一种加工方法来说，加工误差小到一定程度后（曲线中 A 点的左侧），加工成本提高很多，加工误差却降低很少；加工误差大到一定程度后（曲线中 B 点的右侧），即使加工误差增大很多，加工成本却降低很少。说明一种加工方法在 A 点的左侧或 B 点的右侧应用都是不经济的。实际上，每种加工方法都有一个加工经济精度的问题。加工经济精度，是指在正常加工条件下所能保证的加工精度。正常加工条件，是指采用符合质量标准的设备、工艺装备，由标准技术等级的工人加工，并不延长加工时间。

随着机械工业的不断发展，提高机械加工精度的研究工作一直在进行，加工精度在不断提高，成本也在不断降低。因此，各种加工方法的加工经济精度指标在不断提高。

7.2 影响机械加工精度的因素

机械加工系统（简称工艺系统）由机床、夹具、刀具和工件组成。工艺系统各环节中所存在的各种误差称为原始误差，如机床、夹具、刀具的制造误差及磨损、工件的装夹误差、测量误差、工艺系统的调整误差以及加工中的各种力和热所引起的误差等。因此，在完成任一个加工过程中，由于工艺系统中各种原始误差的存在，才使得工件加工表面的尺寸、形状和相互位置关系发生变化，造成加工误差，影响加工精度。为了保证和提高零件的加工精度，必须采取措施消除或减少原始误差对加工精度的影响，将加工误差控制在允许的变动范围（公差）内。

7.2.1 加工原理误差

加工原理误差是指采用了近似的刀刃轮廓或近似的传动关系进行加工而产生的误差。例如，加工渐开线齿轮用的齿轮滚刀，为使滚刀制造方便，采用了阿基米德蜗杆或法向直廓蜗杆代替渐开线蜗杆，使齿轮渐开线齿形产生了误差。又如用模数铣刀铣齿，理论上要求加工不同模数、齿数的齿轮应该用相应模数、齿数的铣刀，而生产中为了减少模数铣刀的数量，每一种模数只设计制造有限几把（例如 8 把、15 把、26 把）模数铣刀，用以加工同一模数各种不同齿数的齿轮，当所加工齿轮的齿数与所选模数铣刀刀刃所对应的齿数不同时，就会产生齿形误差。此种误差就是原理误差。

机械加工中，采用了近似的刀刃轮廓或近似的传动关系进行加工，虽然会带来加工原理误差，但往往可简化机床结构或刀具形状，或减少刀具数量。因此，只要其误差不超过规定的精度要求，在生产中仍可得到广泛的应用。

7.2.2 工艺系统的几何误差

加工中，刀具相对工件的成形运动大都是通过机床完成的。工件的加工精度在很大程度上取决于机床的精度。机床制造误差中对工件加工精度影响较大的误差有：主轴回转误差、导轨误差和传动误差。

(1) 主轴回转误差

机床主轴是装夹工件或刀具并将运动和动力传给工件或刀具的重要零件，主轴回转误差将直接影响被加工工件的精度。主轴回转误差是指主轴实际回转轴线相对其平均回转轴线

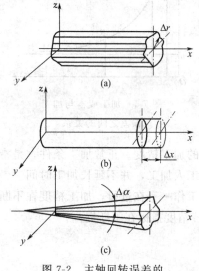

图 7-2　主轴回转误差的
三种基本形式

（即主轴各瞬时回转轴线的平均位置）的变动量。主轴的回转误差可以分解为径向圆跳动、轴向窜动和角度摆动三种基本形式，如图 7-2 所示。

① 径向圆跳动　它是主轴回转轴线相对于平均回转轴线在径向的变动量，如图 7-2(a) 所示。车削外圆时，主轴的纯径向跳动会使工件产生圆度和圆柱度误差。

造成径向圆跳动的主要原因是主轴轴颈的圆度误差、轴承工作表面的圆度误差等。

② 轴向窜动　它是回转轴线沿平均回转轴线方向的变动量，如图 7-2(b) 所示。它主要影响工件的端面形状和轴向尺寸精度。加工螺纹时，轴向窜动会使螺距产生周期误差。

引起轴向窜动的因素有承受轴向力的轴承滚道的形位误差、滚子的尺寸和形状误差以及主轴轴向定位端面与轴肩端面对轴心线的不垂直误差等。

③ 角度摆动　它是主轴回转轴线相对平均回转轴线成一倾斜角度，如图 7-2(c) 所示。车削时，它会使加工表面产生圆柱度误差和端面的形状误差，如车削外圆时会产生锥度。

角度摆动主要是主轴前后轴颈与轴承配合的间隙不等以及前后轴承的受力变形和热变形不等造成的。

实际上主轴工作时其回转误差是上述三种基本形式误差的合成，在分析其对加工精度的影响时应综合分析。

在分析主轴回转误差对加工精度的影响时，要注意主轴回转误差在不同方向上的影响是不同的。如图 7-3 所示，在车削圆柱表面时，回转误差沿刀具与工件接触点的法线方向分量 Δy 对加工精度影响最大，如图 7-3(b) 所示，反映到工件半径方向上的误差为 $\Delta R = \Delta y$；而切向分量 Δz 的影响最小，如图 7-3(a) 所示。由图 7-3 可看出，存在误差 Δz 时，反映到工件半径方向上的误差为 ΔR，其关系式为

$$(R + \Delta R)^2 = \Delta z^2 + R^2$$

整理中略去高阶微量 ΔR^2 项可得 $\Delta R = \Delta z^2 / (2R)$。设 $\Delta z = 0.01\text{mm}$，$R = 50\text{mm}$，则 $\Delta R = 0.000001\text{mm}$。此值完全可以忽略不计。

因此，一般称法线方向为误差的敏感方向，切线方向为非敏感方向。

(2) 导轨误差

导轨是机床上确定各机床部件相对位置关系的基准，也是机床运动的基准。现

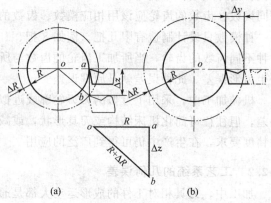

(a)　　　　　　(b)

图 7-3　主轴回转误差对加工精度的影响

以卧式车床导轨为例分析机床导轨误差对加工精度的影响。

① 导轨在水平面内的直线度误差　如图 7-4 所示，导轨在水平面内的直线度误差为 Δy 时，在导轨全长上刀具相对于工件的正确位置将产生 Δy 的偏移量，使工件半径产生 $\Delta R = \Delta y$ 的误差，Δy 将直接反映在被加工工件表面的法线方向（加工误差的敏感方向）上，对加工精度的影响最大。

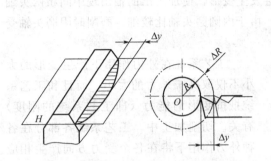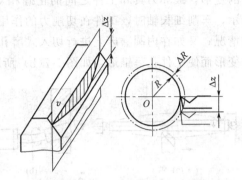

图 7-4　导轨在水平面内的直线度误差　　　　图 7-5　导轨在垂直面内的直线度
　　　　对加工精度的影响　　　　　　　　　　　　误差对加工精度的影响

② 导轨在垂直面内的直线度误差　如图 7-5 所示，导轨在垂直面内的直线度误差为 Δz 时，也会使刀具在水平面内产生位移，使工件半径产生误差 ΔR，$\Delta R = \Delta z^2/(2R)$。导轨在垂直面内的直线度误差 Δz 对加工精度的影响要比 Δy 小得多，一般可忽略不计。

③ 导轨间的平行度误差　当前后导轨在垂直面内有平行度误差（扭曲）时，刀架运动时会产生摆动，刀尖的运动轨迹是一条空间曲线，使工件产生圆柱度误差。如图 7-6 所示，当前后导轨在垂直面内有平行度误差 δ 时，将使工件与刀具的正确位置在误差敏感方向产生 $\Delta y \approx (H/B) \times \delta$ 的偏移量（可由几何关系求得）。一般车床 $H/B \approx 2/3$，外圆磨床 $H/B \approx 1$，故机床前后导轨的平行度误差对加工精度影响很大。

图 7-6　导轨间的平行度
对加工精度的影响

除了导轨本身的制造误差外，导轨磨损是机床精度下降的主要原因之一。选用合理的导轨形状和导轨组合形式，采用耐磨合金铸铁导轨、镶钢导轨、贴塑导轨、滚动导轨以及对导轨进行表面淬火处理等措施，均可提高导轨的耐磨性。

(3) 传动链误差

传动链的传动误差是指机床传动链中首末两端传动元件之间相对运动的误差。有些加工方法（如车螺纹、滚齿、插齿等），要求刀具与工件之间必须具有严格的传动比关系。机床传动链误差是影响这类表面加工精度的主要原因之一。例如在滚齿机上用单头滚刀加工直齿轮时，要求滚刀与工件之间具有严格的运动关系：滚刀转一转，工件转过一个齿。这种运动关系是由刀具与工件间的传动链保证的。由于传动链中各传动元件如齿轮、蜗轮、蜗杆、丝杠、螺母等制造与装配都会存在一定的误差，每个传动件的误差都将通过传动链不同程度地影响被加工齿轮的加工精度。

　　提高传动件的制造和装配精度，减少传动件数，均可减少传动链传动误差。

7.2.3　工艺系统受力变形引起的误差

(1) 工艺系统刚度

　　机械加工中，工艺系统在切削力、夹紧力、惯性力、重力、传动力等的作用下将产生相应的变形，破坏刀具和工件之间的正确相对位置，使工件产生各种加工误差。如图 7-7(a)所示，车削细长轴时，工件在切削力的作用下会发生变形，使加工出的轴出现中间粗两头细的情况；又如在内圆磨床上进行切入式磨孔时，由于内圆磨头轴比较细，磨削时因磨头轴受力变形而使工件孔呈锥形，如图 7-7(b) 所示。

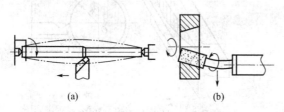

图 7-7　工艺系统受力变形引起的加工误差

　　工艺系统在外力作用下产生变形的大小不仅取决于外力的大小，而且和工艺系统抵抗变形的能力（即工艺系统的刚度）有关。切削加工中，工艺系统各部分在各种外力作用下将在各个受力方向产生相应的变形。其中，对加工精度影响最大的那个方向（误差敏感方向）上的力和变形的分析研究更有意义。因此，工艺系统的刚度 $k_\text{系}$ 等于垂直作用于工作表面的背向力 F_p 与在总切削力作用下工艺系统在该方向上的相对位移 y 的比值，即

$$k_\text{系} = \frac{F_\text{p}}{y} \tag{7-1}$$

式中　F_p——背向力（又称法向切削力或总切削力的法向分力），N；

　　　　y——在总切削力作用下沿 F_p 方向的变形，mm。

　　工艺系统的刚度由组成工艺系统的各部分刚度决定。工艺系统的刚度与各组成部分刚度的关系为

$$k_\text{系} = k_\text{机床} + k_\text{刀具} + k_\text{夹具} + k_\text{工件} \tag{7-2}$$

　　由刚度定义知：

$$k_\text{机床} = \frac{F_\text{p}}{y_\text{机床}}, \quad k_\text{刀具} = \frac{F_\text{p}}{y_\text{刀具}}, \quad k_\text{夹具} = \frac{F_\text{p}}{y_\text{夹具}}, \quad k_\text{工件} = \frac{F_\text{p}}{y_\text{工件}}$$

　　将它们代入式(7-2)，得

$$\frac{1}{k_\text{系}} = \frac{1}{k_\text{机床}} + \frac{1}{k_\text{刀具}} + \frac{1}{k_\text{夹具}} + \frac{1}{k_\text{工件}} \tag{7-3}$$

　　式(7-3)表明，已知工艺系统各组成的部分刚度，即可求得工艺系统的刚度。工艺系统的刚度主要取决于薄弱环节的刚度。

(2) 工艺系统刚度对加工精度的影响

　　① 切削力作用点位置变化对加工精度的影响　切削过程中，工艺系统的刚度会随切削力作用点位置的变化而变化，从而使工艺系统受力变形亦随之变化，引起工件形状误差。下面以在车床顶尖间加工光轴为例讨论这个问题。

　　a. 在车床上加工短而粗的光轴。工件短而粗，同时车刀悬伸长度很短，即工件和刀具的刚度好，其受力变形相对机床的变形小到可以忽略不计。此时，工艺系统的总变形完全取决于床头、尾座（包括顶尖）和刀架的变形。

　　由于工艺系统刚度随切削力作用点的变化而变化，使得随着切削力作用点位置的变化机

床的总变形量也是变化的。经理论分析可知，切削力作力点位于工件中部时，工艺系统刚度相对较大，变形量较小；位于两端时，工艺系统刚度相对较小，变形量相应较大。变形大的地方从工件上切去的金属层薄，变形小的地方切去的金属层厚，使加工出来的工件呈两端粗、中间细的鞍形。

b. 在车床的两顶尖间车削细长轴。在两顶尖间车削刚性很差的细长轴，由于工件细而长，刚度小，在切削力的作用下其变形大大超过机床、夹具和刀具的变形量。因此，机床、夹具和刀具的受力变形可以忽略不计，工艺系统的变形完全取决于工件的变形。当切削力作用点的位置靠近工件的两端时，工艺系统刚度相对较大，变形较小，切去的金属层厚度较大；当切削力作用点的位置位于工件的中间位置附近时，工艺系统刚度相对较小，变形较大，切去的金属层厚度较小。因此使加工出来的工件呈鼓形。

工艺系统刚度随受力点位置变化而变化的例子很多，例如立式车床、龙门刨床、龙门铣床等的横梁及刀架等，其刚度均因刀架位置不同而异，导致工件的加工误差。

② 切削过程中受力大小变化引起的加工误差（误差复映规律）　工件在切削加工过程中，由于被加工表面的几何形状误差及材料硬度不均，引起切削力和工艺系统变形的变化，从而产生尺寸误差及几何形状误差。由于毛坯的误差而引起工件产生相应的加工误差的现象称为误差复映，引起的加工误差称为复映误差。

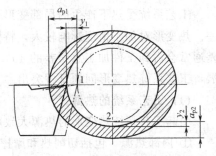

图 7-8　毛坯形状误差的复映

若工件毛坯有椭圆形状误差，如图 7-8 所示，使车削时加工余量不均匀，刀具的背吃刀量在 a_{p1} 和 a_{p2} 之间变化。由于背吃刀量不同，切削力不同，工艺系统产生的变形也不同，对应于 a_{p1} 产生的变形为 y_1，对应于 a_{p2} 产生的变形为 y_2，故加工出来的工件仍然存在椭圆形状误差。由于毛坯存在圆度误差 $\Delta_m = a_{p1} - a_{p2}$，因而引起工件的圆度误差 $\Delta_g = y_1 - y_2$。

令

$$\varepsilon = \frac{\Delta_g}{\Delta_m} \tag{7-4}$$

式中　ε——误差复映系数。

误差复映系数反映毛坯误差在经过加工后所减小的程度。它与工艺系统的刚度成反比，与背向力成正比。要减少工件的复映误差，可增加工艺系统的刚度或减小背向力（如增大主偏角、减少进给量、多次走刀等）。

增加走刀次数可大大减小工件的复映误差。设 ε_1、ε_2、ε_3 分别为第一次、第二次、第三次走刀时的误差复映系数，则

$$\varepsilon_{总} = \varepsilon_1 \varepsilon_2 \varepsilon_3 \cdots \tag{7-5}$$

由于 ε 是一个小于 1 的正数，多次走刀后 ε 就变成一个远远小于 1 的系数。多次走刀可提高加工精度，但也意味着生产效率的降低。

由以上分析可知，当工件毛坯有形状误差时，加工后仍然会有同类的加工误差出现。在成批大量生产中用调整法加工一批工件时，如果毛坯尺寸不一，那么加工后这批工件仍有尺寸不一的误差。因此，提高毛坯质量也是减少复映误差的重要途径。

③ 减小工艺系统受力变形的途径　由式(7-3)可知，减少工艺系统变形的途径为提高工艺系统刚度或减小切削力及其变化。

a. 提高工艺系统刚度。主要途径有：在设计机床夹具结构时，应设法提高其组成零件（如床身、立柱、横梁、夹具体、主轴部件和传动部件等）的刚度；提高连接表面的接触刚度是提高工艺系统刚度的关键，如提高机床导轨的刮研质量、给机床部件预加载荷等能使实际接触面积增加，从而大大提高连接表面的接触刚度；设置辅助支承以提高工艺系统刚度，如车削细长轴时采用跟刀架提高工件的刚度；采用合理的装夹方式或加工方法，以提高工艺系统的刚度。

b. 合理安排工艺路线。粗、精加工分开，适时安排时效处理以消除内应力对加工精度的影响。

c. 减小切削力及其变化。合理地选择刀具材料，增大前角和主偏角；改善毛坯制造工艺，减小加工余量；改善材料的切削加工性能等均可减小切削力。为控制和减小切削力的变化幅度，应尽量使一批工件的材料的性能和加工余量保持均匀。

7.2.4　工艺系统受热变形引起的误差

工艺系统受热下产生的局部变形会破坏刀具与工件的正确位置关系，使工件产生加工误差。热变形对加工精度影响较大，特别是在精密加工和大件加工中，热变形所引起的加工误差通常会占到工件加工总误差的 40%～70%。随着高精度、高效率及自动化加工技术的发展，工艺系统热变形问题日益突出。

(1) 工艺系统的热源

引起工艺系统热变形的热源大致可分为两类：内部热源和外部热源。

① 内部热源　包括切削热和摩擦热。

切削加工过程中，消耗于切削层弹、塑性变形及刀具与工件、切屑间摩擦的能量绝大部分转化为切削热。切削热将传入工件、刀具、切屑和周围介质，它是工艺系统中工件和刀具热变形的主要热源。在车削加工中，传给工件的热量占总切削热的 30% 左右，切削速度越高，切屑带走的热量越多，传给工件的热量就越少；在铣削、刨削加工中，传给工件的热量占总切削热的比例小于 30%；在钻削和镗削加工中，因为大量的切屑滞留在所加工孔中，传给工件的热量往往超过 50%；在磨削加工中，传给工件的热量有时多达 80% 以上，磨削区温度可高达 800～1000℃左右。

机床运动部件（如轴承、齿轮、导轨等）为克服摩擦所做机械功转变的热量，机床动力装置（如电动机、液压马达等）工作时因能量损耗发出的热，是机床热变形的主要热源。

② 外部热源。主要指周围环境温度，空气的对流以及日光、照明灯具、取暖设备等热源通过辐射传到工艺系统的热量。外部热源的热辐射及环境温度的变化对机床热变形的影响有时也是不可忽视的。靠近窗口的机床受到日光照射的影响，上下午的机床温升和变形就不同，而且日照通常是单向的、局部的，受到照射的部分与未经照射的部分之间有温差。

工艺系统在工作状态下，一方面经受各种热源的作用而温度逐渐升高，另一方面同时也通过各种传热方式向周围介质散发热量。当工件、刀具和机床的温度达到某一数值时，单位时间内传出和传入的热量接近相等，工艺系统就达到了热平衡状态。在热平衡状态下，工艺系统各部分的温度保持在某一相对固定的数值上，工艺系统的热变形将趋于相对稳定。

(2) 工艺系统热变形对加工精度的影响

① 工件热变形对加工精度的影响　机械加工过程中，使工件产生热变形的热源主要是切削热。受热变形对工件加工精度的影响与受热是否均匀关系密切。如铣、刨、磨平面时，

上下表面间的温度差导致工件向上凸，加工时中间凸起部分被切去，冷却后工件变成下凹，造成平面度误差。

② 刀具热变形及其对加工精度的影响　使刀具产生热变形的热源主要是切削热。切削热传入刀具的比例虽然不大（车削时约为 5%），但由于刀体小，热容量小，所以刀具切削部分的温度仍很高。例如，车削时，高速钢车刀刀刃部位的温度可达 700～800℃，刀具的伸长量可达 0.03～0.05mm，硬质合金刀具刀刃部位的温度可达 1000℃，从而引起刀具伸长，产生加工误差。

粗加工时，刀具热变形对加工精度的影响一般可以忽略不计；对于加工要求较高的零件，刀具热变形对加工精度的影响较大，将使加工表面产生形状误差。

③ 机床热变形对加工精度的影响　使机床产生热变形的热源主要是摩擦热、传动热和外界热源传入的热源。

由于机床内部热源分布不均匀、机床结构的复杂性以及工作条件相差很大，机床各部件的温升各不相同，所以引起机床热变形的热源和变形形式也各不相同。机床热变形对加工精度的影响最主要的是主轴部件、床身导轨等方面的热变形影响。车床、铣床和钻、镗类机床的主要热源来自主轴箱。车床主轴箱的温升将使主轴升高，由于主轴前轴承的发热量大于后轴承的发热量，故主轴前端比后端高。主轴箱的热量传给床身，还会使床身和导轨向上凸起，如图 7-9 所示，使加工后的工件产生圆柱度误差。

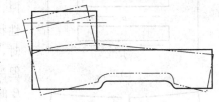

图 7-9　车床的热变形示意图

磨床的主要热源是高速回转的砂轮主轴的摩擦热及液压系统的发热。一般外圆磨床产生热变形，使砂轮架向工件方向趋近，并使床身上下温升不等，导致工作台在水平面内外移，在垂直面上凸，使工件直径产生误差。此外，因头架温升高于尾架，导致工件轴线与砂轮轴线倾斜，产生圆柱度误差。对大型机床如导轨磨床、外圆磨床、龙门铣床等长床身部件，其温差的影响也是很显著的。一般由于温度分层变化，床身上表面温度比床身的底面温度高，形成温差，因此床身将产生弯曲变形，表面呈中凸状。加工后工件表面将产生形状误差和位置误差。

(3) 减少和控制工艺系统热变形的主要途径

① 减少热源及其发热量　机床内部的热源是产生机床热变形的主要热源。凡是有可能从机床分离出去的热源，如电动机、变速箱、液压系统、冷却系统等，应尽量放在机床外部。

为了减少热源发热，对于不能分离的热源，如主轴轴承、丝杠螺母副、导轨副等，则应从结构、润滑等方面改善其摩擦特性，例如采用静压轴承、静压导轨，用低黏度润滑油、锂基润滑脂或用油雾润滑，循环冷却润滑等。

通过合理选择切削量和正确选择刀具几何参数，可减少切削热。

② 改善散热条件　向切削区加注冷却润滑液，可减少切削热对工艺系统热变形的影响。对发热量大的热源，还可采用强制式风冷、大流量水冷等散热措施。目前，大型数控机床、加工中心机床普遍采用冷冻机对润滑油、切削液进行强制冷却，以提高冷却效果。

③ 改善机床结构　机床采用热对称结构。一方面，传动元件（轴承、齿轮等）在箱体内安装尽量对称，使其传给箱壁的热量均衡，变形相近；另一方面，有些零件（如箱体等）

也应尽量采用热对称结构，以便受热均匀。同时应合理选择机床零部件的安装基准，使热变形尽量不在误差敏感方向。

7.2.5 工件内应力引起的误差

(1) 工件内应力及其对加工精度的影响

① 内应力 又称残余应力，是指在没有外力作用下或去掉外力后仍存残留在工件内部的应力。工件一旦有残余应力产生，就会使工件材料处于一种不稳定的状态，它内部的组织有强烈的倾向要恢复到一个稳定的没有应力的状态，即使在常温下，零件也会不断地、缓慢地进行这种变化，并伴随有变形发生，从而使工件产生加工误差。

② 内应力产生的原因

a. 毛坯制造和热处理过程中产生的内应力。在铸、锻、焊及热处理等热加工过程中，工件各部分因受热不均或冷却速度不等以及金相组织转变时的体积变化，使其内部产生较大的内应力。毛坯结构越复杂、各部分壁厚越不均匀，散热条件相差越大，毛坯内部产生的内应力就越大。具有内应力的毛坯，其内部应力暂时处于相对平静状态。但当切去某些表面部分后，就打破了这种平衡，内应力重新分布，工件就明显地出现变形。

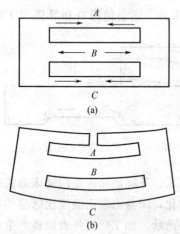

图 7-10 铸件内应力的形成及变形

图 7-10 所示是一个内外壁厚不等的铸件，浇注后在冷却过程中，由于壁 A、C 较薄，冷却较快；而壁 B 较厚，冷却较慢。因此，当壁 A、C 从塑性状态冷却到弹性状态时，壁 B 尚处于塑性状态。这时，壁 A、C 收缩时，壁 B 不起阻止变形作用，铸件内部不产生内应力；但当壁 B 冷却到弹性状态时，壁 A、C 基本冷却，故壁 B 的收缩必将受到壁 A、C 的阻碍，使壁 B 内部产生残余拉应力，壁 A、C 产生残余压应力，工件毛坯处于平衡状态。如果在铸件壁 A 开一缺口，则壁 A 的压应力消失，原先的平衡状态被破坏，工件将通过下凹变形，直至内应力重新分布，达到新的平衡为止。

b. 冷校直产生的内应力。一些刚度较差、容易变形的工件如丝杠，常采用冷校直的方法修正其变形，如图 7-11 所示。冷校直就是在原有变形的相反方向施加力 F，使工件向反方向弯曲，产生塑性变形，以达到校直的目的。经冷校直后，虽然工件外形已校直，但在工件内部却产生了附加内应力。

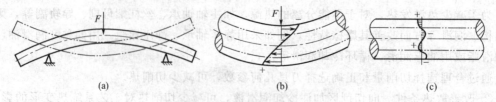

图 7-11 冷校直产生的内应力

工件冷校直后只是处于一种暂时的平衡状态，只要外界条件发生变化，就会使内应力重新分布而使工件产生变形。例如，将已冷校直的工件进行加工（如磨削外圆）时，破坏了原来的平衡状态，工件产生弯曲变形。

（2）减小或消除内应力变形误差的途径

① 合理设计零件结构　设计零件结构时，尽量做到壁厚均匀、结构对称，以减少内应力的产生。

② 合理安排工艺过程　铸件、锻件、焊接件在进入机械加工之前，应安排退火、回火等消除内应力的热处理工序。工件上一些重要表面的粗加工和精加工宜分阶段进行，使工件在粗加工后有一定的时间降低内应力，以减小内应力对加工精度的影响。

7.2.6　工艺系统的其他误差

（1）调整误差

在机械加工过程中，有许多调整工作要做，例如调整夹具在机床上的位置、调整刀具相对于工件的位置等。由于调整不可能绝对准确，由此产生的误差称为调整误差。引起调整误差的因素很多，例如调整时所用刻度盘、样板或样件等的制造误差，测量用的仪表、量具本身的误差等。

（2）测量误差

测量误差是工件的测量尺寸与实际尺寸的差值。加工一般精度的零件时，测量误差可占工序尺寸公差的 1/10～1/5；加工精密零件时，测量误差可占工序尺寸公差的 1/3 左右。

产生测量误差的原因主要有量具本身的制造误差及磨损、测量过程中环境温度的影响、测量者的测量读数误差、测量者施力不当引起量具的变形等。

（3）夹具的制造误差及磨损

夹具的误差主要是指：定位元件、导向元件、对刀元件、夹具体等的制造误差；夹具装配后，以上各种元件工作面间的相对位置误差；夹具在使用过程中工作表面的磨损。夹具的误差将直接影响工件加工表面的位置精度或尺寸精度。

（4）工件的装夹误差

工件的装夹误差包括定位误差和夹紧误差两部分，可参见第 4 章。

7.2.7　提高加工精度的主要途径

（1）直接减少或消除原始误差

这种方法是在查明影响加工精度的主要因素之后，设法对其进行直接消除或减弱，在生产中有着广泛的应用。如加工细长轴时，因工件刚性差，加工时容易产生弯曲变形和振动，严重影响加工精度，可采用增大刀具主偏角并反向进给以减少变形所产生的加工误差，如图 7-12 所示。

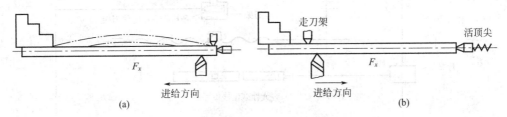

图 7-12　不同进给方向加工细长轴的比较

（2）转移原始误差

转移原始误差是将工艺系统的原始误差转移到不影响或少影响加工精度的方向或其他零部件上。例如立轴转塔车床的转塔刀架因经常转位而很难保证转位精度，立轴转塔车床车削工件外圆时，如果转塔刀架上外圆车刀水平安装，如图 7-13（a）所示，那么转塔刀架的转位误差位于法线方向上（误差敏感方向），将严重影响加工精度。因此，生产中采用立刀安装法，把刀刃的切削基面放在垂直平面内，如图 7-13（b）所示，这样就把刀架的转位误差转移到了误差不敏感方向，由刀架的转位误差引起的加工误差也就减少到可以忽略不计的程度。

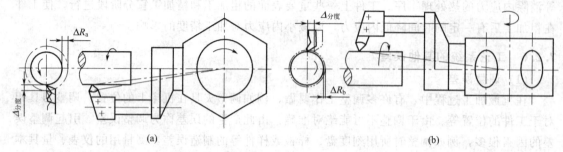

图 7-13　立轴转塔车床刀架转位误差的转移

（3）均分原始误差

加工中，因毛坯或上道工序的加工误差过大，由于定位误差或复映误差等原因使本工序不能保证加工精度要求时，可以采用误差分组方法：把毛坯或上道工序加工的工件按实测尺寸（误差大小）分为 n 组，使每组的误差均缩小为原来的 $1/n$，然后按各组分别调整刀具与工件的相对位置，可以显著减小上道工序加工误差对本工序加工精度的影响。例如，在精加工齿轮时，为保证加工后齿圈与内孔的同轴度的要求，应尽量减小齿轮内孔与心轴的配合间隙，为此可将齿轮内孔尺寸分成 n 组，然后配置相应的 n 根不同直径的心轴，一根心轴相应加工一组孔径的齿轮，这样可显著提高齿圈与内孔的同轴度。

（4）误差补偿

误差补偿技术在机械制造中的应用十分广泛。图 7-14 所示是车精密丝杠时所用的一套螺距误差补偿装置。车床主轴每转一转，光电码盘发出脉冲信号，光栅式位移传感器测量刀架纵向位移量，将主轴回转量信号与刀架纵向位移量信号经 A/D 转换同步输入计算机，经数据处理实时求取螺距误差数据后，再由计算机发出螺距误差补偿控制信号，驱动压电陶瓷微位移刀架（装在溜板刀架上）作螺距误差补偿运动。实测结果表明，采取误差补偿措施后，单个螺距误差可减少 89%，累积螺距误差可减少 99%，误差补偿效果显著。

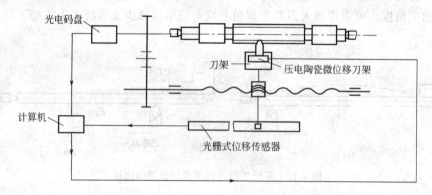

图 7-14　精密丝杠螺距误差补偿装置

（5）"就地加工"的加工法

在机械加工和装配中，即使各组零件有很高的加工精度，有时也很难保证达到要求的装配精度，因此，对于装配以后有相互位置精度要求的表面，应采用"就地加工"的方法加工。例如，在六角转塔车床制造中，转塔上六个安装刀架的大孔轴线必须保证与机床主轴回转中心重合，各大孔的端面又必须与主轴回转轴线垂直，如果把转塔作为单独零件加工出这些表面，那么在装配后要达到上述两项要求是很困难的。解决办法是，这些表面在装配前不进行精加工，在转塔装配到转塔车床上后，在转塔车床主轴上装上镗刀，加工转塔上六个刀架安装孔，就很容易保证上述两项精度要求，如图 7-15 所示。

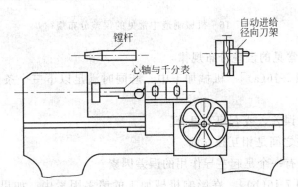

自动进给
径向刀架

镗杆

心轴与千分表

图 7-15 六角转塔车床转塔上六个刀架安装孔的加工

7.3 机械加工误差的综合分析

前面分析了产生加工误差的各项因素，也提出了一些解决问题的方法。但在生产实际中，影响加工精度的工艺因素往往是错综复杂的，有时很难用单因素分析法分析其因果关系，且其中不少原始误差的影响往往带有随机性，是一个综合性很强的工艺问题。只有用概率统计的方法进行综合分析，才能得出正确的、符合实际的结果。

7.3.1 加工误差的分类和性质

(1) 误差的分类和性质

按照误差的性质，加工误差可分为系统性误差和随机性误差。

① 系统性误差 可分为常值性系统误差和变值性系统误差两种。在顺序加工一批工件时加工误差大小和方向皆不变的误差称为常值系统性误差，例如铰刀直径大小的误差、测量仪器的一次对零误差等。在顺序加工一批工件时加工误差按一定规律变化的误差称为变值系统性误差，例如由于刀具的磨损引起的加工误差、机床和刀具或工件受热变形引起的加工误差等。常值性系统误差与加工顺序无关，而变值性系统误差与加工顺序有关。

② 随机性误差 在顺序加工一批工件时加工误差的大小和方向都是随机变化的，这些误差称为随机性误差，例如由加工余量不均匀、材料硬度不均匀、测量误差等原因引起的加工误差。

对于常值性系统误差，若能掌握其大小和方向，可以通过调整消除；对于变值性系统误差，若能掌握其大小和方向随时间变化的规律，也可以采取自动补偿措施加以消除；对随机性误差，可以通过分析随机性误差的统计规律缩小它们的变动范围，对工艺过程进行控制。

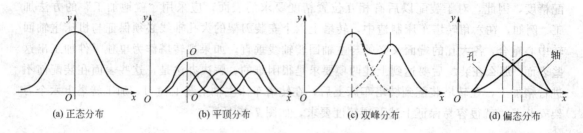

图 7-16   机械制造中常见的误差分布规律

(2) 机械制造中常见的误差分布规律

① 正态分布 ［图 7-16(a)］   机械加工中，若同时满足以下三个条件，工件的误差就服从正态分布。

a. 无变值系统性误差，或有但不显著。

b. 各随机性误差之间是相互独立的。

c. 随机性误差没有一个是起主导作用的误差因素。

② 平顶分布 ［图 7-16(b)］   在影响机械加工的诸多因素中，如果刀具尺寸磨损严重，变值性系统误差占主导地位时，工件的尺寸误差将呈现平顶分布。平顶分布曲线可以看成是随时间而平移的众多正态分布曲线的组合。

③ 双峰分布 ［图 7-16(c)］   若将两台机床所加工的同一种工件混在一起，由于两台机床的调整尺寸不尽相同，两台机床的精度等级也有差异，工件的尺寸误差呈双峰分布。

④ 偏态分布 ［图 7-16(d)］   采用试切法车削工件外圆或镗内孔时，为避免产生不可修复的废品，操作者主观上有使轴径加工得宁大勿小、使孔径加工得宁小勿大的意向，按照这种方式加工得到的一批零件的加工误差呈偏态分布。

7.3.2   加工误差的统计分析方法及其应用

(1) 加工误差的统计分析方法

统计分析是以生产现场观察和对工件进行实际检测的数据资料为基础，用数理统计的方法分析处理这些资料，从而揭示各种因素对加工误差的综合影响，获得解决问题的途径的一种分析方法，主要有分布图分析法和点图分析法。本节主要介绍分布图分析法。

① 分布图分析法（直方图）   在加工过程中，对工件某工序的加工尺寸抽取有限个加工件作为样本数据进行分析处理，用直方图的形式表示出来，以便于分析加工质量及其稳定程度的方法，称为直方图分析法。

在抽取的有限样本数据中，加工尺寸的变化称为尺寸分散，出现在同一尺寸间隔的零件数目称为频数，频数与该批样本总数之比称为频率，频率与组距（尺寸间隔）之比称为频率密度。

以工件的组距（很小的一段尺寸间隔）为横坐标、以频数或频率密度为纵坐标表示该工序加工尺寸的实际分布图称直方图，如图 7-17 所示。

直方图上矩形的面积＝频率密度×组距(尺寸间隔)＝频率。

由于所有各组频率之和等于 100%，故直方图上全部矩形面积之和等于 1。

下面通过实例说明直方图的作法。

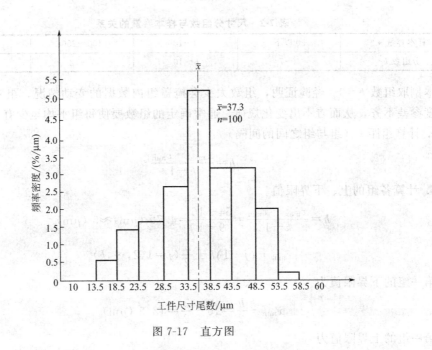

图 7-17　直方图

例 7-1　磨削一批轴径为 $\phi60^{+0.06}_{+0.01}$ mm 的工件，实测后的尺寸如表 7-1 所示。

表 7-1　轴径尺寸测量数据　　　　　　　　　　　　　mm

序号	尺寸	序号	尺寸	序号	尺寸	序号	尺寸	序号	尺寸
1	60.044	21	60.022	41	60.040	61	60.022	81	60.032
2	60.020	22	60.046	42	60.042	62	60.028	82	60.046
3	60.046	23	60.038	43	60.038	63	60.034	83	60.020
4	60.032	24	60.030	44	60.052	64	60.030	84	60.028
5	60.020	25	60.042	45	60.038	65	60.036	85	60.046
6	60.040	26	60.038	46	60.036	66	60.032	86	60.028
7	60.052	27	60.027	47	60.037	67	60.035	87	**60.054**
8	60.033	28	60.049	48	60.043	68	60.022	88	60.018
9	60.040	29	60.045	49	60.028	69	60.040	89	60.032
10	60.025	30	60.045	50	60.045	70	60.035	90	60.033
11	60.043	31	60.038	51	60.036	71	60.036	91	60.026
12	60.038	32	60.032	52	60.050	72	60.042	92	60.046
13	60.040	33	60.045	53	60.046	73	60.046	93	60.047
14	60.041	34	60.048	54	60.038	74	60.042	94	60.036
15	60.030	35	60.028	55	60.030	75	60.050	95	60.038
16	60.036	36	60.036	56	60.030	76	60.040	96	60.030
17	60.049	37	60.052	57	60.044	77	60.036	97	60.049
18	60.051	38	60.032	58	60.034	7	60.020	98	60.018
19	60.038	39	60.042	59	60.042	79	**60.016**	99	60.038
20	60.034	40	60.038	60	60.047	80	60.053	100	60.038

作直方图步骤如下。

a. 收集数据。一般取 100 件左右，找出最大值 $x_{max}=54\mu$m，最小值 $x_{min}=16\mu$m（取测量值与基本尺寸之差，见表 7-1）。

b. 确定尺寸分组数。分组数可通过查表 7-2 确定。

表 7-2　尺寸分组数与样本容量的关系

样本容量 n	50 以下	50～100	100～250	250 以上
分组数 k	6～7	6～10	7～12	10～20

本例取组数 $k=9$。经验证明，组数太少会掩盖组内数据的变动情况，组数太多会使各组高度参差不齐，从而看不出变化规律。通常确定的组数要使每组平均至少有 4～5 个数据。

c. 计算组距 h（组与组之间的间隔）。

$$h = \frac{x_{\max} - x_{\min}}{k-1} \tag{7-6}$$

d. 计算各组的上、下界限值。

$$h = \frac{x_{\max} - x_{\min}}{k-1} = \frac{54-16}{9-1} = 4.75 \ (\mu m) \approx 5 \ (\mu m)$$

$$x_{\min} + (j-1)h \pm \frac{h}{2} (j = 1,2,\cdots,k) \tag{7-7}$$

第一组的下界限值为

$$x_{\min} - \frac{h}{2} = 16 - \frac{5}{2} = 13.5 \ (\mu m)$$

第一组的上界限值为

$$x_{\min} + \frac{h}{2} = 16 + \frac{5}{2} = 18.5 \ (\mu m)$$

其余以此类推。

e. 计算各组中心值 x_j。中心值是每组数据中间的数值。

$$x_j = \frac{某组上限值 + 某组下限值}{2} \tag{7-8}$$

第一组中心值

$$x_1 = \frac{13.5 + 18.5}{2} = 16 \ (\mu m)$$

f. 记录各组数据，整理成频数分布表，见表 7-3。

表 7-3　频数分布

组数 n	组界/μm	中心值 x_j/μm	频数	频率	频率密度/μm^{-1}
1	13.5～18.5	16	3	3%	0.6%
2	18.5～23.5	21	7	7%	1.4%
3	23.5～28.5	26	8	8%	1.6%
4	28.5～33.5	31	13	13%	2.6%
5	33.5～38.5	36	26	26%	5.2%
6	38.5～43.5	41	16	16%	3.2%
7	43.5～48.5	46	16	16%	3.2%
8	48.5～53.5	51	10	10%	2%
9	53.5～58.5	56	1	1%	0.2%

g. 按表 7-3 中的数据，以频率密度为纵坐标、组距为横坐标画出直方图，如图 7-17 所示。

尺寸分散范围 = 最大直径 - 最小直径 = 60.054 - 60.016 = 0.038 (mm)

尺寸分散中心 $\bar{x}$ 主要取决于调整尺寸的大小和常值系统误差。

$$\bar{x} = \frac{1}{n} \sum_{i=1}^{n} x_i \tag{7-9}$$

$$\bar{x} = \frac{1}{n} \sum_{i=1}^{n} x_i = \frac{60.016 \times 3 + 60.021 \times 7 + \cdots + 60.056 \times 1}{100} = 60.037 \ (mm)$$

标准差 S 反映该批工件的尺寸分散程度。它是由变值系统误差和随机误差决定的，误差大则 S 大，误差小则 S 小。

$$S = \sqrt{\frac{1}{n-1}\sum_{i=1}^{n}(x_i - \overline{x})^2} \qquad (7\text{-}10)$$

$$S = \sqrt{\frac{1}{n-1}\sum_{i=1}^{n}(x_i - \overline{x})^2} = \sqrt{\frac{(60.016 - 60.037)^2 \times 3 + \cdots + (60.056 - 60.037)^2 \times 1}{100 - 1}}$$

$$= 0.0089\ (\text{mm}) = 8.9\ (\mu\text{m})$$

由图 7-17 可知，该批工件的尺寸分散范围大部分居中，偏大、偏小者较少。这批工件的尺寸分散范围为 0.038mm，比公差带小，尺寸分散中心与公差带中心基本重合，表明机床调整误差很小。

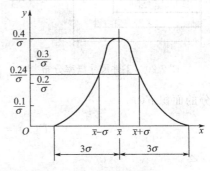

图 7-18　正态分布曲线

欲进一步研究该工序的加工精度问题，必须找出频率密度与加工尺寸间的关系，因此必须研究理论分布曲线。

② 理论分布图（正态分布）　概率论已经证明，相互独立的大量微小随机变量，其总和的分布符合正态分布。在机械加工中，工件的尺寸误差是由很多相互独立的随机性误差综合作用的结果，如果其中没有一个是起决定作用的随机性误差，则加工后零件的尺寸将呈正态分布，如图 7-18 所示，其概率密度函数表达式为

$$y = \frac{1}{\sigma\sqrt{2\pi}} e^{-\frac{1}{2}\left(\frac{x-\overline{x}}{\sigma}\right)^2} \quad (-\infty < x < +\infty, \sigma > 0) \qquad (7\text{-}11)$$

式中　y——正态分布的概率密度；

　　　x——随机变量；

　　　$\overline{x}$——正态分布随机变量样本的算术平均值；

　　　σ——正态分布随机变量的标准差。

$$\overline{x} = \frac{1}{n}\sum_{i=1}^{n}x_i \qquad (7\text{-}12)$$

$$\sigma = \sqrt{\frac{1}{n}\sum_{i=1}^{n}(x_i - \overline{x})^2} \qquad (7\text{-}13)$$

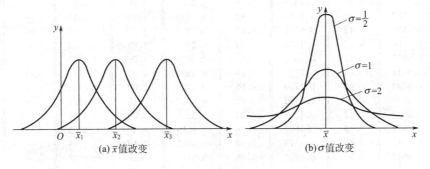

(a) $\overline{x}$ 值改变　　　　　　(b) σ 值改变

图 7-19　$\overline{x}$ 和 σ 对分布曲线的影响

正态分布的概率密度方程中有两个特征参数：表征分布曲线位置的参数 $\bar{x}$ 和表征随机变量分散程度的 σ。当 σ 不变，改变 $\bar{x}$，分布曲线位置沿横坐标移动，形状不变，如图 7-19（a）所示。当 $\bar{x}$ 不变，改变 σ，σ 越小分布曲线两侧越陡且向中间收紧，σ 越大分布曲线越平坦且沿横轴伸展，如图 7-19（b）所示。

总体平均值 $\bar{x}=0$，总体标准差 $\sigma=1$ 的正态分布称为标准正态分布。任何不同的 σ 和 $\bar{x}$ 的正态分布曲线都可以通过坐标变换变成标准正态分布，故可利用标准正态分布的函数值求得各种正态分布的函数值。

在生产中需要确定的一般不是工件为某一确定尺寸的概率是多大，而是工件在某一确定尺寸区间内所占的概率是多大，该概率等于图 7-20 所示阴影部分的面积 $F(x)$。

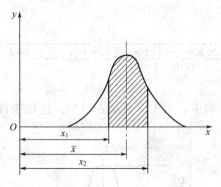

图 7-20　工件尺寸概率分布

$$F(x) = \frac{1}{\sigma\sqrt{2\pi}} \int_{-\infty}^{x} e^{-\frac{1}{2}\left(\frac{x-\bar{x}}{\sigma}\right)^2} dx \tag{7-14}$$

令
$$z = (x-\bar{x})/\sigma$$

$$F(z) = \frac{1}{\sqrt{2\pi}} \int_{0}^{z} e^{-\frac{z^2}{2}} dz \tag{7-15}$$

对应于不同 z 值的 $F(z)$ 值可由表 7-4 查出。

表 7-4　$F(z)$ 的值

z	$F(z)$	z	$F(z)$	z	$F(z)$	z	$F(z)$	z	$F(z)$
0.00	0.0000	0.26	0.1023	0.52	0.1985	1.05	0.3531	2.60	0.4953
0.01	0.0040	0.27	0.1064	0.54	0.2054	1.10	0.3643	2.70	0.4965
0.02	0.0080	0.28	0.1103	0.56	0.2123	1.15	0.3749	2.80	0.4974
0.03	0.0120	0.29	0.1141	0.58	0.2190	1.20	0.3849	2.90	0.4981
0.04	0.0160	0.30	0.1179	0.60	0.2257	1.25	0.3944	3.00	0.49865
0.05	0.0199	0.31	0.1217	0.62	0.2324	1.30	0.4032	3.20	0.49931
0.06	0.0239	0.32	0.1255	0.64	0.2389	1.35	0.4115	3.40	0.49966
0.07	0.0279	0.33	0.1293	0.66	0.2454	1.40	0.4192	3.60	0.499841
0.08	0.0319	0.34	0.1331	0.68	0.2517	1.45	0.4265	3.80	0.499928
0.09	0.0359	0.35	0.1386	0.70	0.2580	1.50	0.4332	4.00	0.499968
0.10	0.0398	0.36	0.1406	0.72	0.2642	1.55	0.4394	4.50	0.499997
0.11	0.0438	0.37	0.1443	0.74	0.2703	1.60	0.4452	5.00	4999997
0.12	0.0478	0.38	0.1480	0.76	0.2764	1.65	0.4505	—	—
0.13	0.0517	0.39	0.1517	0.78	0.2823	1.70	0.4554	—	—
0.14	0.0557	0.40	0.1554	0.80	0.2881	1.75	0.4599	—	—
0.15	0.0596	0.41	0.1591	0.82	0.2939	1.80	0.4641	—	—
0.16	0.0636	0.42	0.1628	0.84	0.2995	1.85	0.4678	—	—
0.17	0.0675	0.43	0.1664	0.86	0.3051	1.90	0.4713	—	—
0.18	0.0714	0.44	0.1700	0.88	0.3106	1.95	0.4744	—	—
0.19	0.0753	0.45	0.1736	0.90	0.3159	2.00	0.4772	—	—
0.20	0.0793	0.46	0.1772	0.92	0.3212	2.10	0.4821	—	—
0.21	0.0832	0.47	0.1808	0.94	0.3264	2.20	0.4861	—	—
0.22	0.0871	0.48	0.1884	0.96	0.3315	2.30	0.4893	—	—
0.23	0.0910	0.49	0.1879	0.98	0.3365	2.40	0.4918	—	—
0.24	0.0948	0.50	0.1915	1.00	0.3413	2.50	0.4938	—	—
0.25	0.0987	—	—	—	—	—	—	—	—

当 $x-\bar{x}=\pm3\sigma$，即 $z=\pm3$ 时，由表 7-4 查得 $2F(3)=0.49865\times2=0.9973$。这说明随机变量 x 落在 $\pm3\sigma$ 范围内的概率为 99.73%，落在此范围以外的概率仅为 0.27%，此值很小。因此可以认为正态分布的随机变量的分散范围是 $\pm3\sigma$。这就是 $\pm3\sigma(6\sigma)$ 原则。

$\pm3\sigma(6\sigma)$ 原则在研究加工误差时应用很广。6σ 的大小代表了某种加工方法在一定条件下（如毛坯余量、切削用量、正常的机床、夹具、刀具等）所能达到的加工精度。所以，在一般情况下，应使所选择的加工方法的标准差 σ 与公差带宽度 T 之间具有下列关系：

$$6\sigma\leqslant T \tag{7-16}$$

(2) 分布图分析法的应用

① 判别加工误差性质　假如加工过程中没有变值系统误差，那么其尺寸分布应服从正态分布，这是判别加工误差性质的基本方法。通过比较实际分布曲线与理论分布曲线，可作以下分析。

a. 实际分布曲线符合正态分布，若 $6\sigma\leqslant T$，且分布分散中心与公差带中心重合，表明加工条件正常，系统误差几乎不存在，随机误差只起微小作用，一般无废品出现。

b. 实际分布曲线符合正态分布，若 $6\sigma\leqslant T$，但分布分散中心与公差带中心不重合，表明加工过程中没有变值系统误差（或影响很小），存在常值系统误差，且等于分布分散中心对公差带中心的偏移量。此时会出现废品，但可通过调整分散中心向公差带中心移动解决。

c. 实际分布曲线符合正态分布，若 $6\sigma>T$，且分布分散中心与公差带中心不重合，表明存在较大的常值系统误差和随机误差，可能产生不可修复废品。

② 确定工序能力及其等级　工序能力是指工序处于稳定状态时加工误差正常波动的幅度。当加工尺寸服从正态分布时，其尺寸分散范围是 6σ，所以工序能力就是 6σ。

工序能力等级以工序能力系数表示，它代表工序能满足加工精度要求的程度。当工序处于稳定状态度时，工序能力系数 C_P 按下式计算：

$$C_P=\frac{T}{6\sigma} \tag{7-17}$$

式中　T——工件尺寸公差。

根据工序能力系数 C_P 的大小，可将工序能力分为 5 级，见表 7-5。一般情况下，工序能力不应低于二级，即 $C_P>1$。但这只说明该工序的工序能力足够，加工中是否会出废品，还要看调整得是否正确。

表 7-5　工序能力等级

工序能力系数	工序能力等级	说　明
$C_P>1.67$	特级	工艺能力过高,可以允许有异常波动
$1.67\geqslant C_P>1.33$	一级	工艺能力足够,可以有一定的异常波动
$1.33\geqslant C_P>1.00$	二级	工艺能力勉强,必须密切注意
$1.00\geqslant C_P>0.67$	三级	工艺能力不足,可能出少量不合格品
$C_P\leqslant0.67$	四级	工艺能力很差,必须加以改进

③ 估算合格品率或不合格品率　不合格品率包括废品率和可返修的不合格品率。

例 7-2　在卧式镗床上镗削一批箱体零件的内孔，孔径尺寸为 $\phi70^{+0.2}_{0}$ mm，已知孔径尺寸按正态分布，$\bar{x}=70.08$ mm，$\sigma=0.04$ mm，试分析该工序的工序能力并计算该批加工件的合格品率和不合品率。

解：（ⅰ）工序能力计算。

$$T = 70.02 - 70 = 0.2 \ (\text{mm})$$

$$C_P = \frac{T}{6\sigma} = \frac{0.2}{6 \times 0.04} = 0.83$$

工序能力 $C_P < 1$，说明该工序能力不足，因此产生废品是不可避免的。

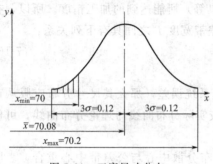

图 7-21　工序尺寸分布

（ⅱ）作图 7-21。

作标准变换，令

$$z_右 = (x - \bar{x})/2 = (70.2 - 70.08)/0.04 = 3$$

$$z_左 = (\bar{x} - x)/2 = (70.08 - 70.00)/0.04 = 2$$

查表 7-4 得 $F(2) = 0.4772$；$F(3) = 0.49865$。

偏大不合格品率

$$Q_大 = 0.5 - F(3) = 0.5 - 0.49865 = 0.00135 = 0.135\%$$

这些不合格品不可修复。

偏小不合格品率

$$Q_小 = 0.5 - F(2) = 0.5 - 0.4772 = 0.0228 = 2.28\%$$

这些不合格品可修复。

合格品率 $P = 1 - 0.135\% - 2.28\% = 97.585\%$

工艺过程的分布图分析法能比较客观地反映工艺过程总体情况，且能把工艺过程中存在的常值性系统误差从误差中区分开来。但用分布图分析工艺过程，要等一批工件加工结束并逐一测量其尺寸进行统计分析后才能对工艺过程的运行状态作出分析，它不能在加工过程中及时提供控制精度的信息，只适于在工艺过程较为稳定的场合应用。

7.4　机械加工表面质量

机械零件的破坏一般是从表面层开始的。这说明零件的表面质量至关重要，它对零件性能有很大影响。

研究机械加工表面质量的目的，就是为了掌握机械加工中各种工艺因素对加工表面质量影响的规律，以便运用这些规律控制加工过程，最终达到提高表面质量、提高零件使用性能的目的。

7.4.1　加工表面质量的概念

机械加工表面质量包括表面的几何特征和表面层物理力学性能、化学性能两个方面的内容。

（1）加工表面的几何特征

加工表面的微观几何特征主要由表面粗糙度和表面波纹度两部分组成，如图 7-22 所示。

① 表面粗糙度　即加工表面上具有的较小间距和峰谷所组成的微观几何形状特性。其波长与波高的比值一般小于 50。它主要由刀具的形状以及切削过程中塑性变形和振动等因素引起，它是指已加工表面的微观几何形状误差。

② 表面波纹度　即介于宏观几何形状

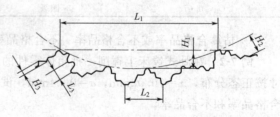

图 7-22　表面粗糙度和表面波纹度

误差与微观表面粗糙度之间的中间几何形状误差。它主要是由工艺系统的低频振动引起的周期性形状误差，其波长与波高的比值一般在 50～1000 之间。

(2) 加工表面的物理力学性能

表面层物理力学性能主要包括表面层加工硬化、表面层残余应力、表面层金相组织的变化。

① 表面层的冷作硬化 机械加工过程中表面层金属产生强烈的塑性变形，使晶格扭曲、畸变，晶粒间产生剪切滑移，晶粒被拉长。这些都会使表面层金属的硬度增加，塑性减小，统称为冷作硬化。

② 表面层残余应力 机械加工过程中由于切削变形和切削热等因素的作用在工件表面层材料中产生的内应力，称为表面层残余应力。它的存在不会引起工件变形，但它对机器零件表面质量有重要影响。

③ 表面层金相组织变化 机械加工过程中，在工件的加工区域温度会急剧升高，当温度升高到超过工件材料金相组织变化的临界点时，就会发生金相组织变化。例如磨削淬火钢件时，常会出现回火烧伤、退火烧伤等金相组织变化，将使零件的机械性能大幅度下降，寿命可能大大缩短，甚至根本不能使用。

7.4.2 机械加工表面质量对机器使用性能的影响

(1) 表面质量对耐磨性的影响

① 表面粗糙度对耐磨性的影响 表面粗糙度值增大，接触表面的实际压强增大，粗糙不平的凸峰间相互咬合、挤裂，使磨损加剧，表面粗糙度值越大越不耐磨。但表面粗糙度值也不能太小，否则表面太光滑，因存不住润滑油，使接触面间容易发生分子粘接，也会导致磨损加剧。

② 表面冷作硬化对耐磨性的影响 加工表面的冷作硬化使摩擦副表面层金属的显微硬度提高，故一般可使耐磨性提高。但也不是冷作硬化程度越高耐磨性就越高，这是因为过分的冷作硬化将引起金属组织过度疏松，甚至出现裂纹和表层金属的剥落，使耐磨性下降。

(2) 表面质量对零件疲劳强度的影响

表面粗糙度对零件的疲劳强度影响很大。在交变载荷作用下，表面粗糙度的凹谷部位容易产生应力集中，出现疲劳裂纹，加速疲劳破坏。零件上容易产生应力集中的沟槽、圆角等处的表面粗糙度对疲劳强度的影响更大。减小零件的表面粗糙度，可以提高零件的疲劳强度。零件表面存在一定的冷作硬化，可以阻碍表面疲劳裂纹的产生，缓和已有裂纹的扩展，有利于提高疲劳强度。但冷作硬化程度过高时，可能会产生较大的脆性裂纹，反而降低疲劳强度。加工表面层如有一层残余压应力产生，可以提高疲劳强度。

(3) 表面质量对耐蚀性能的影响

零件的耐蚀性在很大程度上取决于表面粗糙度。表面粗糙度值越大，耐蚀性就越差。

(4) 表面质量对零件配合性质的影响

表面粗糙度值的大小将影响配合表面的配合质量。对于间隙配合，零件表面越粗糙，磨损越大，使配合间隙增大，降低配合精度；对于过盈配合，两零件粗糙表面相配时凸峰被挤平，使有效过盈量减小，将降低过盈配合的连接强度。

7.4.3 表面粗糙度的影响因素及其改善措施

影响加工表面粗糙度的工艺因素主要有几何因素和物理因素两个方面。加工方式不同，影响加工表面粗糙度的工艺因素各不相同。

（1）切削加工表面粗糙度

切削加工表面粗糙度值主要取决于切削残留面积的高度。对于刀尖半径 $r_\varepsilon = 0$ 的刀具，工件表面残留面积的高度如图 7-23(a) 所示，为

$$H = \frac{f}{\cot\kappa_r + \cot\kappa_r'} \tag{7-18}$$

式中　f——进给量；

　　　κ_r——主偏角；

　　　κ_r'——副偏角。

对于刀尖半径 $r_\varepsilon \neq 0$ 的刀具，工件表面残留面积的高度如图 7-23(b) 所示，为

$$H = \frac{f^2}{8r_\varepsilon} \tag{7-19}$$

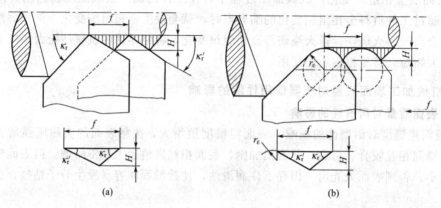

图 7-23　工件表面切削层残留面积

由式(7-17)、式(7-18) 分析可知，减小进给量、主偏角、副偏角及增大刀尖圆弧半径，均可减小工件表面残留面积的高度值。

加工塑性材料时，切削速度对加工表面粗糙度的影响如图 7-24 所示。在图示某一切削速度范围内，容易生成积屑瘤，使表面粗糙度增大。加工脆性材料时，切削速度对表面粗糙度的影响不大。一般来说，加工脆性材料比塑性材料容易达到表面粗糙度的要求。

加工塑性材料时，由于刀具对金属的挤压产生塑性变形，加之刀具迫使切屑与工件分离的撕裂作用，使表面粗糙度值加大。工件材料韧性越好，金属的塑性变形越大，加工表面就越粗糙。对于相同材料的工件，晶粒越粗大，切削加工后的表面粗糙度值越大。为减小切削加工后的表面粗糙度值，常在加工前或精加工前对工件进行正火、调质等热处理，目的在于得到均匀细密的晶粒组织，并适当提高材料的硬度。

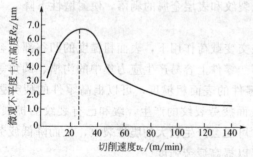

图 7-24　切削速度对加工表面粗糙度的影响

适当增大刀具的前角，可以降低被切削材料的塑性变形；降低刀具前刀面和后刀面的表面粗糙度，可以抑制积屑瘤的生成；增大刀具后角，可以减少刀具和工件的摩擦；合理选择冷却润滑液，可以减少材料的变形和摩擦，降低切削区的温度。采取上述各项措施均有利于

减小加工表面的粗糙度。

（2）磨削加工表面粗糙度

磨削加工表面粗糙度的形成也是由几何因素和表面层材料的塑性变形决定的，但磨削过程要比切削过程复杂得多。

① 磨削用量对表面粗糙度的影响　提高砂轮的磨削速度，单位时间内通过被磨表面的磨粒数增多，磨削表面粗糙度值可以显著减小。增大工件速度，单位时间内通过被磨表面的磨粒数减少，则磨削表面粗糙度值将增加。

砂轮的磨削速度远比一般切削加工的速度高得多，而且磨粒大多为负前角，磨削区温度很高，工件表面层的温度有时可达 900℃。因此，磨削过程的塑性变形要比一般切削加工大得多。提高砂轮的磨削速度，工件表面层塑性变形减小，磨削表面粗糙度值将明显减小；增大工件速度，工件表面层塑性变形增加，磨削表面粗糙度值将增大；增大磨削深度，工件表面层塑性变形随之增加，磨削表面粗糙度值将增大。

砂轮的纵向进给减小，工件表面每个部位被砂轮重复磨削的次数增加，被磨削表面的粗糙度值将减小。

② 砂轮对表面粗糙度的影响　在相同的切削条件下，砂轮的粒度越大，参加磨削的磨粒越多，则磨削表面粗糙度值越小。但磨粒过细，砂轮容易堵塞，反而会增大表面粗糙度值，同时还会引起磨削烧伤。

砂轮硬度应适宜，即具有良好的"自砺性"，工件就能获得较小的表面粗糙度值。砂轮太硬，磨粒钝化后仍不易脱落，使工件表面受到强烈的摩擦和挤压作用，塑性变形程度增加，表面粗糙度值增大，并易使磨削表面产生烧伤；砂轮太软，磨粒易脱落，常会产生磨损不均匀现象，从而使磨削表面粗糙度值增大。

砂轮的修整质量是改善磨削表面粗糙度的重要因素，因为砂轮表面的不平整在磨削时将反映到被加工表面上，修整砂轮时，使每个磨粒产生多个等高的微刀，从而使工件的表面粗糙度值降低。

磨削冷却润滑对减小磨削力、砂轮磨损及降低温度等都有良好的效果。正确选用冷却液对减小表面粗糙度值有利。

此外，被加工材料的硬度、塑性和导热性以及砂轮和磨削液的正确使用都对磨削表面的表面粗糙度有一定影响，必须给予足够的重视。

7.4.4　影响加工表面物理力学性能的工艺因素

影响材料表面物理力学性能的工艺因素有三项：表面层残余应力、冷作硬化和金相组织变化。在机械加工中，这些影响因素的产生，主要是由于工件受到切削力和切削热的作用。

（1）表面残余应力

切削过程中金属材料的表层组织发生形状变化和组织变化时，在表层金属与基体材料交界处将会产生相互平衡的弹性应力，该应力就是表面残余应力。零件表面若存在残余压应力，可提高工件的疲劳强度和耐磨性；若存在残余拉应力，就会使疲劳强度和耐磨性下降。如果残余应力值超过材料的疲劳强度极限，还会使工件表面层产生裂纹，加速工件的破损。

残余应力的产生，主要与下面几个因素有关。

① 冷塑性变形的影响　切削过程中，表面层材料受切削力的作用引起塑性变形，使工件材料的晶格拉长和扭曲。由于原来晶格中的原子排列是紧密的，扭曲之后，金属的密度下

降，造成表面层金属体积发生变化，于是基体金属受其影响而处于弹性变形状态。切削力去掉后，基体金属趋向复原，但受到已产生冷塑性变形的表面层金属的牵制而不得复原，由此而产生残余应力。通常表面层金属受刀具后刀面的挤压和摩擦影响较大，其作用使表面层产生冷态塑性变形，表面体积变大，但受基体金属的牵制而产生残余压应力，而基体金属为残余拉应力，表面层和基体有部分应力相平衡。

② 热塑性变形的影响　工件加工表面在切削热作用下产生热膨胀，此时基体金属温度较低，因此表面层金属的热膨胀受到基体的限制而产生热压缩应力。当表面层金属的应力超过材料的弹性变形范围时，就会产生热塑性变形。当切削过程结束时，温度下降至与基体温度一致的过程中，表面层金属冷却收缩，造成表面层的残余拉应力，基体则产生与其相平衡的压应力。

③ 金相组织变化的影响　切削加工时，切削区的高温将引起工件表面层金属的相变。金属的组织不同，其密度也不同。一般马氏体的密度最小，为 $7.75g/cm^3$；奥氏体的密度最大，为 $7.96g/cm^3$；珠光体的密度为 $7.78g/cm^3$；铁素体的密度为 $7.88g/cm^3$。以淬火钢磨削为例，淬火钢原来的组织是马氏体，磨削后，表面层可能回火并转化为接近珠光体的托氏体或索氏体，密度增大而体积减小，工件表层产生残余拉应力，里层产生压应力。当磨削温度超过相变温度时，由于受到冷却液的急冷作用，表层可能产生二次淬火马氏体，其体积比里层的回火组织大，因而表层产生压应力，里层回火组织产生拉应力。

加工后表面层的实际残余应力是以上三方面原因综合的结果。在切削加工时，切削热一般不是很高，此时主要以冷塑性变形为主，表面残余应力多为压应力。磨削加工时，通常磨削区的温度较高，热塑性变形和金相组织变化是产生残余应力的主要因素，所以表面层产生残余拉应力。

(2) 表面层冷作硬化

机械加工过程中，由于切削力的作用，被加工表面产生强烈的塑性变形，加工表面层晶格间剪切滑移，晶格严重扭曲、拉长、纤维化以及破碎，造成加工表面层强化和硬度增加，这种现象称为冷作硬化。切削力越大，塑性变形越大，硬化程度也越大。表面强化层的深度有时可达 $0.5mm$，硬化层的硬度比基体金属硬度高 $1 \sim 2$ 倍。

塑性变形是由于晶粒沿滑移面滑移而形成的，滑移时在滑移平面间产生小碎粒，增加了滑移平面的粗糙度，起到了阻止继续滑移的作用。塑性变形中，碎晶间相互的机械啮合和嵌镶的情况增加，使晶粒间的相对滑移更加困难。这也说明了金属在切削力的作用下产生塑性变形时，形成硬化层，降低塑性，是提高强度和硬度的原因。

应当注意，表面层金属在产生塑性变形的同时还产生一定数量的热，使金属表面层温度升高。当温度达到 $0.25 \sim 0.30T_{熔}$ 范围时，就会产生冷作硬化的回复，回复作用的速度取决于温度的高低和冷作硬化程度的大小。温度越高，冷作硬化程度越大，作用时间越长，回复速度越快，因此在冷作硬化进行的同时也进行着回复。

影响冷作硬化的主要因素如下。

① 切削用量　其中切削速度和进给量的影响最大。当切削速度增大时，刀具与工件接触时间短，塑性变形程度减小。一般情况下，速度大时温度也会增高，因而有助于冷作硬化的回复，故硬化层深度和硬度都有所减小。当进给量增大时，切削力增加，塑性变形也增加，硬化现象加强；但当进给量较小时，由于刀具刃口圆角在加工表面单位长度上的挤压次数增多，硬化程度也会增大。

② 刀具　其刃口圆角大、后刀面的磨损、前后刀面不光洁都将增加刀具对工件表面层金属的挤压和摩擦作用，使得冷作硬化层的程度和深度都增加。

③ 工件材料　其硬度越低、塑性越大时，切削后的冷作硬化现象越严重。

(3) 表面层金相组织变化与磨削烧伤

机械加工时，在工件的加工区及其附近区域将产生一定的温升。对于切削加工而言，切削热大都被切屑带走，其影响不太严重。但在磨削加工时，由于磨削速度很高、磨削区面积大以及磨粒的负前角的切削和滑擦作用，会使加工区域达到很高的温度。当温升达到相变临界点时，表层金属就会发生金相组织变化，产生极大的表面残余应力，强度和硬度降低，甚至出现裂纹，这种现象称为磨削烧伤。烧伤严重时，表面会出现黄、褐、紫、青等烧伤色，这是工件表面在瞬时高温下产生的氧化膜颜色。烧伤颜色不同，表明工件表面受到的烧伤程度不同。

磨削淬火钢时，若磨削区温度超过相变温度，马氏体转变为奥氏体，如果这时无冷却液，则表层金属的硬度将急剧下降，工件表面层被退火，这种烧伤称为退火烧伤。干磨时，很容易出现这种现象。若磨削区的温度使工件表层的马氏体转变为奥氏体时有充分的切削液进行冷却，则表层金属因急冷形成二次淬火马氏体，硬度比回火马氏体高，但很薄，只有几微米厚，而表层之下的是硬度较低的回火索氏体和托氏体。二次淬火层很薄，表层的硬度综合来说是下降的，因此也认为是烧伤，俗称淬火烧伤。如磨削区的温度未达到相变温度，但已超过了马氏体的转变温度（一般为 350℃ 以上），这时马氏体将转变成硬度较低的回火托氏体或索氏体，称为回火烧伤。

三种烧伤中，退火烧伤最严重。

磨削烧伤使零件的使用寿命和性能大大降低，有些零件甚至因此而报废，所以磨削时应尽量避免烧伤。引起磨削烧伤直接的因素是磨削温度，大的磨削深度和过高的砂轮线速度是引起零件表面烧伤的重要因素。此外，零件材料也是不能忽视的一个方面。一般而言，热导率低、比热容小、密度大的材料，磨削时容易烧伤。使用硬度太高的砂轮，也容易发生烧伤。

避免烧伤主要是设法减少磨削区的高温对工件的热作用。磨削时采用强有力的、效果好的切削液，能有效地防止烧伤；合理地选用磨削用量、适当地提高工件转动的线速度，也是减轻烧伤的方法之一，但过大的工件线速度会影响工件表面粗糙度；选择和使用合理硬度的砂轮，也是减小工件表面烧伤的途径之一。

7.4.5　控制表面质量的工艺途径

随着科学技术的发展，对零件的表面质量的要求已越来越高，人们一直在研究控制和提高零件表面质量的途径。提高表面质量的工艺途径大致可以分为两种：一种是用低效率、高成本的加工方法，寻求各工艺参数的优化组合，以减小表面粗糙度；另一种是着重改善工件表面的物理力学性能，以提高其表面质量。

(1) 降低表面粗糙度的加工方法

① 超精密切削和小粗糙度值磨削加工

a. 超精密切削加工。是指表面粗糙度值 Ra 为 $0.04\mu m$ 以下的切削加工方法。超精密切削加工最关键的问题在于要在最后一道工序切削 $0.1\mu m$ 的微薄表面层，这就既要求刀具极其锋利，刀具钝圆半径为纳米级尺寸，又要求刀具有足够的耐用度，以维持其锋利。目前只有金刚石刀具才能达到要求。超精密切削时，走刀量要小，切削速度要非常高，才能保证工件表面上的残留面积小，从而获得极小的表面粗糙度值。

b. 小粗糙度值磨削加工。为了简化工艺过程，缩短工序周期，有时用小粗糙度值磨削替代光整加工。小粗糙度值磨削除要求设备精度高外，磨削用量的选择最为重要。在选择磨削用量时，参数之间往往会相互矛盾和排斥。例如，为了减小表面粗糙度值，砂轮应修整得细一些，但这样却可能引起磨削烧伤。为了避免烧伤，应将工件转速加快，但这样又会增大表面粗糙度值，而且容易引起振动。采用小磨削用量有利于提高工件表面质量，但会降低生产效率而增加生产成本。而且，工件材料不同，其磨削性能也不一样。一般很难凭手册确定磨削用量，要通过试验不断调整参数，因而表面质量较难准确控制。

② 采用超精密加工、珩磨、研磨等方法作为最终工序加工。超精密加工、珩磨、研磨等都是利用磨条以一定压力压在加工表面上，并作相对运动，以降低表面粗糙度和提高精度，一般用于表面粗糙度值 Ra 为 $0.4\mu m$ 以下的表面加工。该加工工艺由于切削速度低、压强小，所以发热少，不易引起热损伤，并能产生残余压应力，有利于提高零件的使用性能，而且加工工艺依靠自身定位，设备简单，精度要求不高，成本较低，容易实行多工位、多机床操作，生产效率高，因而在大批量生产中广泛应用。

a. 珩磨是利用珩磨工具对工件表面施加一定的压力，同时珩磨工具还要相对工件完成旋转和直线往复运动，以去除工件表面的凸峰的一种加工方法。珩磨后工件圆度和圆柱度一般可控制在 $0.003\sim0.005mm$，尺寸精度可达 IT6～IT5，表面粗糙度值 Ra 在 $0.2\sim$

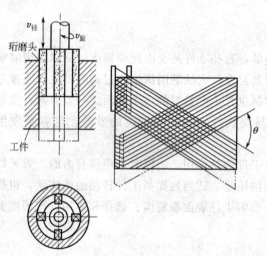

图 7-25　珩磨原理及磨料运动轨迹

$0.025\mu m$ 之间。珩磨工作原理如图 7-25 所示，它是利用安装在珩磨头圆周上的若干条细粒度油石，由涨开机构将油石沿径向涨开，使其压向工件孔壁，形成一定的接触面，同时珩磨头作回转和轴向往复运动，以实现对孔的低速磨削。油石上的磨粒在工件表面上留下的切削痕迹为交叉的且不重复的网纹，有利于润滑油的储存和油膜的保持。

由于珩磨头和机床主轴是浮动连接，因此机床主轴回转运动误差对工件的加工精度没有影响。因为珩磨头的轴线往复运动是以孔壁导向的，即是按孔的轴线进行运动的，故在珩磨时不能修正孔的位置偏差，工件孔轴线的位置精度必须由前一道工序保证。

珩磨时，虽然珩磨头的转速较低，但其往复速度较高，参与磨削的磨粒数量大，因此能很快地去除金属。为了及时排出切屑和冷却工件，必须进行充分的冷却润滑。珩磨生产效率高，可用于加工铸铁、淬硬或不淬硬钢，但不宜加工易堵塞油石的韧性金属。

b. 超精加工是用细粒度油石，在较低的压力和良好的冷却润滑条件下，以快而短促的往复运动对低速旋转的工件进行振动研磨的一种微量磨削加工方法。

超精加工的工作原理如图 7-26 所示。加工时有三种运动，即工件的低速回转运动、磨头的轴向进给运动和油石的往复振动。三种运动的合成使磨粒在工件表面上形成不重复的轨迹。超精加工的切削过程与磨削、研磨不同，当工件粗糙表面被磨去之后，接触面积大大增加，压强极小，工件与油石之间形成油膜，二者不再直接接触，油石能自动停止切削。

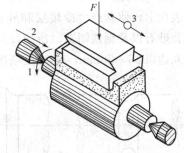

图 7-26　超精加工的工作原理
1—工件回转运动；2—磨头
进给运动；3—油石往复振动

超精加工的加工余量一般为 $3\sim10\mu m$，所以它难以修正工件的尺寸误差及形状误差，也不能提高表面间的相互位置精度，但可以降低表面粗糙度值，能得到表面粗糙度值 Ra 为 $0.1\sim0.01\mu m$ 的表面。

目前，超精加工能加工各种不同材料，如钢、铸铁、黄铜、铝、陶瓷、玻璃、花岗岩等，能加工外圆、内孔、平面及特殊轮廓表面，广泛用于对曲轴、凸轮轴、刀具、轧辊、轴承、精密量仪及电子仪器等精密零件的加工。

　　c. 研磨是利用研磨工具和工件的相对运动，在研磨剂的作用下对工件表面进行光整加工的一种加工方法。研磨可采用专用的设备进行加工，也可采用简单的工具，如研磨心棒、研磨套、研磨平板等，对工件表面进行手工研磨，如图 7-27 所示。研磨可提高工件的形状精度及尺寸精度，但不能提高表面位置精度，研磨后工件的尺寸精度可达 0.001mm，表面粗糙度值 Ra 可达 $0.25\sim0.006\mu m$。

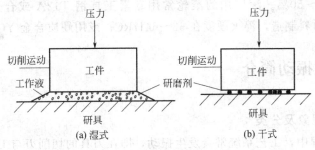

图 7-27　研磨加工示意图

研磨的适用范围广，既可加工金属，又可加工非金属，如光学玻璃、陶瓷、半导体、塑料等。一般说来，刚玉磨料适用于对碳素工具钢、合金工具钢、高速钢及铸铁的研磨，碳化硅磨料和金刚石磨料适用于对硬质合金、硬铬等高硬度材料的研磨。

　　d. 抛光是在布轮、布盘等软性器具上涂抛光膏，利用抛光器具的高速旋转，依靠抛光膏的机械刮擦和化学作用去除工件表面的凸峰，使表面光泽的一种加工方法。

抛光一般不去除加工余量，因而不能提高工件的精度，有时可能还会损坏已获得的精度；抛光也不可能减小零件的形状和位置误差。工件表面经抛光后，表面层的残余拉应力会有所减少。

(2) 改善表面物理力学性能的加工方法

如前所述，表面层的物理力学性能对零件的使用性能及寿命影响很大，如果在最终工序中不能保证零件表面获得预期的表面质量要求，则应在工艺过程中增设表面强化工序来保证零件的表面质量。表面强化工艺包括化学处理、电镀和表面机械强化等几种。这里仅介绍机械强化工艺问题。机械强化是指通过对工件表面进行冷挤压加工，使零件表面层金属发生冷塑性变形，从而提高其表面硬度并在表面层产生残余压应力的无屑光整加工方法。采用表面强化工艺还可以降低零件的表面粗糙度值。这种方法工艺简单、成本低，在生产中应用十分广泛。用得最多的是喷丸强化和滚压加工。

① 喷丸强化　是利用压缩空气或离心力将大量直径为 0.4～4mm 的珠丸高速打击到零件表面上，使其产生冷硬层和残余压应力，可显著提高零件的疲劳强度。珠丸可以采用铸铁、砂石以及钢铁制造。所用设备是压缩空气喷丸装置或机械离心式喷丸装置，这些装置使珠丸能以 35～50mm/s 的速度喷出。喷丸强化工艺可用来加工各种形状的零件，加工后零件表面的硬化层深度可达 0.7mm，表面粗糙度值 Ra 可由 3.2μm 减小到 0.44μm，使用寿命可提高几倍甚至几十倍。

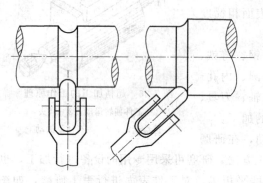

图 7-28　滚压加工示意图

② 滚压加工　是在常温下通过淬硬的滚压工具（滚轮或滚珠）对工件表面施加压力，使其产生塑性变形，将工件表面上原有的波峰填充到相邻的波谷中，从而减小表面粗糙度值，并在其表面产生冷硬层和残余压应力，使零件的承载能力和疲劳强度得以提高，如图 7-28 所示。滚压加工可使表面粗糙度值 Ra 从 1.25～5μm 减小到 0.8～0.63μm，表面层硬度一般可提高 20%～40%，表面层金属的耐疲劳强度可提高 30%～50%。滚压用的滚轮常用碳素工具钢 T12A 或合金工具钢 CrWMn、Cr12、CrNiMn 等材料制造，淬火硬度在 62～64HRC；或用硬质合金 YG6、YT15 等制成。

7.5　机械加工振动简介

7.5.1　机械振动现象及分类

在机械加工过程中，工艺系统常会发生振动，即在刀具的切削刃与工件之间除了正常的切削运动之外还会出现一种周期性的相对运动。这是一种破坏正常切削运动的极其有害的运动。产生振动时，工艺系统的正常切削过程便受到干扰和破坏，从而使零件加工表面出现振纹，降低零件的加工精度和表面质量，频率低时产生波纹度，频率高时产生微观不平度。强烈的振动会使切削过程无法进行，甚至造成刀具崩刃，使机床、刀具的工作性能得不到充分的发挥，限制生产率的提高。振动还影响刀具的耐用度和机床的寿命，产生噪声，恶化工作环境，影响工人健康。

机械加工过程的振动有三种基本类型。

① 强迫振动。是指在外界周期性变化的干扰力作用下产生的振动。磨削加工中主要产生强迫振动。

② 自激振动。是指切削过程本身引起切削力周期性变化而产生的振动。切削加工中主要产生自激振动。

③ 自由振动。是指由于切削力突然变化或其他外界偶然原因引起的振动。自由振动的频率就是系统的固有频率，由于工艺系统的阻尼作用，这类振动会在外界干扰力去除后迅速自行衰减，对加工过程影响较小。

机械加工过程中的振动主要是强迫振动和自激振动。据统计，强迫振动约占 30%，自激振动约占 65%，自由振动所占比例则很小。

7.5.2　机械加工中的强迫振动及其控制

(1) 强迫振动产生的原因

机械加工过程中产生强迫振动，其原因可从机床、刀具和工件三方面去分析。

① 机床上高速回转零件的不平衡　机床上高速回转的零件较多，如电动机转子、带轮、主轴、卡盘和工件、磨床的砂轮等，由于不平衡而产生激振力。

② 机床传动系统中的误差　机床传动系统中的齿轮，由于制造和装配误差而产生周期性的激振力。此外，带接缝、轴承滚动体尺寸差和液压传动中油液脉动等各种因素均可能引起工艺系统受迫振动。

③ 切削过程本身的不均匀性　切削过程的间歇特性，如铣削、拉削及车削带有键槽的断续表面等，由于间歇切削而引起切削力的周期性变化，从而激起振动。

④ 外部振源　邻近设备（如冲压设备、龙门刨等）工作时的强烈振动通过地基传来，使工艺系统产生相同（或整倍数）频率的受迫振动。

(2) 强迫振动的特点

① 强迫振动的稳态过程是谐振，只要干扰力存在，振动就不会被阻尼衰减掉，去除干扰力。振动即停止。

② 强迫振动的频率等于干扰力的频率。

③ 阻尼越小，振幅越大，谐波响应轨迹的范围越大。增加阻尼，能有效地减小振幅。

④ 在共振区，较小的频率变化会引起较大的振幅和相位角的变化。

(3) 减少强迫振动的途径

强迫振动是由外界周期性干扰力引起的，因此，为了消除振动，应先找出振源，然后采取适当的措施加以控制。

① 减小或消除振源的激振力　对转速在 600r/min 以上的零件必须经过平衡。特别是高速旋转的零件，如砂轮，因其本身砂粒的分布不均匀和工作时表面磨损不均匀等原因，容易造成主轴的振动，因此对于新换的砂轮必须进行修整前和修整后的两次平衡。又如提高齿轮的制造精度和装配精度，特别是提高齿轮的工作平稳性精度，从而减少因周期性的冲击而引起的振动，并可减少噪声；提高滚动轴承的制造和装配精度，以减少因滚动轴承的缺陷而引起的振动；选用长短一致、厚薄均匀的传动带等。

② 避免激振力的频率与系统的固有频率接近以防止共振　如采取更换电动机的转速或改变主轴的转速避开共振区，用提高接触面精度、降低结合面的粗糙度、消除间隙、提高接触刚度等方法提高系统的刚度和固有频率。

③ 采取隔振措施　如使机床的电动机与床身采用柔性连接，以隔离电动机本身的振动；把液压部分与机床分开；采用液压缓冲装置，以减少部件换向时的冲击；采用厚橡胶、木材将机床与地基隔离，用防振沟隔开设备的基础和地面的联系，以防止周围的振源通过地面和基础将振动传给机床等。

7.5.3　机械加工中的自激振动及其控制

(1) 自激振动产生的原因

当系统受到外界或本身某些偶然的瞬时的干扰力作用而触发自由振动时，由振动过程本身的某种原因使得切削力产生周期性的变化，并由这个周期性变化的动态力反过来加强和维持振动，使振动系统补充由阻尼作用所消耗的能量，这种类型的振动称为自激振动。切削过程中产生的自激振动是频率较高的强烈振动，通常又称为颤振。自激振动常常是影响加工表面质量和限制机床生产率提高的主要障碍。磨削过程中，砂轮磨钝以后产生的振动通常也是自激振动。

(2) 自激振动的特点

① 自激振动是一种不衰减的振动，振动过程本身能引起周期性变化的力，此力可从非交变特性的能源中周期性地获得能量的补充，以维持这个振动。

② 自激振动频率等于或接近系统的固有频率，即由系统本身的参数决定。

③ 自激振动振幅大小取决于每一振动周期内系统获得的能量与消耗能量的比值。当获得的能量大于消耗的能量时，则振幅将不断增加，一直到两者能量相等为止；反之，振幅将不断减小。当获得的能量小于消耗的能量时，自激振动也随之消失。

到目前为止尚无完全成熟的理论解释各种情况下发生自激振动的原因。克服和消除机械加工中的自激振动的途径，仍是通过各种实验，在设备、工具和实际操作等方面解决。

(3) 控制自激振动的途径

① 合理选择切削用量　图 7-29 所示是车削时切削速度 v_c 与振幅 A 的关系曲线。v_c 在 $20\sim60\mathrm{m/min}$ 范围内时，A 增大很快，而高于或低于此范围时振动逐渐减弱。图 7-30 所示是进给量 f 与振幅 A 的关系曲线，f 较小时 A 较大，随着 f 的增大 A 逐渐减小。图 7-31 所示是背吃刀量 a_p 与振幅 A 的关系曲线，a_p 越大，A 也越大。

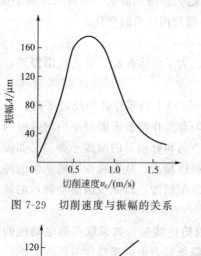

图 7-29　切削速度与振幅的关系

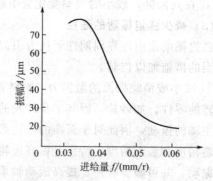

图 7-30　进给量与振幅的关系

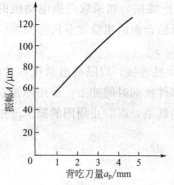

图 7-31　背吃刀量与振幅的关系

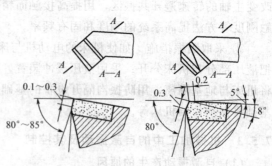

图 7-32　消振车刀

② 合理选择刀具几何角度　适当增大前角、主偏角，能减小振动。后角可尽量取小，但在精加工中，由于后角较小，切削刃不容易切入工件，而且后角过小时刀具后面与加工表

面间的摩擦可能过大，这样反而容易引起颤振。通常在车刀的主后面上磨出一段负倒棱，能起到很好的消振作用，这种刀具称为消振车刀，如图 7-32 所示。

③ 提高工艺系统刚度　提高工艺系统薄弱环节的刚度，可以有效地提高机床加工系统的稳定性。如提高各结合面的接触刚度、对主轴支承施加预载荷、对刚性较差的工件增加辅助支承等，都可以提高工艺系统的刚度。

④ 增大工艺系统的阻尼　可通过多种方法实现。例如，使用高内阻材料制造零件，增加运动件的相对摩擦，在床身、立柱的封闭内腔中充填型砂等来提高其抗振性。图 7-33 所示是具有阻尼特性的薄壁封砂结构的床身。

⑤ 采用减振装置　减振装置通常都附设在工艺系统中，可用来吸收或消耗振动时的能量，达到减振的目的。常用的减振装置有阻尼器和吸振器两种类型。

a. 阻尼器是利用固体或液体的阻尼来消耗振动的能量，实现减振。图 7-34 所示为利用多层弹簧片相互摩擦消除振动能量的干摩擦阻尼器。阻尼器的减振效果与其运动速度的快慢、行程的大小有关，运动越快、行程越长，减振效果越好。故阻尼器应装在振动体相对运动最大的地方。

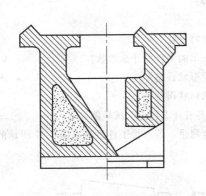

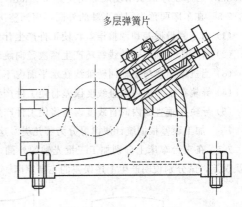

图 7-33　薄壁封砂结构的床身　　　　　图 7-34　干摩擦阻尼器

b. 吸振器又分为动力式吸振器和冲击式吸振器两种。

动力式吸振器是利用弹性元件把一个附加质量块连接到系统上，利用附加质量的动力作用，使弹性元件加在系统的力与系统的激振力相互抵消，以此来减弱振动。图 7-35 所示为用于镗刀杆的动力吸振器。这种吸振器用微孔橡胶衬垫作弹性元件，并有附加阻尼作用，因而能起到较好的消振作用。

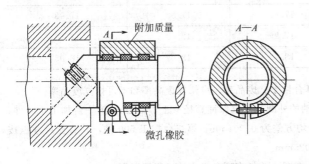

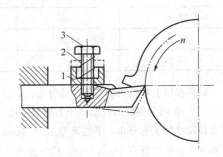

图 7-35　用于镗刀杆的动力吸振器　　　　图 7-36　螺栓式冲击吸振器
　　　　　　　　　　　　　　　　　　　1—自由质量块；2—弹簧；3—螺钉

冲击式吸振器是由一个与振动系统刚性连接的壳体和一个在壳体内自由冲击的质量块组成的。当系统振动时，由于自由质量块的往复运动而冲击壳体，消耗振动的能量，故可减小振动。图7-36所示为螺栓式冲击吸振器。当刀具振动时自由质量块也振动，但由于自由质量块与刀具是弹性连接，振动相位相差180°，当刀具向下挠曲时，自由质量块却克服弹簧的弹力向上移动，这时自由质量块与刀杆之间形成间隙，当刀具向上运动时，自由质量块以一定速度向下运动，产生冲击而消耗能量。

习　题

7-1　加工精度、加工误差、公差的概念是什么？它们之间有何区别？零件的加工精度包括哪三个方面？它们之间的联系和区别是什么？

7-2　为什么对卧式车床床身导轨在水平面内的直线度要求高于在垂直面内的直线度要求？

7-3　在车床上车削工件端面时，出现加工后端面内凹或外凸的形状误差，试从机床几何误差的影响分析造成端面几何形状误差的原因。

7-4　什么叫误差复映？设已知一工艺系统的误差复映系数为0.25，工件在本工序前有椭圆度误差0.45mm，若本工序形状精度规定允差为0.01mm，至少应走刀几次才能使形状精度合格？

7-5　在车床两顶尖间加工轴的外圆，用调整法进行车削时：

(1) 由于测量误差和调整误差将使工件产生什么误差？

(2) 若车床主轴回转轴线每转产生两次径向跳动，则工件将呈什么形状？

(3) 当机床导轨与主轴回转轴线在水平面内不平行时，车出的工件是什么形状？

(4) 导轨在水平面内的直线度误差将使工件产生什么样的形状误差？

(5) 导轨在垂直面内的直线度误差将使工件产生什么样的形状误差？

7-6　加工误差根据统计规律可分为哪几类？这几类误差各有什么特点？试举例说明。

7-7　在三台车床上分别加工三批光轴的外圆，加工后经测量，若三批工件发现有图7-37所示的几何形状误差，试分别说明产生上述误差的主要原因。

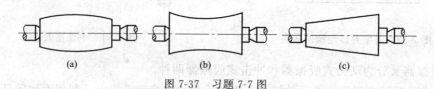

| | (a) | | (b) | | (c) |

图7-37　习题7-7图

7-8　在自动车床上加工一批直径为$\phi18^{+0.03}_{-0.08}$mm的小轴，抽检25件，其尺寸如下（单位为mm）：

17.89	17.92	17.93	17.94	17.94
17.95	17.95	17.96	17.96	17.96
17.97	17.97	17.97	17.98	17.98
17.98	17.89	17.99	18.00	18.00
18.01	18.02	18.02	18.04	18.05

试根据以上数据绘制实际尺寸分布图，计算合格率、废品率、可修复废品率和不可修复废品率。

7-9　在两台相同的自动车床上加工一批小轴的外圆，要求保证直径$\phi11^{+0.02}_{-0.02}$mm。第一台加工100件，其直径尺寸按正态分布，平均值为11.005mm，均方差为0.004mm；第二台加工500件，其直径尺寸也按正态分布，平均值为11.015mm，均方差为0.0025mm。

(1) 画出两台机床加工的两批工件的尺寸分布图，并指出哪台机床的工序精度高。

(2) 计算并比较哪台机床废品率高，分析其产生的原因，并提出改进的办法。

7-10　表面质量的主要内容包括哪几项指标？为什么机械零件的表面质量与加工精度具有同等重要的意义？

7-11　加工后，零件表面为什么会产生硬化和残余应力？

7-12　什么是回火烧伤？什么是淬火烧伤？什么是退火烧伤？为什么磨削加工容易产生烧伤？

7-13　试分析珩磨、超精加工和研磨的工艺特点和适用场合。

7-14　表面强化工艺为什么能改善工件表面质量？生产中常用的各种表面强化工艺方法有哪些？

7-15　机械加工中经常出现的机械振动有哪些？各有何特性？

第8章 机械装配工艺基础

本章基本要求

1. 了解装配工作的内容。
2. 理解装配精度的概念、内容及与零件精度的关系。
3. 熟悉装配尺寸链的计算方法。
4. 了解保证产品装配精度的方法（互换装配法、选择装配法、修配装配法和调整装配法）及其选择。
5. 了解制订装配工艺规程的步骤、方法及内容。

8.1 机械装配概述

8.1.1 装配的概念及意义

(1) 装配的概念

任何机械产品都是由若干零件、组件和部件组成的。按规定的技术要求将若干零件或部件进行配合和连接，使之成为半成品或成品的工艺过程，称为装配。通常把若干零件装配成部件的过程称为部装，把若干零件和部件装配成最终产品的过程称为总装。

(2) 装配的意义

装配是机械制造工艺过程中的最后一个阶段，它对机械产品的质量有着直接的影响。机器的质量最终是通过装配工艺来保证的。如果装配工艺不当，即使零件的制造质量都合格，也不一定能够保证装配出合格的产品；反之，当零件质量一般时，只要在装配中采取合适的工艺措施，也能使产品达到规定的质量要求。另外，在机器装配中还可发现机器在结构设计上和零件加工质量上的问题，并加以改进。因此，装配质量对保证机械产品的质量起着十分重要的作用。

8.1.2 装配工作的基本内容

机械装配是机械制造工艺过程中的最后一个阶段，在装配过程中不是将合格的零件简单地连接起来，而是要通过一系列工艺措施，才能最终达到产品质量要求。常见的装配工作有以下几项。

(1) 清洗

进入装配的零部件必须进行清洗，其目的是去除黏附在零件上的灰尘、切屑和油污。根据不同的情况，可以采用擦洗、浸洗、喷洗、超声清洗等不同的方法。对机器的关键部件，如轴承、密封、精密偶件等，清洗尤为重要。

清洗工作对保证和提高机器装配质量、延长产品使用寿命有重要意义。

(2) 连接

连接是指将有关的零部件固定在一起。通常在机器装配中采用的连接方式分为可拆卸连接和不可拆卸连接两种。可拆卸连接常用的有螺纹连接、键连接和销连接；不可拆卸连接常用的有焊接、铆接和过盈连接等。

（3）校正、调整与配作

① 校正　是指产品中相关零部件间相互位置的找正、找平及相应的调整工作。例如车床总装中主轴箱主轴中心与尾座套筒中心的等高校正。

② 调整　是机械装配过程中对相关零部件相互位置所进行的具体调节工作，以及为保证运动部件的运动精度而对运动副间隙进行的调整工作。例如轴承间隙、导轨副间隙及齿轮与齿条的啮合间隙的调整等。

③ 配作　是指两个零件装配后确定其相互位置的加工，如铰、配刮、配磨等。配钻用于螺纹连接，配铰多用于定位销孔加工，而配刮、配磨则多用于运动副的结合表面。配作通常与校正和调整结合进行。

（4）平衡

平衡是装配过程中的一项重要工作。对高速回转的机械，为防止振动，需对回转部件进行平衡。平衡方法有静平衡和动平衡两种。对大直径小长度零件可采用静平衡，对长度较大的零件则要采用动平衡。

（5）验收

验收是在机械产品完成后，按一定的标准，采用一定的方法，对机械产品进行规定内容的验收。通过检验可以确定产品是否达到设计要求的技术指标。

8.2　装配精度与装配尺寸链

8.2.1　装配精度

（1）装配精度的概念及内容

机械产品的装配精度是指机械产品装配后几何参数实际达到的精度。机械产品的质量是以其工作性能、使用效果、精度和寿命等指标综合评定的，而装配精度则起着重要的决定性作用。装配精度一般包括零部件间的距离精度、相互位置精度、相对运动精度以及接触精度。

① 尺寸精度　是指相关零部件之间的配合精度和距离精度。例如卧式车床前后两顶尖对床身导轨的等高度。

② 位置精度　装配中的相互位置精度是指相关零部件间的平行度、垂直度、同轴度及各种跳动等。例如台式钻床主轴对工作台台面的垂直度。

③ 相对运动精度　是指产品中有相对运动的零部件在运动方向和相对速度上的精度，包括回转运动精度、直线运动精度和传动链精度等。例如滚齿机滚刀与工作台的传动精度。

④ 接触精度　是指两配合表面、接触表面和连接表面间达到规定的接触面积大小与接触点分布情况。如齿轮啮合、锥体配合以及导轨之间均有接触精度要求。

（2）装配精度与零件精度间的关系

机器和部件是由零件装配而成的，装配精度与相关零部件制造误差的累积有关。零件的精度特别是一些关键件的加工精度对装配精度有很大的影响。例如卧式车床尾座移动对床鞍移动的平行度，就主要取决于床身导轨 1 与 2 的平行度，如图 8-1 所示；又如车床主轴锥孔轴心线和尾座套筒锥孔轴心线的等高度 A_0，主

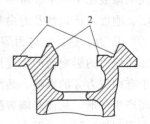

图 8-1　床身导轨
1—床鞍移动导轨；
2—尾座移动导轨

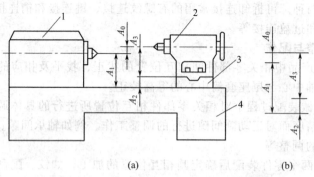

图 8-2　主轴箱主轴中心、尾座套筒等高示意图
1—主轴箱；2—尾座；3—底板；4—床身

要取决于主轴箱、尾座及底板的 A_1、A_2 及 A_3 的尺寸精度，如图 8-2(a) 所示。

另一方面，装配精度又取决于装配方法，在单件小批量生产及装配精度要求较高时装配方法尤为重要。例如，图 8-2(a) 所示的主轴锥孔轴心线与尾座套筒锥孔轴心线的等高度要求是很高的，如果仅靠提高尺寸 A_1、A_2 及 A_3 的尺寸精度来保证是不经济的，甚至在操作上也是很困难的。比较合理的方法是在装配中通过检测，然后对某个零部件进行适当的修配来保证装配精度。

从上述分析可以看出机器的装配精度和零件精度的关系，即零件的精度决定机器的装配精度，但是，即使有了精度合格的零件，如果装配方法不当，也可能装配不出合格的机器。因此机器的装配精度不但决定于零件的精度，而且决定于装配方法，而零件的精度要求取决于对机器装配精度的要求和装配方法。

所以，为了保证机器的装配精度，就要选择适当的装配方法，并合理地规定零件的加工精度。

(3) 影响装配精度的主要因素

① 零件的加工精度　零件的加工精度直接影响着装配精度。一般来说，零件精度越高，装配精度越易于保证，但并不是零件精度越高越好，这样会增加加工成本，造成一定浪费。因此，应根据装配精度要求科学分析，正确选择装配方法，合理地确定和控制零件的加工精度。

② 零件间的配合和接触质量　零件间的配合质量是指配合面间的间隙或过盈量，它决定了配合性质。零件间的接触质量是指配合面或连接表面之间一定的接触面积及接触位置的要求，它主要影响接触刚度，即接触变形，也影响配合性质。提高配合质量和接触质量是现代机器装配中一个非常重要的问题，特别是提高配合面的接触刚度，对提高整个机械的精度、刚度、抗振性及寿命等都具有极其重要的作用。

③ 力、热、内应力等所引起的零件变形　零件在机械加工和装配过程中，由于力、热和内应力的影响而产生变形，从而对装配精度有很大影响。有些零件加工后检验合格，但由于有内应力等的影响，装配后发生变形，使装配精度受严重影响；有些零件则由于装配不当而产生变形，从而影响装配精度；还有些如龙门铣床、龙门刨床和摇臂钻床的横梁和摇臂等重型零件，因自重而产生变形；一些高精度的机床和仪器，由于装配和使用中恒温控制不当产生热变形等，都影响装配精度。因此，为了减小零件变形对装配精度的影响，要从设计、工艺及使用等方面采取措施。例如零件加工后要通过适当的热处理工艺消除内应力；装配过

程中要采用合理的装配工艺，防止零件的碰撞和装配变形等。

④ 回转零件的不平衡　这会在高速运转中产生振动，影响装配精度。低速运转的零件，不平衡往往会影响机器工作的平稳性，甚至也会引起振动，从而影响装配精度。因此，对于高速转动的回转零件，一定要进行动平衡后再进行装配。

8.2.2　装配尺寸链

(1) 装配尺寸链的基本概念

装配尺寸链是机器或部件在装配过程中由相关零件的有关尺寸（表面或轴线间距离）或相互位置关系（平行度、垂直度或同轴度等）所组成的尺寸链。其基本特征是具有封闭性，即有一个封闭环和若干个组成环所构成的尺寸链呈封闭图形，如图 8-2(b) 所示。装配尺寸链中，其封闭环是装配后才形成的机器或部件的装配精度，如图 8-2(b) 中的 A_0。组成环是对装配精度有直接影响的相关零件的尺寸或相互位置关系，如图 8-2(b) 中的 A_1、A_2 及 A_3。

装配尺寸链各环的定义及特征同工艺尺寸链。

装配尺寸链按照各环的几何特征和所处的空间位置大致可分为线性尺寸链、角度尺寸链、平面尺寸链和空间尺寸链。常见的是前两种。此处仅介绍线性尺寸链。

(2) 装配尺寸链的建立（线性尺寸链）

在分析装配尺寸链和解决装配精度问题时，装配尺寸链的建立是分析和研究问题的第一步，只有建立正确的装配尺寸链，求解尺寸链才有意义。

建立装配尺寸链，就是在装配图上根据装配精度的要求找出与该项精度有关的零件及其相应的有关尺寸，并画出相应的尺寸链图。与该项精度有关的零件称为相关零件，其相应的有关尺寸称为相关尺寸。显然，在装配尺寸链中，最后形成的封闭环就是装配精度，组成环是相关零件的相关尺寸。因此，建立装配尺寸链的一般步骤是：确定封闭环，查找组成环，画尺寸链图和判别各组成环性质。下面主要介绍线性尺寸链的建立方法、步骤和注意问题。

① 确定封闭环　在装配过程中，要求保证的装配精度就是封闭环。

② 查明组成环并画装配尺寸链图　从封闭环任意一端开始，沿着装配精度要求的位置方向，将与装配精度有关的各零件尺寸依次首尾相连，直到与封闭环另一端相接为止，形成一个封闭的尺寸图，图上的各个尺寸即是组成环。

③ 判别组成环的性质　画出装配尺寸链图后，按工艺链所述的定义判别组成环的性质，即增环、减环。

在建立装配尺寸链时，需注意下列两点。

① 装配尺寸链的简化原则　机械产品的结构通常都比较复杂，对某项装配精度有影响的因素很多，在查找装配尺寸时，在保证装配要求的前提下，可略去那些影响较小的因素，从而简化装配尺寸链。

② 尺寸链组成的最短路线原则　由尺寸链的基本理论可知，在装配要求给定的条件下，组成环数目越少，各组成环所分配到的公差值就越大，零件的加工就越容易和经济。

例 8-1　普通车床床头和尾座两顶尖等高度要求的装配尺寸链如图 8-2(a) 所示。规定要求当最大工件回转直径为 800～1250mm 时，等高度等于 0～0.06mm（只许尾座高）。试建立其装配尺寸链。

解：（ⅰ）确定封闭环。装配尺寸链的封闭环即两顶尖等高度，$A_0 = 0 \sim 0.06$mm（只许尾座高）。

（ⅱ）查找组成环。先找相关零件，前面已分析，对封闭环 A_0 有影响的相关件有主轴箱、床身、尾座底板和尾座等。但从主轴箱和尾座的装配结构可知，主轴箱和尾座不是相关零件，而是相关部件，主轴箱部件中包含前顶尖、主轴、轴承（轴承内环、滚动体、轴承外环）和主轴箱体，尾座部件包含后顶尖、尾座套筒和尾座体。因此，该装配尺寸链的实际相关零件有前顶尖、主轴、轴承、主轴箱体、床身、尾座底板、尾座体、尾座套筒和后顶尖等。

然后确定相关零件的相关尺寸。本装配尺寸链中的各相关零件在装配中多以圆柱面和平面为装配基准，它们之间的关系多为轴线间的位置尺寸和形位公差，因此其组成环如下：

A_1——主轴箱体轴承孔轴线至底面距离；

A_2——尾座底板厚度；

A_3——尾座体孔轴线至底面距离；

e_1——主轴滚动轴承外圈与内孔的同轴度误差；

e_2——尾座顶尖套锥孔与外圈的同轴度误差；

e_3——尾座顶尖套与尾座孔配合间隙引起的向下偏移量；

e_4——床身上安装床头箱和尾座的平导轨间的高度差。

（ⅲ）画尺寸链图，判别组成环性质。图 8-3 所示是普通车床床头和尾座两顶尖等高度要求的装配尺寸链图，通常 $e_1 \sim e_4$ 的公差数值相对于 $A_1 \sim A_3$ 的公差数值很小，故装配尺寸链图可简化成图 8-2(b) 所示的尺寸链图。

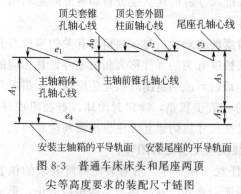

顶尖套锥孔轴心线　顶尖套外圆柱面轴心线　尾座孔轴心线

主轴箱体孔心线　主轴前锥孔轴心线

安装主轴箱的平导轨面　安装尾座的平导轨面

图 8-3　普通车床床头和尾座两顶尖等高度要求的装配尺寸链图

（3）装配尺寸链的计算方法

① 计算类型

a. 正计算法。已知组成环的基本尺寸及偏差，求封闭环的基本尺寸偏差。计算比较简单，常用在已有装配图和全部零件图的情况下，用以验证组成环公差、基本尺寸及偏差的规定是否正确，是否满足装配精度指标。

b. 反计算法。已知封闭环的基本尺寸及偏差，求各组成环的基本尺寸及偏差。常用在产品设计阶段，即根据装配精度指标确定各组成环公差，然后才能将这些已确定的基本尺寸及其偏差标注到零件图上。

c. 中间计算法。已知封闭环及组成环的基本尺寸及偏差，求另一组成环的基本尺寸及偏差。计算也较简便，不再赘述。

② 计算方法

a. 极大极小法。用极大极小法计算装配尺寸链的方法与解工艺尺寸链的方法相同，在此从略。

极大极小法封闭环公差：

$$T_0 = \sum_{i=1}^{m} T_i \tag{8-1}$$

式中　T_0——封闭环公差；

　　　T_i——组成环公差；

m——组成环个数。

组成环平均公差：

$$T_{avi} = \frac{T_0}{m} \tag{8-2}$$

b. 概率法。极大极小法的优点是简单可靠，其缺点是从极端情况下出发推导出的计算公式比较保守，当封闭环的公差较小，而组成环的数目又较多时，则各组成环分得的公差很小，使加工困难，制造成本增加。生产实践证明，加工一批零件时，其实际尺寸处于公差中间部分的是多数，而处于极限尺寸的零件是极少数，而且一批零件在装配中，尤其是对于多环尺寸链的装配，同一部件的各组成环恰好都处于极限尺寸情况更是少见。因此，在成批大量生产中，当装配精度要求高，而且组成环的数目又较多时，应用概率法计算装配尺寸链比较合理。

概率法封闭环公差：

$$T_0 = \sqrt{\sum_{i=1}^{m} T_i^2} \tag{8-3}$$

式中　T_0——封闭环公差；

　　　T_i——组成环公差；

　　　m——组成环个数。

组成环的平均平方公差：

$$T_{avq} = \frac{T_0}{\sqrt{m}} \tag{8-4}$$

概率法和极大极小法所用的计算公式的区别只在封闭环公差的计算上，其他完全相同。

8.3　装配方法及其选择

为了使机器（产品）装配后能满足装配精度要求，并使整个生产过程有较好的经济效益，必须根据产品批量的大小选择合理的装配方法。

8.3.1　装配方法

(1) 互换装配法

在装配时各配合零件不经修理、选择或调整即可达到装配精度的方法称为互换装配法。根据互换程度不同，互换装配法又分为完全互换装配法和不完全互换装配法两种形式。

互换装配法的特点是装配质量稳定可靠，装配工作简单、经济、生产率高，零部件有互换性，便于组织流水装配和自动化装配，是一种比较理想和先进的装配方法。因此，只要各零件的加工在技术上经济合理，就应该优先采用。尤其是在大批大量生产中广泛采用互换装配法。

① 完全互换装配法　这种方法的实质是在满足各环经济精度的前提下依靠控制各装配相关零件相关尺寸的制造精度保证装配。

在一般情况下，完全互换装配法的装配尺寸链按极大极小法计算，即各组成环的公差之和等于或小于封闭环的公差。其核心问题是将封闭环的公差合理地分配到各组成环上去。分配的一般原则如下。

a. 当组成环是标准尺寸时（如轴承宽度、挡圈厚度等），其公差大小和分布位置为确定值。

b. 当某一组成环是几个不同装配尺寸链的公共环时，其公差大小和公差带位置应根据对其精度要求最严的那个装配尺寸链确定。

c. 在确定各待定组成环公差大小时，可根据具体情况选用不同的公差分配方法，如等公差法、等精度法或按实际加工可能性分配法等。在处理线性装配尺寸链时，若各组成环尺寸相近，加工方法相同，可优先考虑等公差法；若各组成环加工方法相同，但基本尺寸相差较大，可考虑使用等精度法；若各组成环加工方法不同，但加工精度差别较大，则通常按实际加工可能性分配公差。

d. 各组成环公差带的位置一般可按入体原则标注，但要保留一环作"协调环"。因为封闭环的公差是装配要求确定的既定值，当大多数组成环取为标准公差值之后，就可能有一个组成环的公差值取的不是标准公差值，此组成环在尺寸链中起协调作用，这个组成环称为协调环，其上、下偏差用极值法有关公式求出。

完全互换装配法的优点是：装配过程简单，生产率高；对工人技术水平要求不高；便于组织流水作业和实现自动化装配；容易实现零部件的专业协作，成本低；便于备件供应及机械维修工作。所以，只要当组成环分得的公差满足经济精度要求时，无论何种生产类型都应尽量采用完全互换装配法进行装配。

但是，在装配精度要求高，同时组成零件数目又较多时，分配到每一个零件的制造公差就很小，难以实现对零件的经济精度要求，有时零件加工非常困难，甚至无法加工。

例 8-2　图 8-4 所示的齿轮装配图，装配后要求齿轮右端间隙为 $0.10 \sim 0.35\text{mm}$。已知其他零件的有关基本尺寸为：$A_1 = 35\text{mm}$，$A_2 = 14\text{mm}$，$A_3 = 49\text{mm}$。试以完全互换装配法计算各组成环上、下偏差。

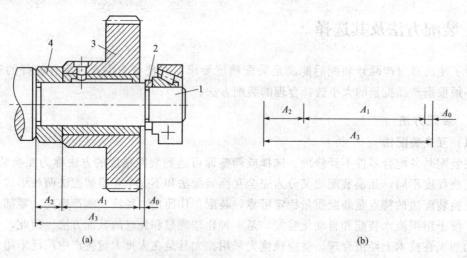

(a)　　　　　　　　　　　　　　　(b)

图 8-4　齿轮装配图
1—轴；2—挡圈；3—齿轮；4—轴套

解：（ⅰ）画出装配尺寸链，如图 8-4（b）所示。在 A_0 与 A_1、A_2、A_3 组成的尺寸链中，A_1、A_2 为减环，A_3 是增环，A_0 是封闭环。计算封闭环基本尺寸 A_0：

$$A_0 = A_3 - (A_1 + A_2) = 49 - (35 + 14) = 0 \ (\text{mm})$$

（ⅱ）计算封闭环公差 T_0：

$$T_0 = 0.35 - 0.10 = 0.25 \text{ (mm)}$$

（ⅲ）确定各组成环公差。可先按等公差计算分配到各环的平均公差值：

$$T_{avi} = \frac{T_0}{m} = \frac{0.25}{3} \approx 0.083 \text{ (mm)}$$

考虑到各组成环基本尺寸的大小及制造难易程度各不相同，各组成环制造公差应在平均公差值的基础上作适当调整。因 A_2 便于加工，故作为协调环。A_1 与 A_3 在同一尺寸分段范围内，平均公差值接近该尺寸分段范围的 IT10，组成环 A_1 与 A_3 的公差值按 IT10 取为

$$T_1 = T_3 = 0.10 \text{ (mm)}$$
$$T_2 = T_0 - T_1 - T_3 = 0.25 - 0.10 - 0.10 = 0.05 \text{ (mm)}$$

（ⅳ）确定各组成环的极限偏差。组成环尺寸的极限偏差一般按偏差入体原则标注。对于内尺寸，其尺寸偏差按基孔制配置；对于外尺寸，其尺寸偏差按基孔制配置；入体方向不明的长度尺寸，其极限偏差按对称偏差配置。本例取

$$A_1 = 35h10 = 35_{-0.10}^{\ 0} \text{ mm}$$
$$A_3 = 49js10 = (49 \pm 0.05) \text{ mm}$$

计算协调环的极限偏差：

$$ES_0 = ES_3 - (EI_1 + EI_2)$$

即

$$0.35 = 0.05 - (-0.01 + EI_2)$$

则

$$EI_2 = -0.20 \text{ mm}$$
$$EI_0 = EI_3 - (ES_1 + ES_2)$$

即

$$0.10 = -0.05 - (0 + ES_2)$$

则

$$ES_2 = -0.15 \text{ mm}$$
$$A_2 = 14_{-0.193}^{-0.150} \text{ mm}$$

（ⅴ）进行验算：

$$T_0 = T_1 + T_2 + T_3 = 0.10 + 0.05 + 0.10 = 0.25 \text{ (mm)}$$

上述计算表明，只要 A_1、A_2、A_3 分别按上述尺寸精度要求制造，就能做到完全互换装配。

② 不完全互换装配法　如果装配精度要求较高，尤其是组成环的数目较多时，若应用极大极小法确定组成环的公差，则组成环的公差将会很小，这样就很难满足经济精度要求。因此，在大批量生产的条件下，就可以考虑不完全互换装配法，即用概率法解算尺寸链。根据概率论的原理可将各相关零件尺寸的公差适当放大，装配时在出现少量返修调整的情况下仍能保证装配精度，这种方法称为不完全互换装配法。

不完全互换装配法与完全互换装配法相比，其优点是零件尺寸的公差可以放大，从而使零件加工容易，成本低，也能达到互换性装配的目的；其缺点是将会有一部分产品的装配精度超差。

为了便于与完全互换装配法比较，仍以例 8-2 为例进行计算。

解：（ⅰ）画出装配尺寸链，计算封闭环基本尺寸 A_0：

$$A_0 = A_3 - (A_1 + A_2) = 49 - (35 + 14) = 0 \text{ (mm)}$$

（ⅱ）计算封闭环公差 T_0：

$$T_0 = 0.35 - 0.10 = 0.25 \text{ (mm)}$$

（ⅲ）计算各组成环的平均平方公差值：

$$T_{\text{avq}} = \frac{T_0}{\sqrt{m}} = \frac{0.25}{\sqrt{3}} \approx 0.144 \text{ (mm)}$$

（ⅳ）确定各组成环的制造公差。以组成环的平均平方公差为基础，参考各组成环的尺寸和加工难易程度确定各组成环的制造公差。取 A_2 为协调环。A_1 与 A_3 在同一尺寸分段范围内，平均平方公差值接近该尺寸分段范围的 IT11，组成环 A_1 与 A_3 的公差值按 IT11 取为

$$T_1 = T_3 = 0.160 \text{ (mm)}$$

$$T_2 = \sqrt{(T_0^2 - T_1^2 - T_3^2)} = \sqrt{(0.25^2 - 0.16^2 - 0.16^2)} \approx 0.106 \text{ (mm)}$$

考虑到 A_2 易于加工，按 IT10 取 $T_2 = 0.07 \text{mm}$。

（ⅴ）确定各组成环的的极限偏差。组成环尺寸的极限偏差一般按偏差入体原则标注，取 $A_1 = 35 \text{h11} = 35_{-0.16}^{0} \text{mm}$，$A_3 = 49 \text{js11} = (49 \pm 0.08) \text{ mm}$，计算协调环的极限偏差：

$$ES_0 = ES_3 - (EI_1 + EI_2)$$

即

$$0.35 = 0.08 - (-0.16 + EI_2)$$

则

$$EI_2 = -0.11 \text{mm}$$
$$EI_0 = EI_3 - (ES_1 + ES_2)$$

即

$$0.10 = -0.08 - (0 + ES_2)$$

则

$$ES_2 = -0.18 \text{mm}$$
$$A_2 = 14_{-0.18}^{-0.11} \text{mm} = 13.89_{-0.07}^{0} \text{mm}$$

（ⅵ）进行验算：

$$T_0 = \sqrt{\sum_{i=1}^{m} T_i^2} \approx 0.24 \text{ (mm)}$$

与完全互换装配法求得各组成环的极限偏差相比，它们的制造公差都放大了。

(2) 选择装配法

在成批量生产中，若封闭环精度很高，且组成环数较少时，即使采用概率法装配，零件的公差也过于严格，甚至无法加工。此时可采用选择装配法。

选择装配法是将零件按经济精度加工（即放大制造公差），然后选择恰当的零件进行装配，以保证规定的装配精度要求和装配方法。它又可分为直接选择法、分组装配法和复合装配法三种。

① 直接选择法　由装配工人从许多待装的零件中凭经验挑选合适的零件，通过试凑进行装配的方法。这种方法的优点是简单，零件不必先分组，但装配中挑选零件的时间长，装配质量取决于工人的技术水平，不宜于进度要求较严的大批量生产。

② 分组装配法　在成批大量生产中，将产品各配合副的零件按实测尺寸分组，装配时按组进行互换装配，以达到装配精度的方法。例如某一轴孔配合时，若配合间隙公差要求非常小，则轴和孔要以极严格的公差分别制造才能保证装配间隙要求。这时可以将轴和孔的公差放大，装配前实测轴和孔的实际尺寸并分成若干组，然后按组进行装配，即大尺寸的轴与大尺寸的孔配合，小尺寸的轴与小尺寸的孔配合，这样对于每一组的轴孔来说装配后都能达到规定的装配精度要求。由此可见，分组装配法既可降低对零件加工精度的要求，又能保证装配精度，在相关零件较少时是很方便的。现以汽车发动机活塞销孔与活塞销的分组装配为例说明分组装配法的原理与方法。

在汽车发动机中，活塞销和活塞销孔的配合要求是很高的，图 8-5(a) 所示为某厂汽车发动机活塞销与活塞销孔的装配关系，销和销孔的基本尺寸为 $\phi 28$mm，在冷态装配时要求有 $0.0025 \sim 0.0075$mm 的过盈量。若按完全互换法装配，需将封闭环公差 $T_0 = 0.0050$mm 均等地分配给活塞销直径 $d(d = \phi 28^{\ 0}_{-0.025}mm)$ 与活塞销孔直径 $D(D = \phi 28^{-0.0050}_{-0.0075}mm)$；制造这样精确的销孔和销是很困难的，也是不经济的。生产上常用分组法装配来保证上述装配精度要求，方法如下。

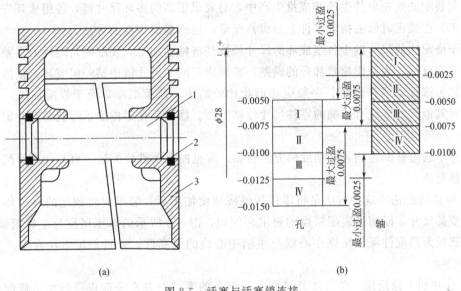

图 8-5　活塞与活塞销连接
1—活塞销；2—挡圈；3—活塞

a. 将活塞销和活塞销孔的制造公差同向放大 4 倍，使 $d = \phi 28^{\ 0}_{-0.010}$mm，$D = \phi 28^{-0.005}_{-0.015}$mm。

b. 活塞销和活塞销孔按上述要求加工好后，用精密量具逐一测量其实际尺寸。

c. 将销孔孔径 D 与销直径 d 按尺寸大小从大到小分成 4 组，并按组号分别涂上不同颜色的标记。

d. 装配时具有相同颜色标记的销与销孔相配，即大销配大销孔，小销配小销孔，使之达到产品图样规定的装配精度要求。

图 8-5(b) 所示为活塞销和活塞销孔的分组公差带位置。

采用分组互换装配时应注意以下几点。

a. 为了保证分组后各组的配合精度和配合性质符合原设计要求，配合件的公差应相等，公差增大的方向应相同，增大的倍数应等于以后的分组数。

　　b. 分组数不宜多，多了会增加零件的测量和分组工作量，并使零件的储存、运输及装配等工作复杂化。

　　c. 分组后各组内相配合零件的数量要相符，形成配套。否则会出现某些尺寸零件的积压浪费现象。

　　但是，由于增加了测量、分组等工作，当相关零件较多时就显得非常麻烦。另外，在单件小批生产中可以直接进行选配或修配而没有必要再分组。所以分组装配法仅适用于大批大量生产中装配精度要求很严，而影响装配精度的相关零件很少的情况。例如内燃机、轴承等大批大量生产。

　　③ 复合装配法　该方法是直接选配与分组装配的综合装配法，即预先测量分组，装配时再在各对应组内凭工人经验直接选配。这一方法的特点是配合件公差可以不等，装配质量高，且速度较快，能满足一定的进度要求。发动机装配中，汽缸与活塞的装配多采用这种方法。

(3) 修配装配法

　　修配装配法是在单件生产和成批生产中，对要求很高的多环尺寸链，各组成环先按经济精度加工，在装配时修去指定零件上预留修配量，达到装配精度的方法。

　　由于修配法的尺寸链中各组成环的尺寸均按经济精度加工，装配时封闭环的误差会超过规定的允许范围。为补偿超差部分的误差，必须修配加工尺寸链中某一组成环。被修配的零件尺寸称为修配环或补偿环。一般应选形状比较简单，修配面小，便于修配加工，便于装卸，并对其他尺寸链没有影响的零件尺寸作修配环。修配环在零件加工时应留有一定量的修配量。

　　生产中通过修配达到装配精度的方法很多，常见的有单件修配法、合并加工修配法、自身加工修配法。

　　① 单件修配法　这种方法是将零件按经济精度加工后，装配时将预定的修配环用修配加工改变其尺寸，以满足装配精度的要求。例如，图 8-2 所示的车床尾座与主轴箱装配中，以尾座底板为修配件保证尾座中心线与主轴中心线的等高性，这种修配方法在生产中应用最广。

　　② 合并加工修配法　该方法是将两个或更多的零件合并在一起再进行加工修配，以减少组成环的环数，相应地减少修配的劳动量。例如，图 8-2 所示的尾座装配时，为减少对尾座底板的修配量，也可以采用合并修配法，即把尾座体（A_3）与底板（A_2）相配合的平面分别加工好，并配刮横向小导轨，然后把两零件装配为一体，再以底板的底面为定位基准，镗削加工套筒孔，这样 A_2 与 A_3 合并成为一环，公差可以加大，而且可以给底板面留较小的刮研量，使整个装配工作更加简单。

　　合并加工修配法由于零件合并后再加工和装配，给组织装配生产带来很多不便，因此这种方法多用于单件小批量生产中。

　　③ 自身加工修配法　在机床制造中，有些装配精度要求是在机床总装时用机床本身加工自身的方法保证机床的装配精度，这种修配法称为自身加工修配法。例如牛头刨床、龙门刨床及龙门铣床总装后刨或铣削自身的工作台面，可以较容易地保证工作台面和滑枕或导轨面的平行度。

（4）调整装配法

在装配时用改变机器中可调整零件的相对位置或选用合适的调整件以达到装配精度的方法称为调整装配法。常用的调整装配法有三种：可动调整装配法、固定调整装配法和误差抵消调整装配法。

① 可动调整装配法　用改变调整件的位置达到装配精度的方法称为可动调整装配法。调整过程中不需要拆卸零件，比较方便。

采用可动调整装配法可以调整由于磨损、热变形、弹性变形等所引起的误差。所以它适用于高精度和组成环在工作中易于变化的尺寸链。

机械制造中采用可动调整装配法的例子较多。如图 8-6(a) 所示，依靠转动螺钉调整轴承外环的位置以得到合适的间隙；图 8-6(b) 所示是用调整螺钉通过垫板保证车床溜板和床身导轨之间的间隙；图 8-6(c) 所示是通过转动调整螺钉使斜楔块上下移动保证螺母和丝杠之间的合理间隙。

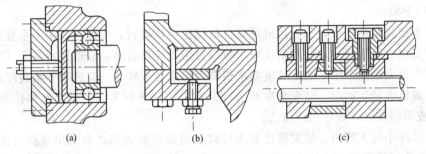

(a)　　　　　　　　　(b)　　　　　　　　　(c)

图 8-6　可动调整装配实例

可动调整法的主要优点是：组成环的制造精度虽不高，但却可获得较高的装配精度；在机器使用中可随时通过调节调整件的相对位置补偿由于磨损、热变形等原因引起的误差，使之恢复到原来的装配精度；它比修配法操作简便，易于实现。不足之处是需增加一套调整机构，增加了结构复杂程度。可动调整装配法在生产中应用很广。

② 固定调整装配法　是在尺寸链中选择一个零件（或加入一个零件）作为调整环，根据装配精度确定调整件的尺寸，以达到装配精度的方法。常用的调整件有轴套、垫片、垫圈和圆环等。

固定调整装配方法适于在大批大量生产中装配那些装配精度要求较高的机器结构。在产量大、装配精度要求较高的场合，调整件还可以采用多件拼合的方式组成，方法如下：预先将调整垫分别做成不同厚度（例如 1mm，2mm，5mm，……；0.1mm，0.2mm，0.3mm，……，0.9mm，……），再准备一些更薄的调整片（例如 0.01mm，0.02mm，0.05mm，……，0.09mm，……），装配时根据所测实际空隙的大小把不同厚度的调整垫拼成所需尺寸，然后把它装到空隙中，使装配结构达到装配精度要求。这种调整装配方法比较灵活，在汽车、拖拉机生产中广泛应用。图 8-7 所示即为固定调整装配法的实例。当齿轮的轴向窜动量有严格要求时，在结构上专门加入一个固定调整件，即尺寸等于 A_3 的垫圈。

③ 误差抵消调整装配法　在机器装配中，通过调整被装零件的相对位置，使误差相互抵消，可以提高装配精度，这种装配方法称为误差抵消调整法。它在机床装配中应用较多，例如，在车床主轴装配中，通过调整前后轴承的径向跳动方向控制主轴的径向跳

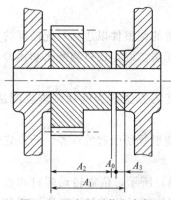

图 8-7　固定调整装配实例

动；在滚齿机工作台分度蜗轮装配中，采用调整蜗轮和轴承的偏心方向抵消误差，以提高工作台主轴的回转精度。

调整装配法的主要优点是：组成环均能以加工经济精度制造，但却可获得较高的装配精度；装配效率比修配装配法高。不足之处是要另外增加一套调整装置。可动调整法和误差抵消调整法适于在成批生产中应用，固定调整法则主要用于大批量生产。

8.3.2　装配方法的选择

一种产品究竟采用何种装配方法保证装配精度，通常在设计阶段就应确定。选择装配方法要考虑多种因素，主要是装配精度、结构特点、生产类型、生产条件及生产组织形式等，要根据具体情况综合分析确定。一般来说，选择装配方法时应遵循以下原则。

① 在大批大量生产中，只要组成环零件的加工经济可行，应优先选用完全互换法。

② 在成批大量生产中，装配精度要求较高且组成环数较多，应选用不完全互换法。

③ 在大批大量生产中，装配精度要求较高而组成环数较少，应选用分组装配法。

④ 在成批大量生产中，装配精度要求较高且组成环数较多，若采用互换法将使组成环加工困难或不经济时，应选用调整法。

⑤ 在单件小批生产中，装配精度要求较高且组成环数较多，若采用互换法使零件加工困难时，应选择修配法。

8.4　装配工艺规程的制订

制订装配工艺规程，是生产技术准备工作中的一项重要技术工作。装配工艺规程对产品的装配质量、生产效率、经济成本和劳动强度等都有重要的影响。合理而优化的装配工艺规程可实现：保证装配质量、提高装配生产率、缩短装配周期、降低装配劳动强度、缩小装配占地面积和降低装配成本。因此，要合理地制订装配工艺规程。

8.4.1　制订装配工艺规程的基本原则及原始资料

(1) 制订装配工艺规程的基本原则

制订装配工艺规程的基本要求是在保证产品装配质量的前提下尽量提高劳动生产率和降低成本。具体原则如下。

① 保证产品装配质量　从机械加工和装配的全过程达到最佳效果下选择合理而可靠的装配方法。

② 提高生产率　合理安排装配顺序和装配工序，尽量减少装配工作量，特别是手工劳动量，提高装配机械化和自动化程度，缩短装配周期，满足装配规定的进度计划要求。

③ 减少装配成本　要减少装配生产面积，减少工人的数量和降低对工人技术水平的要求。

(2) 制订装配工艺规程的原始资料

在制订装配工艺规程以前，必须具备下列原始资料，才能顺利地进行这项工作。

① 产品的装配图及验收技术标准　产品的装配图应包括总装图和部件装配图，并能清楚地表示出所有零件相互连接的结构视图和必要的剖视图、零件的编号、装配时应保证的尺寸、配合件的配合性质及精度等级、装配的技术要求、零件的明细表等。为了在装配时对某些零件进行补充机械加工和核算装配尺寸链，有时还需要某些零件图。

产品的验收技术条件、检验内容和方法也是制订装配工艺规程的重要依据。

② 产品的生产纲领　即其年生产量。生产纲领决定了产品的生产类型。生产类型不同，致使装配的生产组织形式、工艺方法、工艺过程的划分、工艺装备的多少、手工劳动的比例均有很大不同。

大批大量生产的产品应尽量选择专用的装配设备和工具，采用流水装配方法。现代装配生产中则大量采用机器人，组成自动装配线。对于成批量生产、单件小批量生产则多采用固定装配方式，手工操作比重大。在现代柔性装配系统中，已开始采用机器人装配单件小批量产品。

③ 生产条件和标准资料　包括现有的装配工艺设备、工人技术水平、装配车间面积、机械加工条件及各种工艺资料和标准等。

8.4.2　制订装配工艺规程的步骤

(1) 研究产品的装配图及验收技术条件

审核产品图样的完整性、正确性；分析产品的结构工艺性；审核产品装配的技术要求和验收标准；分析与计算产品装配尺寸链。

(2) 确定装配方法与组织形式

装配的方法和组织形式主要取决于产品的结构特点（尺寸和质量等）和生产纲领，并应考虑现有的生产技术条件和设备。

装配组织形式通常可分为固定式装配和移动式装配。

① 固定式装配　是指产品或部件的全部装配工作都安排在某一固定的装配工作地进行。在装配过程中产品的位置不变，装配所需要的全部零部件都汇集在工作地附近。固定式装配的特点是对装配工人的技术水平要求较高，占地面积较大，装配生产周期较长，生产率较低。因此，主要适用于单件小批生产以及装配时不便于或不允许移动的产品的装配，如新产品试制或重型机械的装配等。

② 移动式装配　是指在装配生产线上零件和部件通过连续或间歇式的移动依次通过各装配工作地，以完成全部装配工作。移动式装配的特点是装配工序分散，每个装配工作地重复完成固定的装配工序，广泛采用装配专用设备及工具，生产率高，但对装配工人的技术水平要求不高。因此，多用于大批大量生产，如汽车、柴油机等的装配。

(3) 划分装配单元并确定装配顺序

装配单元的划分，就是从工艺的角度出发将产品划分为若干个可以独立进行装配的组件或部件，以便组织平行装配或流水作业装配。

在确定各级装配单元的装配顺序时，首先要选定一个零件（或组件、部件）作为装配基准件；再以此基准件为装配的基础，按照装配结构的具体情况，根据"预处理工序先行，先上后下，先内后外，先难后易，先重大后轻小，先精密后一般"的原则确定其他零件或装配单元的装配顺序，最后用装配系统图表示出来，如图 8-8 所示。例如，机床装配中，床身零件是床身组件的装配基准零件，床身组件是床身部件的装配基准组件，床身部件是机床的装配基准部件。

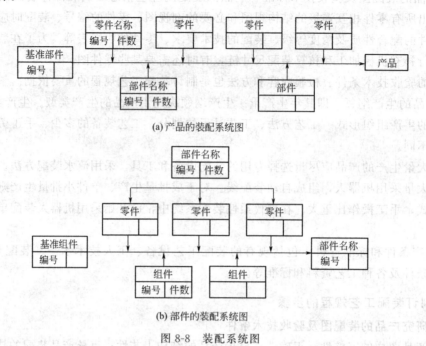

(a) 产品的装配系统图

(b) 部件的装配系统图

图 8-8　装配系统图

(4) 划分装配工序

装配顺序确定后，就可将装配工艺过程划分为若干工序，其主要工作如下。

① 确定工序集中与分散的程度。

② 划分装配工序，确定工序内容。

③ 确定各工序所需的设备和工具，如需专用夹具与设备则应拟订设计任务书。

④ 制订各工序装配操作规范，如过盈配合的压入力、变温装配的装配温度以及紧固件的力矩等。

⑤ 制订各工序装配质量要求与检测方法。

⑥ 确定工序时间定额，平衡各工序时间。

(5) 编制装配工艺文件

单件小批生产时，通常不制订装配工艺文件，只绘制装配系统图。装配时，依照装配图及装配系统图。成批生产时，应根据装配系统图分别制订出总装和部装的装配工艺过程卡，写明工序次序、简要工序内容、设备名称、工具与夹具名称与编号、工人技术等级和时间定额等。大批大量生产时，每一个工序都要制订出装配工序卡，详细说明该工序的装配内容，用以直接指导装配工人进行操作。

(6) 制订产品的试验验收规范

产品装配后，应按产品的要求和验收标准进行试验验收。因此，还应制订出试验验收规范，其中包括试验验收的项目、质量标准、方法、环境要求，试验验收所需的工艺装备、质量问题的分析方法和处理措施等。

习　题

8-1　装配精度一般包括哪些内容?

8-2　装配精度与零件的加工精度有何区别？它们之间又有何关系？试举例说明。

8-3　装配尺寸链是如何构成的？装配尺寸链封闭环是如何确定的？它与工艺尺寸链的封闭环有何区别？

8-4　极值法解装配尺寸链与概率法解装配尺寸链有何不同？各用于何种情况？

8-5　装配方法有哪几种？各适用于什么装配场合？

8-6　装配工艺规程包括哪些主要内容？是经过哪些步骤制订的？

8-7　图 8-9 所示的齿轮箱部件，装配后要求轴向窜动量为 $0.20 \sim 0.70$mm。已知其他零件的有关基本尺寸：$A_1 = 122$mm，$A_2 = 28$mm，$A_3 = 5$mm，$A_4 = 140$mm，$A_5 = 5$mm。试用完全互换装配法决定上、下偏差。

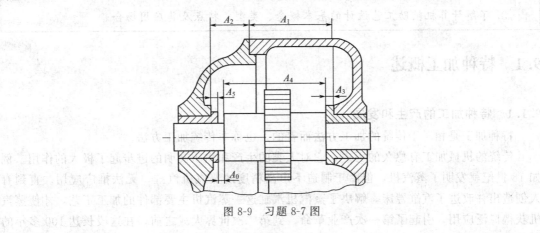

图 8-9　习题 8-7 图

第 9 章　先进制造工艺简介

本章基本要求

1. 了解特种加工的工艺特点。
2. 了解成组技术的基本概念及其在工艺中的应用。
3. 了解计算机辅助工艺设计的基本概念、类型、特点及其应用场合。

9.1　特种加工概述

9.1.1　特种加工的产生和发展

特种加工是相对于传统的加工方法而言的，也称非传统加工方法。

传统的机械加工有悠久的历史，它对人类的生产和物质文明的进步起了极大的作用。例如 18 世纪就发明了蒸汽机，但由于制造不出高精度的蒸汽机汽缸，无法推广应用。直到有人创造出并改进了汽缸镗床，解决了蒸汽机汽缸这一蒸汽机主要部件的加工工艺，才使蒸汽机获得广泛应用，引起了第一次产业革命。到第二次世界大战之前，在这段长达 100 多年的机械加工的漫长年代里，并没有产生对特种加工的迫切要求，也没有发展特种加工的条件，人们的思想一直局限在传统的用机械能量和切削力的方法去除多余金属以达到加工要求的禁锢中。

直到 1943 年，前苏联拉扎林柯夫妇研究电火花放电时开关触点遭受腐蚀损坏的现象和原因，发现电火花的瞬间高温可使局部的金属熔化、汽化而被蚀掉，因而开创和发明了电火花加工方法。自那时起，人们可用软的工具加工硬的金属材料，首次摆脱了传统的切削加工方法，直接利用电能和热能去除多余金属，获得"以柔克刚"的效果。

第二次世界大战后，特别是进入 20 世纪 50 年代以来，随着工业生产的发展和科学技术的进步，很多工业部门，尤其是国防工业部门，要求尖端科学技术向高精度、高速度、高温、高压、大功率、小型化方向发展，所使用的材料越来越难加工，零件形状越来越复杂，表面精度和某些特殊要求也越来越高，客观需求对机械制造部门提出了如下新的要求。

① 解决各种难加工材料的加工问题。如硬质合金、钛合金、不锈钢、淬火钢、金刚石等高硬度、高强度、高韧性、高脆性的金属及非金属的加工。

② 解决各种特殊表面的金属的加工问题。如汽车覆盖件模具，喷气涡轮机叶片和锻压模的立体成形表面，各种成形模、冷拔模上特殊断面的型孔，喷油嘴和喷丝头上的小孔窄缝的加工。

③ 解决各种具有特殊要求的零件的加工问题。如对表面质量和精度要求很高的细长零件、薄壁零件等低刚度零件的加工。

上述工艺问题依靠传统的切削加工方法是很难实现的，甚至是无法实现的，人们相继探索研究新的加工方法，特种加工就是在这种前提下产生和发展起来的。特种加工的出现还在于它具有切削加工所不具有的本质和特点。

切削加工的本质和特点：一是靠刀具材料比工件更硬；二是靠机械能把工件上多余的材料切除。但是，当工件材料越来越硬、加工表面越来越复杂时，切削加工就限制了生产率或影响了工件加工质量。

于是人们探索用软的工具加工硬的材料，不仅用机械能，而且还用电、化学、光、声等能量进行加工，到目前为止已经找到了多种加工方法，统称为特种加工。它们与切削加工的不同点如下。

① 主要不是依靠机械能，而是用电、化学、光、声等能量去除金属材料。

② 工具硬度可以低于被加工材料的硬度。

③ 加工过程中工具和工件之间不存在显著的机械切削力。

9.1.2　特种加工的分类

特种加工的种类很多，但在分类上并无明确规定，一般按能量形式和作用原理进行分类，见表 9-1。

表 9-1　特种加工分类

能 量 形 式	加 工 方 式
电能、热能	电火花加工、电子束加工、等离子束加工
电能、机械能	离子束加工
电化学能	电解加工
电化学能、机械能	电解磨削、阳极机械磨削
声能、机械能	超声波加工
光能、热能	激光加工
化学能	化学加工

特种加工的方法很多，而且随着科学技术的发展，新的、多种能量复合的特种加工技术不断涌现。生产实际中常用的是电火花加工、电化学加工、激光加工、超声波加工、电子束加工等。

在特种加工范围内还有一些属于降低表面粗糙度和改善表面性能的工艺，前者如电解热抛光、化学抛光、离子束抛光等，后者如电火花表面强化、镀覆、电子束曝光、离子束注入等。

9.1.3　特种加工的工艺特点

由于上述各种特种加工工艺的特点以及在机械制造中的广泛应用，引起了机械制造工艺技术领域的许多变革，如对工艺路线的安排，产品零件设计的结构，零件结构的工艺性好、坏的衡量标准等产生了一系列的影响。

(1) 改变了零件的典型工艺路线

传统的切削加工中，除磨削外，其他的切削加工、成形加工都必须安排在淬火热处理工序之前。特种加工的出现改变了这一成不变的规则。由于特种加工基本上不受工件硬度影响，因而为了避免加工后淬火引起热处理变形，一般都先淬火后加工。最为典型的是电火花线切割加工、电火花成形加工和电解加工。

特种加工的出现还对工序的分散和集中产生了影响。如加工齿轮、连杆等型腔锻模，由于特种加工没有显著的切削力，机床、夹具、工具的强度和刚度不是主要矛盾。因此，即使是较大的、复杂的加工表面，往往可用一个复杂工具、简单的运动轨迹、一次安装、一道工序加工出来，工序比较集中。

(2) 方便试制新产品

采用光电、电火花线切割，可直接加工出各种标准和非标准齿轮、微电机定子、转子硅钢片、各种变压器铁芯、各种复杂的曲面零件。可以省去设计和制造相应的刀具、夹具、量具等，大大缩短了试制周期。

(3) 对零件的结构设计带来影响

特种加工对产品零件的结构设计带来很大的影响。例如轴、花键孔等零件的齿根部分，从设计的观点，为了减少应力集中，最好做成圆角，但拉削加工时刀齿做成圆角对排屑不利，容易磨损，只能设计与制造成清棱清角的齿根，而用电解加工时由于存在尖角变圆现象，必须采用小圆角的齿根。又如各种复杂冲模（如山形硅钢片冲模），过去由于不易制造，往往采用镶拼结构，采用电火花线切割加工后，即使是硬质合金的刀具、模具，也可以制成整体结构。

(4) 对零件的结构工艺性带来影响

传统的零件结构工艺性好与坏需要重新衡量。过去，方孔、小孔、弯孔、窄缝等被认为是工艺性很差的典型，工艺、设计人员是非常忌讳的。特种加工的采用改变了这种现象。对于电火花穿孔、电火花线切割工艺来说，加工方孔和加工圆孔的难易程度是一样的。喷油嘴小孔、喷丝头小异形孔、涡轮叶片大量的小冷却深孔、窄缝等，采用电加工后变难为易了。过去淬火前忘了钻定位销孔、铣槽等工艺，淬火后这一工件只能报废，现在则不用，可用电火花打孔、切槽等进行补救。相反，有时为了避免淬火开裂、变形等影响，有意把钻孔、铣槽等工艺安排在淬火之后。

9.2 成组技术及其在工艺中的应用

9.2.1 基本概念

近年来，由于科学技术飞速发展和市场竞争日趋激烈，机械工业产品的更新速度越来越快，产品品种增多，而每种产品的生产数量却并不很多。据统计，世界上 $75\%\sim80\%$ 的机械产品是以中小批生产方式制造的。与大批量生产企业相比，中小批生产企业的劳动生产率相对较低、生产周期长、产品成本高、工艺手段落后、市场竞争能力差。如何运用规模生产方式组织中小批量产品的生产，一直是国际生产工程界广为关注的重大研究课题。成组技术就是针对生产中的这种需求发展起来的一种先进制造技术。

事实上，不同的机电产品，尽管其功能和用途有所不同，每种产品中包含的零件类型都存在一定的规律性。大量的统计分析表明，通常一种机电产品中的组成零件都可以分为以下三类。

① 专用件。这类零件在产品中数量少，约占零件总数的 $5\%\sim10\%$，但结构复杂，再用性差，如机床床身、主轴箱等一些大件均属此类。

② 相似件。这类零件在产品中种类多，数量大，约占零件总数的 $65\%\sim70\%$，其特点是相似程度高，多为中等复杂程度的零件，如轴、齿轮、支座、套等。

③ 标准件。这类零件结构简单，通用性强，如螺母、螺栓、轴承等。一般已组织专门

化大量生产。

从上述分析可知占机电产品总数 70% 左右的相似件在功能结构和加工工艺方面都存在大量的相似特性。因此，只要充分利用这一特点，就可将那些看似孤立的零件按相似原理划分为具有共性的若干零件组（族），在加工中以零件组（族）为基础集中对待，从而使多品种、中小批量的生产转化为近似大批量生产。

成组技术是利用事物之间的相似性，将许多具有相似信息的研究对象归并成组，并用大致相同的方法解决这一组研究对象的设计和制造问题。应用成组技术组织生产，可以扩大同类零件的生产数量，故能用规模生产方式组织中小批量产品的生产，使成批生产也能取得较高的技术经济效益。

9.2.2　零件的分类和编码

(1) 零件的分类和编码概述

零件的分类和编码是成组技术的两个最基本的概念。

分类是一种根据特征属性的有无把事物划分成不同组的过程。编码能用于分类，它是对不同组的事物给予不同的代码。成组技术的编码是对机械零件的各种特征给予不同的代码。这些特征包括：零件的结构形状、各组成表面的类别及配置关系、几何尺寸、零件材料及热处理要求，各种尺寸精度、形状精度、位置精度和表面粗糙度等要求。对这些特征进行抽象化、格式化，就需要用一定的代码（符号）表示。所用的代码可以是阿拉伯数字、拉丁字母，甚至汉字，以及它们的组合。最方便、最常见的是数字码。

对于工艺过程设计，希望代码能清楚地区分产品零件（族）。因此，在设计或选用一种编码系统时应满足以下要求。

① 每项特征代码应有明确的含义，并必须保证代码意义的唯一性。

② 系统的信息容量与特征项目充足。

③ 能满足企业内部各部门的要求。

④ 结构紧凑，能适应计算机处理。

这就需要对代码所代表的意义作出明确的规定和说明，这种规定和说明就称为编码法则，也称为编码系统。将零件的各种有关特征用代码表示，实际上也就是对零件进行分类。所以零件编码系统也称为分类编码系统。

(2) JLBM-1 分类编码系统简介

目前国内外推行成组技术所采用的分类编码系统有很多种。应用最广的是德国奥匹兹（Opitz）的分类编码系统，很多国家以它为基础建立了各自的分类编码系统，如日本的 KK-3 系统和我国的 JLBM-1 系统。以下简要介绍我国的 JLBM-1 系统。

JLBM-1 系统是原机械工业部于 1984 年制订的机械零件编码系统，该系统采用 15 个码位，由 9 个主码和 6 个副码组成，与每个码位相对应的是 0～9 的十个特征码位，它的结构如表 9-2 所示。

该系统的第一、第二码位表示零件的类别，它描述零件的主要形状和功能，以矩阵表的形式表示出来，不仅容量大，也便于设计部门检索，如表 9-3 所示。它决定工艺特征和采用的机床种类。

第三～第九码位是形状及加工码，其进一步描述了回转体零件（表 9-4）和非回转体零件（表 9-5）的外部形状、内部形状、平面、孔及其加工与辅助加工的种类。

表 9-2　JLBM-1 系统

主码									副码					
第一位	第二位	第三位	第四位	第五位	第六位	第七位	第八位	第九位	第十位	第十一位	第十二位	第十三位	第十四位	第十五位
名称类别粗分类	名称类别细分类	回转类零件的形状及加工码							材料	毛坯原始形式	热处理	主要尺寸：直径D或宽度B	长度L或A	精度
0 回转类零件 轮盘类	0 盘、盖	外部形状及加工		内部形状及加工		平面、曲面加工		辅助加工						
1 环套类	1 防护盖	基本形状	功能要素	基本形状	功能要素	外平面端面	内平面	非同轴线孔成形刻线						
2 销杆轴类	2 法兰盘													
3 齿轮类	3 带轮													
4 异形件类	4 手轮													
5 专用件类	5 离合器体	非回转类零件的形状及加工码												
6 非回转类零件 杆条类	6 分度盘	外部形状及加工				主孔及内部加工		辅助加工						
7 板块类	7 滚轮	总体形状	平面加工	曲面加工	外形要素	主孔加工	内孔加工	辅助孔成形						
8 座架类	8 活塞													
9 箱壳体类	9 其他													

表 9-3　名称类别矩阵（第一、第二位）

第一位 ＼ 第二位	0	1	2	3	4	5	6	7	8	9
0 回转类零件 轮盘类	盘、盖	防护盖	法兰盘	带轮	手轮	离合器体	分度盘	滚轮	活塞	其他
1 环套类	垫圈片	环、套	螺母	衬套、轴套	外螺纹套直管接头	法兰套	半联轴器	液压缸、汽缸		其他
2 销杆轴类	销、堵、短圆柱	圆杆、圆管	螺杆、螺栓、螺钉	阀杆、阀芯、活塞杆	短轴	长轴	蜗杆、丝杆	手把柄、操作杆		其他
3 齿轮类	圆柱外齿轮	圆柱内齿轮	锥齿轮	蜗轮	链轮棘轮	螺旋锥齿轮	复合齿轮	圆柱齿条		其他
4 异形件类	异形套盘	弯管接头、弯管	偏心件	扇形件、弓形件	叉形接头、叉轴	凸轮、凸轮轴	阀体			其他
5 专用件类										其他
6 非回转类零件 杆条类	杆、条	杠杆、摆杆	连杆	撑杆、拉杆	扳手	键、镶(压)条	梁	齿条	拨叉	其他
7 板块类	板、块	防护板、盖板、门板	支承板、整板	压板、连接板	定位块、棘爪	导向块(板)、滑块、板	阀块、分油器	凸轮板		其他
8 座架类	轴承座	支座	弯板	底座、机架	支架					其他
9 箱壳体类	罩、盖	容器	壳体	箱体	立柱	机身	工作台			其他

表 9-4　回转类零件分类（第三～第九位）

第三位		第四位		第五位		第六位		第七位	第八位	第九位	
外部形状及加工				内部形状及加工				平面、曲面加工		辅助加工（非同轴线孔、成形、刻线）	
基本形状		功能要素		基本形状		功能要素		外(端)面	内面		
0	光滑	0	无	0	无轴线孔	0	无	0 无	0 无	0	无
1	单向台阶	1	环槽	1	非加工孔	1	环槽	1 单一平面、不等分平面	1 单一平面、不等分平面	1 均布孔	轴向
2	双向台阶	2	螺纹	2	通孔 光滑单向台阶	2	螺纹	2 平行平面、等分平面	2 平行平面、等分平面	2 均布孔	径向
3	单一轴线 球、曲面	3	1+2	3	通孔 双向台阶	3	1+2	3 槽、键槽	3 槽、键槽	3 非均布孔	轴向
4	正多边形	4	锥面	4	盲孔 单侧	4	锥面	4 花键	4 花键	4 非均布孔	轴向
5	非圆对称截面	5	1+4	5	盲孔 双侧	5	1+4	5 齿形	5 齿形	5 倾斜孔	
6	弓、扇形或4,5以外	6	2+4	6	球、曲面	6	2+4	6 2+5	6 3+5	6 各种孔组合	

续表

第三位	第四位	第五位	第六位	第七位	第八位	第九位
外部形状及加工		内部形状及加工		平面、曲面加工		辅助加工（非同轴线孔、成形、刻线）
基本形状	功能要素	基本形状	功能要素	外(端)面	内面	
7 多轴线 平行轴线	7 1+2+4	7 深孔	7 1+2+4	7 3+5或4+5	7 4+5	7 成形
8 弯曲、相交轴线	8 传动螺纹	8 相交孔 平行孔	8 传动螺纹	8 曲面	8 曲面	8 机械刻线
9 其他	9 其他	9 其他	9 其他	9 其他	9 其他	9 其他

表 9-5　非回转类零件分类（第三～第九位）

第三位	第四位	第五位	第六位	第七位	第八位	第九位
外部形状及加工				主孔、内部形状及加工		辅助加工（辅助孔、成形）
总体形状	平面加工	曲面加工	外形要素加工	主孔及要素加工	内部平面加工	
0 轮廓边缘由直线组成	0 无	0 无	0 无	0 无	0 无	0 无
（无弯曲）1 轮廓边缘由直线和曲线组成	1 一侧平面及台阶平面	1 回转面加工	1 外部一般直线沟槽	（单一轴线·无螺纹）1 光滑、单向台阶或单向盲孔	（主孔内）1 单一轴向沟槽	（均布孔·单方向）1 圆周排列的孔
（板条）2 板或条与圆柱体组合	（双向平面）2 两侧平行平面及台阶平面	2 回转定位槽	2 直线定位导向槽	2 双向台阶双向盲孔	2 多个轴向沟槽	2 直线排列的孔
（有弯曲）3 轮廓边缘由直线或直线+曲线组成	3 直交面	3 一般曲线沟槽	3 直线定位导向凸起	（多轴线）3 平行轴线	3 内花键	3 两个方向面配置孔
4 板或条与圆柱体组合	4 斜交面	4 简单曲面	4 1+2	4 垂直或相交轴线	4 内等分平面	4 多个方向配置孔
5 块状	（多向平面）5 二个二侧平行平面（即四面需加工）	5 复合曲面	5 2+3	（有螺纹）5 单一轴线	5 1+3	（非均布孔）5 单个方向排列的孔
6 有分离面	6 2+3或3+3	6 1+4	6 1+3或1+2+3	6 多轴线	6 2+3	6 多个方向排列的孔
（箱壳壳座架·无分离面）7 矩形体组合	7 六个平面需加工	7 2+4	7 齿形齿纹	7 有其他功能要素（功能锥、功能槽、球面、曲面等）	（单一轴线）7 异形孔	（成形）7 无辅助孔
8 矩形体与圆柱体组合	8 斜交面	8 3+4	8 刻线		（多轴线）8 内腔平面及窗口平面加工	8 有辅助孔
9 其他	9 其他	9 其他	9 其他	9 其他	9 其他	9 其他

　　第十～第十五码位是副码。第十～第十二位表示零件的材料、毛坯和热处理的情况，如表 9-6 所示，它决定刀具参数和切削用量。第十三、第十四位为零件的主要尺寸码，它决定机床规格。尺寸码规定了大型、中型与小型三个尺寸组，分别供仪表机械、一般通用机械和重型机械等三种类型的企业参照使用。十五位表示零件的精度特征。精度码规定了低精度、中等精度、高精度和超高精度四个等级。在中等精度和高精度两个等级中，再按有精度要求的不同加工表面细分为几个类型，以不同的特征码表示，如表 9-7 所示。

表 9-6　材料、毛坯、热处理分类（第十～第十二位）

项目	第十位	第十一位	第十二位
	材料	毛坯原始形状	热处理
0	灰铸铁	棒材	无
1	特殊铸铁	冷拉材	发蓝
2	普通碳钢	管材（异形管）	退火、正火及时效
3	优质碳钢	型材	调质
4	合金钢	板材	淬火
5	铜和铜合金	铸件	高、中、工频淬火
6	铝和铝合金	锻件	渗碳并调质或高、中、工频淬火
7	其他有色金属	铆焊件	氮化处理
8	非金属	注塑成型件	电镀
9	其他	其他	其他

表 9-7　主要尺寸、精度分类（第十三～第十五位）

项目	第十三位			第十四位			项目	第十五位
	主要尺寸							精　度
	直径或宽度/mm			长度/mm				
	大型	中型	小型	大型	中型	小型		
0	≤14	≤8	≤3	≤50	≤18	≤10	0	低精度
1	14～20	8～4	3～6	50～120	18～30	10～16	1	中等精度　回转面加工
2	20～58	14～20	6～10	120～250	30～50	16～25	2	平面加工
3	58～90	20～30	10～18	250～500	120～250	25～40	3	1+2
4	90～160	30～58	18～30	500～800	120～250	40～60	4	高精度　外回转面加工
5	160～400	58～90	30～45	800～1250	250～500	60～85	5	内回转面加工
6	400～630	90～160	45～65	1250～2000	500～800	85～120	6	4+5
7	630～1000	160～440	65～90	2000～3150	800～1250	120～160	7	平面加工
8	1000～1600	440～630	90～120	3150～5000	1250～2000	160～200	8	4、5或6+7
9	>1600	>630	>120	>5000	>2000	>200	9	超高精度

（3）零件编码方法

目前国内外编码方法有手工编码和计算机辅助编码两种。手工编码是编码人员根据分类编码系统的编码法则对照零件图手工逐一编出各码位的代码。手工编码效率低，劳动强度大，不同的编码人员编出的代码往往不一致。计算机辅助编码是以人机对话方式进行的，不仅提高了编码速度，而且消除了人工差错，减轻了编码人员的劳动强度，提高了对零件信息描述的准确程度和一致性。

表 9-8 列出了两个零件的编码示例。

表 9-8　零件编码示例

零件图	零件图

编码及其含义		编码及其含义	
0	轮盘类	7	板块
2	法兰盘	3	连接板
1	外部基本形状为单向台阶	0	总体形状无弯曲,轮廓边缘由直线组成
0	外部功能要素无	2	外部有两侧平面加工
3	内部基本形状为双向台阶通孔	0	外部无曲面加工
1	内部功能要素有环槽	0	无外形要素
1	外平面与端面为单一平面	3	主孔为平行轴线
0	内平面无	0	内部无平面加工
1	非同轴线:轴向孔均布	2	辅助孔为单方向直线排列
2	材料为普通碳钢	0	材料为灰铸铁
6	毛坯原始形状为锻件	5	毛坯原始形状为铸件
0	无热处理	0	无热处理
5	直径尺寸:160～400mm	7	宽度尺寸:160～440mm
1	长度尺寸:50～120mm	5	长度尺寸大于:250～500mm
3	主精度:内外圆与平面加工为中等精度	5	内回转面加工为高精度

9.2.3　零件分类成组的方法

零件分类成组是实施成组技术的又一项基础工作。

为了减少现有零件工艺过程的多样性,扩大零件的工艺批量,提高工艺设计的质量,加工零件需根据其结构特征和工艺特征的相似性进行分类成组。在施行成组技术时,首先必须按照零件的相似特征将零件分类编组,然后才能以零件组为对象进行工艺设计和组织生产。目前零件分类成组方法可分为视检法、生产流程分析法和编码分类法。

(1) 视检法

视检法是由有经验的工程技术人员根据零件图样或实际零件及其制造过程直观地凭经验判断零件的相似性,对零件分类成组。这种方法简单,分类的合理性取决于技术人员的水平,是作为粗分类较有效的方法。例如将零件划分成回转体类、箱体类、杆件类等。但要作详细的分类就较困难,所以目前应用较少。

（2）生产流程分析法

生产流程分析法是一种按工艺特征相似性分类的方法。首先可根据每种零件的工艺路线卡列出表 9-9 所示的工艺路线表，表中的"√"记号表示该种零件要在该机床上加工。然后通过对生产流程的分析、归纳、整理，将表 9-9 转换成表 9-10 的形式。从表 9-10 中可以明显看出，给出的 20 种零件可编为三组，每一组都有相似的工艺路线。生产流程分析法是一种应用很普遍的方法。

表 9-9　工艺路线表（一）

机床 ＼ 零件号	1	2	3	4	5	6	7	8	9	10	11	12	13	14	15	16	17	18	19	20
车床	√	√		√	√		√	√	√		√	√		√		√	√	√	√	√
立式铣床	√	√			√		√				√			√						
卧式铣床				√				√				√			√	√	√	√	√	
刨床			√			√				√			√							
钻床	√	√		√			√	√	√		√	√		√		√	√		√	√
外圆磨床	√	√		√	√		√	√	√		√	√		√	√		√	√	√	
平面磨床			√			√							√		√				√	
镗床			√							√			√							

表 9-10　工艺路线表（二）

机床 ＼ 零件号	1	2	20	7	11	14	9	5	4	18	12	8	17	15	19	3	13	6	19	20
车床	√	√	√	√	√	√	√	√												
立式铣床	√	√	√	√	√	√	√													
钻床	√	√	√	√	√	√	√	√												
外圆磨床	√	√	√	√			√													
车床									√	√	√	√	√	√	√					
卧式铣床									√	√	√	√	√	√	√					
钻床									√	√	√	√	√							
外圆磨床																				
刨床																√	√	√	√	√
钻床																√	√	√	√	
平面磨床																√	√	√	√	
镗床																√	√			√

（3）编码分类法

零件经过编码已经实现了很细的分类，但如果仅仅把编码完全相同的零件分为一组，则每组零件的数量往往很少，达不到扩大工艺批量的目的。实际上代码不完全相同的零件往往也有相似的工艺过程而能属于同一组。为此，对已编码的零件还可用两种方法分组，即特征码位法和码域法。

① 特征码位法　从零件代码中选择其中反映零件工艺特征的部分代码作为分组的依据，

就可以得到一组具有相似工艺特征的零件族，这几个码位就称为特征码位。例如，可以规定第一、二、十、十二、十三五个码位相同的零件划为一族，则编码为 151024301365533、152124301365543、15231321135533 的这三个零件可划为一族。

② 码域法　对零件代码各码位的特征规定几种允许的数据，用它作为分组的依据，将相应码位的相似特征放宽了范围。例如，可以规定某一族零件的第一码位的特征码只允许取 0、1，第二码位的特征码只允许取 1、2、3 等，凡各码位上的特征码落在规定的码域内的零件划为同一族。

9.2.4　成组工艺的过程设计

零件分类成组后，便形成了加工组，下一步就是针对不同的加工组制订适合于组内各零件的成组工艺过程。编制成组工艺的方法有两种：复合零件法和复合路线法。

(1) 复合零件法

按照零件组中的复合零件制订工艺规程的方法称为复合零件法。在一个零件族中，选择其中一个具有同族零件和全部待加工表面要素或特征的零件作为该族零件的代表零件，称为复合零件。复合零件可以是零件组中实际存在的某个具体零件，也可以是一个假设的零件，由于它包含了组内其他零件所具有的所有待加工表面要素，所以按复合零件设计的成组工艺，只要从中删除一些不为某一零件所用的工序或工步内容，便能为组内所有零件使用，形成各个零件的加工工艺。

复合零件法一般仅适于回转体零件的成组加工。表 9-11 所示是用复合零件法编制的成组工艺的示例。

表 9-11　复合零件法示例

零件简图	1	2	2	3	备注
	车外圆及端面	车另端外圆、螺纹、倒角	铣键槽	钻孔	
	√	√	√	√	复合零件
	√		√		
	√	√	√		
	√			√	

(2) 复合路线法

复合路线法是在零件分类成组的基础上把同组零件的工艺路线作一比较，从中选出一个工序最多、加工过程安排合理并有代表性的工艺路线，然后以它为基础逐个地与同组其他零件的工艺路线比较，并把其他特有的工序按合理的顺序叠加到有代表性的工艺路线上，使之成为一个工序齐全、安排合理、适合于同组内所有零件的复合工艺路线，最终形成一个能满足全组零件要求的成组工艺。

复合路线法一般仅适于非回转体零件的成组加工。表 9-12 所示是复合路线法设计成组工艺的示例。

表 9-12　复合路线法示例

零件图	工艺路线				
	铣平面	铣另一平面	车外圆及镗孔	钻孔	键槽
	√	√			√
	√		√		√
	√	√		√	
复合工艺路线	√	√	√	√	√

9.2.5　成组生产组织形式

随着成组加工的推广和发展，它的生产组织形式已由初级形式的成组单机加工发展到成组生产单元、成组生产线和自动线，以至现代最先进的柔性制造系统和全盘无人化工厂。

（1）成组单机

在转塔车床、自动车床或其他数控机床上成组加工小型零件，这些零件的全部或大部分加工工序都在这一台设备上完成，这种形式称为单机成组加工。单机成组加工时机床的布置虽然与机群式生产工段类似，但在生产方式上却有着本质上的差异，它是按成组工艺来组织和安排生产的。

（2）成组生产单元

在一组机床上完成一个或几个工艺相似零件组的全部工艺过程，该组机床即构成车间的一个封闭生产单元系统。这种生产单元与传统的小批量生产下所常用的机群式排列的生产工段是不同的，一个机群式生产工段只能完成零件的某一个别工序，而成组生产单元却能完成一定零件组的全部工艺过程。成组生产单元的布置要考虑每台机床的合理负荷。如条件许可，应采用数控机床、加工中心代替普通机床。

成组生产单元的机床按照成组工艺过程排列，零件在单元内按各自的工艺路线流动，缩短了工序间的运输距离，减少了在制品的积压，缩短了零件的生产周期，并使生产的计划管理具有一定的灵活性；单元内的工人工作趋向专业化，加工质量稳定，效率比较高。所以成组生产单元是一种较好的生产组织形式。

（3）成组生产线

成组生产线是严格地按零件组的工艺过程组织起来的。在线上各工序时间是相互一致的，所以其工作过程是连续而有节奏地进行的，这就可缩短零件的生产时间和减少在制品数量。一般在成组生产线上配备许多高效的机床设备，使工艺过程的生产效率大为提高。

成组生产线又有两种形式：成组流水线和成组自动线。成组流水线的工件在工序间的运输采用滚道和小车进行的，它能加工工件种类较多，在流水线上每次投产批量的变化也可以较大。成组自动线则采用各种自动输送机构运送工件，所以效率就更高，但它所能加工的工件种类较少，工件投产批量也不能有很大变化，工艺适应性较差。

9.3　计算机辅助工艺过程设计（CAPP）

9.3.1　CAPP 系统的功能及结构组成

（1）CAPP 系统的功能

CAPP（Computer Aided Process Planning，计算机辅助工艺过程设计）是应用计算机快速处理信息功能和具有各种决策功能的软件自动生成工艺文件的过程。CAPP 能迅速编制出完整而详尽的工艺文件，大大提高工艺人员的工作效率，可以获得符合企业实际条件的优化工艺方案，给出合理的工时定额和材料消耗，并有助于对工艺人员的宝贵经验进行总结和继承。CAPP 不仅能实现工艺设计自动化，还能把生产实践中行之有效的若干工艺设计原则及方法转换成工艺决策模型，并建立科学的决策逻辑，从而编制出最优的制造方案。CAPP 近期的发展，已逐渐把重心集中到从工艺过程设计的全部功能上取消工艺过程设计员，达到自动生成零件工艺规程的目的。

CAPP 是连接 CAD 和 CAM 的桥梁，是实现 CAD/CAM 以至 CIMS 集成的一项重要技术。

CAPP 系统一般具有以下功能：输入设计信息；选择工艺路线；决定工序、机床、刀具；决定切削用量；估算工时与成本；输出工艺文件以及向 CAM 提供零件加工所需的设备、工装；确定切削参数、装夹参数和反映零件切削过程的刀具轨迹文件等。

（2）CAPP 的结构组成

CAPP 的种类很多，但其基本结构主要可分为如下五大组成模块：零件信息的获取、工艺决策、工艺数据库/知识库、人机交互界面和工艺文艺件管理与输出。如图 9-1 所示。

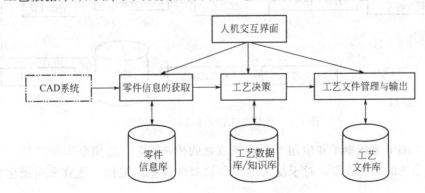

图 9-1　CAPP 的系统组成

①　零件信息的获取　零件信息是 CAPP 系统进行工艺过程设计的对象和依据。零件信息常用的输入方法主要有人机交互输入和从 CAD 造型系统所提供的产品数据模型中直接获取两种方法。

②　工艺决策　该模块以零件信息为依据，按预先规定的决策逻辑调用相关的知识和数

据，进行必要的比较、推理和决策，生成所需要的零件加工工艺规程。

③ 工艺数据库/知识库 是 CAPP 的主要工具，它包含工艺设计所要求的工艺数据（如加工方法、切削用量、机床、刀具、夹具、工时、成本核算等多方面信息）和规则（包括工艺决策逻辑、决策习惯、加工方法选择规则、工序工步归并与排序规则等）。

④ 人机交互界面 是用户的操作平台，包括系统菜单、工艺设计界面、工艺数据/知识输入界面、工艺文件的显示、编辑与管理界面等。

⑤ 工艺文件管理与输出 管理、维护和输出工艺文件是 CAPP 系统所要完成的重要内容。工艺文件的输出包括工艺文件的格式化显示、存盘和打印等内容。

9.3.2 CAPP 系统的类型及工作原理

CAPP 系统是根据企业的类别、产品类型、生产组织状况、工艺基础及资源条件等各种因素而开发应用的，不同的系统有不同的工作原理。目前常用的 CAPP 系统可分为派生式、创成式和综合式三大类。

(1) 派生式CAPP 系统

派生式 CAPP 系统是在成组技术的基础上，按零件结构和工艺的相似性，用分类编码系统将零件分为若干零件加工族，并给每一族的零件制订优化加工方案和编制典型工艺规程，以文件形式存储在计算机中。在编制新的工艺规程时，首先根据输入的信息编制零件的成组编码，根据编码识别它所属的零件加工族，检索调出该零件的标准工艺规程，然后进行编辑、筛选而得到该零件的工艺规程，产生的工艺规程可存入计算机供检索，如图 9-2 所示。

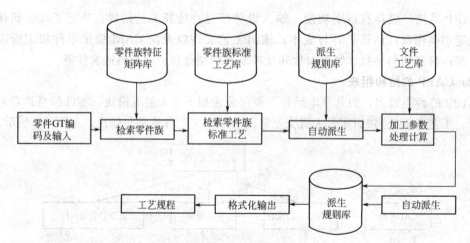

图 9-2　派生式 CAPP 系统的工作原理

派生式 CAPP 系统继承和应用了企业较成熟的传统工艺，应用范围较广泛，有较好的实用性。但系统的柔性较差，对于复杂零件和相似性较差的零件不适宜采用派生式 CAPP系统。

(2) 创成式CAPP 系统

创成式 CAPP 系统是一个能综合零件加工信息，自动地为一个新零件创造工艺规程的系统。如图 9-3 所示，创成式 CAPP 系统能够根据工艺数据库的信息和零件模型，在没有人干预的条件下自动产生零件所需的各个工序和加工顺序，自动提取制造知识，自动完成机床、刀具的选择和加工过程的优化，通过应用决策逻辑模拟工艺设计人员的决策过程，自动

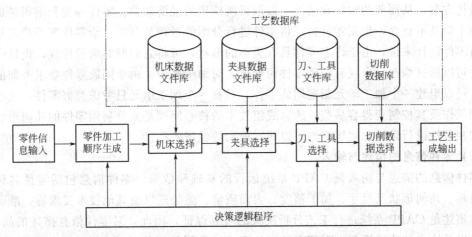

图 9-3　创成式 CAPP 系统的工作原理

创建新的零件加工工艺规程。为此，在 CAPP 系统中要建立复杂的能模拟工艺人员思考问题、解决问题和决策的系统，完成具有创造性的工作，故称之为创成式 CAPP 系统。

创成式 CAPP 系统便于实现计算机辅助设计和计算机辅助制造系统的集成，具有较高的柔性，适用范围广。但由于系统自动化要求高，系统实现较为困难，目前系统的应用还处于探索发展阶段。

(3) 综合式CAPP 系统

综合式 CAPP 系统也称半创成式 CAPP 系统，它综合了派生式 CAPP 和创成式 CAPP 的方法和原理，采用派生与自动决策相结合的方法生成工艺规程。如需对一个新零件进行工艺设计时，先通过计算机检索它所属零件族的标准工艺，然后根据零件的具体情况对标准工艺进行自动修改，工序设计则采用自动决策产生。其工作原理如图 9-4 所示。

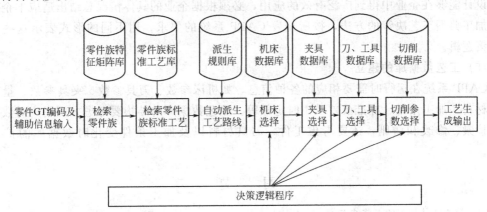

图 9-4　综合式 CAPP 系统的工作原理

综合式 CAPP 系统兼顾了派生式 CAPP 和创成式 CAPP 两者的优点，克服了各自的不足，既具有简洁性，又具有快捷和灵活性，有很强的实用性。

9.3.3　CAPP 的基础技术

(1) 成组技术

成组技术是一门生产技术科学，CAPP 系统的研究和开发与成组技术密切相关。成组技术的实质是利用事物的相似性把相似问题归类成组并进行编码，寻求解决这一类问题相对统一的最优方案，从而节约时间和精力，以取得所期望的经济效益。零件分类和编码是成组技术的两个最基本概念，根据零件特征将零件进行分组的过程是分类，给零件赋予代码则是编码。对零件设计来说，由于许多零件具有类似的形状，可将它们归并为设计族，设计一个新的零件可以通过修改一个现有同族零件而形成。对加工来说，由于同族零件要求类似的工艺过程，可以组建一个加工单元制造同族零件，对每一个加工单元只考虑类似零件，就能使生产计划工作及其控制变得容易些。所以成组技术的核心问题是充分利用零件的几何形状及加工工艺相似性进行设计和组织生产，以获得最大的经济效益。

(2) 零件信息的描述与输入

零件信息的描述与输入是 CAPP 系统运行的基础和依据。零件信息包括零件名称、图号、材料、几何形状及尺寸、加工精度、表面质量、热处理以及其他技术要求等。准确的零件信息描述是 CAPP 系统进行工艺分析决策的可靠保证，因此，对零件信息描述的简明性、方便性以及输入的快速性等方面都有较高的要求。常用的零件描述方法有分类编码描述法、表面特征描述法以及直接从 CAD 系统图库中获取 CAPP 系统所需要的信息。从长远的发展角度看，根本的解决方法是直接从 CAD 系统图库中获取 CAPP 系统所需要的信息，即实现CAD 与 CAPP 的集成化。

(3) 工艺设计决策机制

工艺设计方案决策主要有工艺流程决策、工序决策、工步决策以及工艺参数决策等内容。其中，工艺流程设计的决策最为复杂，是 CAPP 系统的核心部分。不同类型 CAPP 系统的形成，主要也是由于工艺流程生成的决策方法不同而决定的。为保证工艺设计达到全局最优，系统常把上述内容集成在一起，进行综合分析、动态优化和交叉设计。

(4) 工艺知识的获取及表示

工艺设计随着各企业的设计人员、资料条件、技术水平以及工艺习惯不同而变化。要使工艺设计能够在企业中得到广泛有效的应用，必须根据企业的具体情况总结出适应本企业的零件加工典型工艺决策的方法，按所开发 CAPP 系统的要求，用不同的形式表示这些经济及决策逻辑。

(5) 工艺数据库的建立

CAPP 系统在运行时需要相应的各种信息，如机床参数、刀具参数、夹具参数、量具参数、材料、加工余量、标准公差及工时定额等。工艺数据库的结构要考虑方便用户对数据库进行检索、修改和增删，还要考虑工件、刀具材料以及加工条件变化时数据库的扩充和完善。

习　　题

9-1　简述特种加工的工艺特点。

9-2　什么是成组技术？其基本原理是什么？

9-3　简述 JLBM-1 零件编码系统的特点。

9-4　什么是复合路线法？它应用在什么场合？

9-5　什么是复合零件法？它应用在什么场合？

9-6　简述 CAPP 的基本概念。

9-7　简述 CAPP 的基本类型、特点及其应用场合。

参 考 文 献

[1] 余新旸. 机械制造基础. 北京：北京大学出版社，2008.

[2] 李建跃. 机械制造基础（Ⅱ）. 长沙：中南大学出版社，2006.

[3] 周世学. 机械制造工艺与夹具. 第2版. 北京：北京理工大学出版社，2006.

[4] 倪森寿. 机械制造工艺与装备. 第2版. 北京：化学工业出版社，2009.

[5] 袁广. 机械制造工艺与夹具. 北京：人民邮电出版社，2009.

[6] 赵宏立. 机械加工工艺与装备. 北京：人民邮电出版社，2009.

[7] 陈根琴，宋志良. 机械制造技术. 北京：北京理工大学出版社，2007.

[8] 隋秀凛. 现代制造技术. 北京：高等教育出版社，2003.

[9] 刘守勇. 机械制造工艺与机床夹具（含课程设计与习题）. 第2版. 北京：机械工业出版社，2009.

[10] 吴拓. 机械制造工艺与机床夹具. 北京：机械工业出版社，2007.

[11] 于骏一，邹青. 机械制造技术基础. 北京：机械工业出版社，2004.

[12] 陈立德，李晓辉. 机械制造技术. 第2版. 上海：上海交通大学出版社，2004.

[13] 王茂元. 机械制造技术基础. 北京：机械工业出版社，2008.

[14] 徐嘉元，曾家驹. 机械制造工艺学（含机床夹具设计）. 北京：机械工业出版社，2004.

[15] 肖继德，陈宁平. 机床夹具设计. 北京：机械工业出版社，2009.

参 考 文 献